디지털 비즈니스 프로세스 전문가
마켓메이븐

IT를 넘어
DT로

디지털 비즈니스 프로세스 전문가
마켓메이븐

IT를 넘어
DT로

권상국 지음

생각나눔

생물과 환경이 밀접한 관계를 맺으며 하나의 계를 이루는 것을 생태계라고 하고, 생태계 내의 생물들이 살아가는 데 직·간접적으로 영향을 주는 모든 내·외적인 조건을 환경이라고 한다. 환경 요인은 비생물적 요인으로 빛·공기·물·토양·온도 등과 생물적 요인으로 생산자·소비자·분해자 등으로 구분한다. 생태계에서는 이러한 비생물적 요인과 생물적 요인이 상호작용을 하고 있다. 이 상호작용을 살펴보면 비생물적 요인이 생물의 상호작용에 따른 영향을 받기보다, 생물이 비생물적 요인에 크게 영향을 받아 적응하기 위한 현상이 더 많다. 예를 들어 여우가 온도에 적응하는 현상을 보면, 온도가 높은 사막에 사는 사막여우는 몸집이 작고 귀가 크고, 온도가 낮은 북극에 사는 북극여우는 몸집이 크고 귀가 작다. 추운 온도에 따라 몸집이 커지는 현상을 베르그만의 법칙[1]이라 하고, 귀가 작아지는 현상을 알렌의 법칙[2]이라고 한다. 이와는 반대로 생물적 요인에 의해 비생물적 요인이 반응하는 경우도 있다. 특히 인간에 의한 지구온난화에 따른 엘니뇨, 라니냐 현상

1   베르그만의 법칙: 추운 지방의 동물일수록 열 발생량을 높이기 위해 몸집이 커지는 현상
2   알렌의 법칙: 추운 지방의 동물일수록 부피에 대한 체표면적이 작아져 열 손실을 줄이기 위해 몸의 말단 부위가 작아지는 현상

[3]이 대표적인 경우다. 이처럼 비생물적 요인이 생물적 요인에게 영향을 미치는 것을 작용이라 하고, 반대의 경우를 반작용이라 하며, 생물적 요인끼리 서로 작용하는 것을 상호작용이라 한다. 생태계를 구성하는 요인들 간의 작용·반작용·상호작용에 의해 생태계가 유지되고 있는 것이다. 우리가 살고 있는 생태계는 오랜 시간을 여러 구성 요소들과 함께 살아왔기 때문에 생태계 각각의 구성 요소 간의 작용·반작용과 생물적 요인들 간의 상호작용에 대한 메커니즘에 관한 많은 연구 결과와 데이터를 확보하고 있고, 이를 기반으로 지난 결과에 대한 원인 파악과 미래의 생태계 변화에 대해 예측을 하여 리스크 관리를 할 수 있는 것이다. 이러한 생태계 개념을 급변하고 있는 ICT를 포함한 디지털 비즈니스에 접목하여 활용해보면 좋을 것이다. 우리는 이것을 이미 'ICT[4] 생태계' 또는 '디지털 비즈니스 생태계'라 부르고 있다. 우리가 이런 생태계에서 올바른 삶을 유지하기 위해서는 생태계 구성 요소를 파

---

3   엘리뇨, 라니냐 현상: 열대 중부지방의 태평양 해수면 온도가 평소에 비해 섭씨 ±0.4도 이상의 차이가 나는 상태로 6개월 이내의 기간 동안 지속되는 현상. 엘 니뇨는 스페인어로 남자아이를, 라니냐는 여자아이를 의미

4   ICT(Information & Communications Technology)정보기술(IT)과 통신기술 (CT)의 합성어. 정보기기의 HW와 운영 및 정보 관리에 필요한 SW기술과 이들 기술을 이용하여 정보를 수집, 처리, 생산, 보존, 전달, 활용하는 모든 방법을 의미

악하고 이해할 필요가 있다.

　디지털 비즈니스는 CPND(콘텐츠C-플랫폼P-네트워크N-디바이스D) 부문 간의 상호작용 관점에서 이해할 수 있다. 콘텐츠 보유자는 플랫폼을 통해 이용자에게 콘텐츠를 제공하기 위해 정형·비정형 데이터를 포함한 모든 종류의 콘텐츠를 디지털화하여 직접 플랫폼을 구성하거나 플랫폼 제공자와 제휴한다. 콘텐츠는 소프트웨어 기술을 통해 수집·처리·저장·활용되는데, 클라우드 인프라를 확보한 클라우드 서비스 제공자가 플랫폼 제공자의 역할을 담당한다. 원천 콘텐츠 보유자는 플랫폼 제공자와 대등한 관계가 될 수 있다. 이때 상대적으로 네트워크 서비스 제공자의 역할은 축소되고, 네트워크 서비스 제공자는 인터넷과 모바일을 통한 지능형 네트워크 서비스를 하는 일종의 플랫폼 제공자다. 디바이스는 언제, 어디서든 인터넷과 모바일에 연결될 수 있는 디바이스 내부 소프트웨어가 플랫폼과 연결되어 서비스를 제공한다. 이처럼 콘텐츠와 플랫폼, 네트워크와 플랫폼, 디바이스와 플랫폼의 연계처럼 플랫폼은 CPND의 중추적 역할을 한다.

　일반 생태계와 비교했을 때 생태계의 환경을 플랫폼으로, 비생물적 요인을 콘텐츠와 네트워크로 생물적 요인을 디바이스와 서비스 제공자 및 이용자로 볼 수 있다. 잘 짜인 디지털 비즈니스 생태계의 기본 구성 요소는 CPND 4가지와 각 구성 요소들 간의 최적한 융합을 가능케 하는 알고리즘이다. CPND는 각각 하나의 기술로 작용할 때보다 4가지가 서로 융합되어있을 때 효과를 발휘한다. 개발 당시에는 하나의 기술 요소로써 이 세상에 나왔지만, 단독 기술로 적용되기보다는 그 기술을 필요에 의해 적용하기 위한 알고리즘이 생산성 효과를 나타낸다. 일례로 전기가 발명되었을 때에도 전기에 의한 생산성보다는 전기를 사용하기 위한 알고리즘이 효과를 더 크게 나타냈다[5]. 즉 CPND 각각의 작용·반작용 및 상호작용의 흐름을 제어할 수 있는 알고리즘이 필요하다.

그럼에도 불구하고 CPND의 한 영역에만 머물거나, 생태계를 구축하지 못하거나, 생태계에 참여하지 못한 기업들은 힘든 싸움 끝에 생태계에서 도태되어 사라지고 있다. 스마트폰을 가장 먼저 상용화하고도 플랫폼[6]을 구축하는 데 실패한 노키아의 사례는 유명하다. 이와 반대로 생태계를 잘 구축한 애플·구글·아마존의 공통점은 CPND 한 영역

---

5   제2의 기계시대, 청림출판, 에릭 비온욜프슨, MIT 경영대학원 교수
6   심미안, 노키아의 운영 체계였으나, 노키아는 심미안을 버리고 MS 윈도우를 선택

의 최강자가 아니라. CPND가 잘 어우러진 생태계인 플랫폼을 구축하였다는 것이다. 애플은 디바이스 전문 기업이었으나, iOS와 아이튠즈 등의 플랫폼을 구성하여 성공했다. 구글도 유튜브, 구글 탐색기 등의 콘텐츠와 안드로이드, 플레이스토어 등의 플랫폼을 기반으로 디바이스와 네트워크 영역 등 CPND 전 영역으로 연계를 확대하였다. 이러한 움직임은 사용자뿐만 아니라 생태계를 구성하는 많은 협력자와 고착 (Lock-in) 효과를 나타내 새로운 비즈니스 모델을 구축할 수 있는 생태계를 만들어 내고 있다. 무수히 많은 IoT(사물인터넷) 시장도 초기에는 통신망 인프라를 확보한 네트워크 사업자들에 의해 주도되었으나, 디바이스의 보급이 많아지면서 콘텐츠와 플랫폼이 포함된 생태계와 합쳐지는 모양새로 변화하고 있다. 이에 따라 CPND 각각의 중요성보다는 CPND 전체를 아우르는 플랫폼 서비스의 중요성이 더욱 커질 것이다. 또한, 엄청난 수의 사물인터넷에서 발생하는 데이터를 처리할 수 있는 기술과 거대 플랫폼 간의 호환 문제도 눈여겨봐야 할 대목이다. 이러한 디지털 비즈니스 생태계에서 중추적인 역할을 하는 플랫폼을 장악할 수 있을 때 디지털 비즈니스 생태계 전반의 주도권을 쥐게 된다. 결국, 디지털 비즈니스 생태계를 구성하는 CPND와 각각의 CPND를 원

활하게 연계시킬 수 있는 '직무 역량[7]'과 관리 할 수 있는 디지털 비즈니스 알고리즘이 필요하다. 이를 위해 하드 스킬[8]과 소프트 스킬[9]을 보유한 직무 역량을 가지고 디지털 비즈니스 생태계에 적응할 수 있도록 도와주는 마켓메이븐(Market Maven)이 필요하다. 마켓메이븐은 이 책의 핵심 단어로, 새로운 기술과 개념을 습득하는데 열성적이고, 이를 통해 파악된 지식을 자발적으로 시장에 전파하여 올바른 시장 비즈니스가 형성될 수 있도록 도와주는 사람을 말한다. 그리고 사족을 달면, 이 책을 처음 기획할 때 2권으로 기획했었다. 그중 이 책은 1권에 해당한다. 2권은 여러 요청, 특히 강의 요청이 많아 2019년 4월에 '디지털을 향한 여정'이라는 제목을 달고 급하게 출간되었다. IT를 넘어 DT로 향하는 1권에서 DT는 'Degital Technology'를 나타내고, 2권에서 DT는 'Digital Transformation'을 의미한다. 따라서 이 책 내용을 이해하고 나서, 마켓메이븐의 구체적 행동과 산출물을 원한다면 2권을 살펴보는 것도 좋은 방법이 될 것이다.

---

7 직무 역량(Skill & Ability), 복합문제 해결 능력 및 인지 능력
8 하드 스킬, 기술적 능력 및 실력 또는 전문 지식을 의미
9 소프트 스킬, 변화에 대한 유연성 및 다양한 기술의 활용 능력 또는 조직 내 커뮤니케이션, 협상, 팀워크, 리더십 등을 활성화할 수 있는 능력을 의미

contents

1

마켓메이븐의 등장

1.1 마켓메이븐의 본질

──────────────── 2017년 7월 17일 서울의 세종문화회관 미술관
에서 '그림의 마술사 에셔 특별전'이 열렸다. 에셔[1]는 철저히 수학적
으로 계산된 세밀한 선을 사용하여 실제보다 더 실제 같은 느낌의
전시회가 아니더라도 에셔의 작품들을 여러 매체를 통해서 본 적이
있을 것이다. 에셔의 작품인지는 몰라도 그림을 보면 고개가 끄덕여
진다. 잠시 감상해보기 바란다.

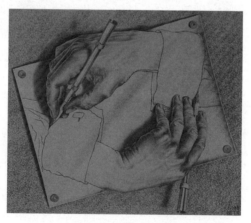

그리는 손(에셔 作)

────────────────
1   마우리츠 코르넬리스 에셔 (1898~1972), 네덜란드 토목기사의 아들로 태어나 하를
     럼 건축장식 미술학교에서 수학. 판화가 겸 그래픽 아티스트의 선구자

손이 펜을 이용하여 손을 그리고 있는데, 그림의 대상인 손도 자기를 그리는 손을 그리고 있다. 시점과 종점이 같은 뫼비우스의 띠와 같다. 그림 속에서 어느 손이 그림을 그리고 있는 손일까? 절묘하게 겹쳐져 있는 이 그림을 보고 어떤 손이 진짜로 그림을 그리는 손인지 서로 논쟁할 필요는 없다. 미술 작품이기 때문이다. 에셔는 이런 작품을 많이 남겼는데, '펜로즈 삼각형[2]에서 영감을 얻었다고 한다.

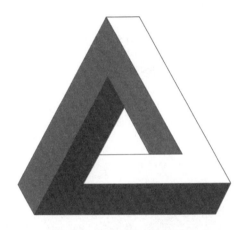

펜로즈 삼각형(출처: Wikipedia)

삼각형 모양으로 생긴 이 도형은 실존할 수 없는 모형이다. 이 모형은 입체 모형으로 각각의 사각기둥끼리 직각으로 연결되어 있어 세 각의 합이 270°를 나타낸다. 우리는 수학 시간에 "모든 삼각형의 내각의 합은 180°다."라고 배웠다.

---

2   로저 펜로즈(Roger Penrose)가 1958년 3차원의 삼각 막대기를 2차원의 평면에 그려놓은 것으로, 삼각형의 부분에서는 오류를 발견할 수 없으나 실제로는 존재할 수 없음. 영국 물리학자이자 수학자로 스티븐 호킹과 공동 연구로 유명함

아이러니하게 에셔가 펜로즈 삼각형을 보고 영감을 얻은 것처럼, 펜로즈는 암스테르담을 여행할 때 2차원과 3차원이 뒤섞여 있고, 시점과 종점이 동일한 에셔의 작품을 보고 영감을 받았다고 한다. 그 후 1950년대에 3차원 공간에서는 존재할 수 없지만, 2차원 평면에서는 가능한 펜로즈 삼각형을 고안하고 에셔에게도 그 내용을 알렸다. 에셔는 이후 펜로즈 삼각형의 개념이 담겨있는 「올라가기와 내려가기」, 「폭포」 등의 유명한 작품들을 탄생시켰다. 이처럼 놀라운 에셔의 공간에 대한 지적 상상력은 에셔 자신이 건축학을 배운 건축학도 출신이기도 하지만 오랜 시간 동안 이탈리아와 스페인 등을 여행하면서 많은 건축물로부터 받은 영향이 제법 클 것이다. 펜로즈와 에셔는 마치 「그리는 손」에 담긴 개념을 실제 삶에도 연출한 것 같다. 즉, 서로 간에 시점이 종점이고, 종점이 시점이 되는 개념을 실제로 옮긴 듯하다.

올라가기와 내려가기 II(에셔 作)

「올라가기와 내려가기」 그림 속의 중앙에 있는 계단을 유심히 보면 계단을 오르는 사람들도 있고, 내려오는 사람들도 있다. 계단을 오르내리는 사람을 따라가면 결국 모두 출발점으로 돌아오고 있다는 것을 발견할 수 있다. 우리가 살고 있는 3차원의 공간에서는 불가능한 일이다. 에서 특유의 수학적 계산으로 3차원 공간을 2차원 평면으로 표현하면서 3차원 공간에서는 존재할 수 없는 사물을 그려 착시를 유발하고 있다. 하지만 전혀 이상하게 보이지 않는다. 이 그림은 영화 인셉션[3]에 영감을 준 것으로도 널리 알려졌다. 영화 속에서 계단을 올라가기와 내려가기가 동시에 일어나는 장면이 나온다. 영화는 꿈속에서 일어나는 일을 이야기하고 있기 때문에 허구적으로 충분히 가능한 일이다.

The Impossible Triangle sculpture[4](출처: Wikipedia)

하지만 현실 세계에서 펜로즈 삼각형이 존재한다면 어떤 일이 일어날까? 우리 주변에는 무수히 많은 펜로즈 삼각형들이 있고, 그 펜로즈

---

3   『Inception』, 2010, 크리스토퍼 놀란 감독, 드림 머신이라는 기계로 타인의 꿈과 접속해 생각을 빼낼 수 있는 미래 사회
4   호주 이스트 퍼스에 설치된 예술가 브라이언 맥케이와 건축가 아마드 아바스의 작품

삼각형들이 상호작용을 하면서 우리를 착시 현상에 빠뜨리기도 한다. 실제와 다르게 느끼는 것을 착각이라고 하고, 그중에서 시각에서 일어나는 현상을 착시 현상이라고 한다. 말 그대로 착시 현상은 참이 아니고 거짓이다.

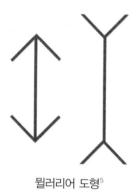

밀러리어 도형[5]

독자들도 잘 알고 있는 도형이다. 독자들은 두 선의 길이가 동일하다는 것을 학습을 통해 알고 있다. 독자들의 눈에는 분명하게 오른쪽 선이 더 길어 보이지만 말이다. 착시 현상이 일어난 것이다. 밀러리어 도형은 초등학교 때부터 이미 학습되었기 때문에 분명하게 오른쪽 선이 길어 보임에도 불구하고 동일하게 여긴다. 그렇다면 학습되지 않은 착시 현상에 대해서는 어떻게 대처해야 할까? 그 착시 현상이 현실을 심하게 왜곡하거나, 불순한 의도를 갖고 있다면 어떤 피해가 생길까?

---

5   Muller Lyer figure, 1889년 독일의 사회학자·심리학자인 F. 밀러 리어가 고안

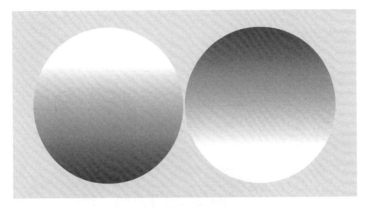

볼록-오목 모양

우리 주변에 존재하고 있는 착시 현상들을 살펴보자. 둥근 원안에 배경과 같은 회색을 그라데이션[6]한 그림이다. 왼쪽과 오른쪽의 원은 같은 원을 위아래로 뒤집어 놓은 것이다. 동일한 원임에도 불구하고 다르게 보인다. 왼쪽 원은 볼록하게, 오른쪽 원은 오목하게 보인다. 그 이유는 시각으로 해석하는 것이 아니고 뇌로 해석하기 때문이다. 눈은 두 원을 동일하게 보고 있지만, 시각 정보가 뇌에 전달되는 순간 뇌는 윗부분이 환하게 보이면 볼록하다는 것을, 어두워 보이면 오목하다는 것을 이미 알고 있다. 아주 오랜 시간 동안 빛은 머리 위에 있는 태양밖에 없었기 때문에 진화적으로 그렇게 가정을 하기 때문이다. 위 그림을 뒤집어보면 볼록한 것이 오목하게, 오목한 것이 볼록하게 보인다. 화장을 할 때 이런 착시 현상을 잘 활용하면 얼굴을 보다 입체적으로 보이게 할 수 있을 것이다. 이렇게 우리가 지금까지 보아온 것 중에 사실 그대로 보고 있는 것은 얼마나 될까? 반대로 왜곡된 것을 알아차리지

6   gradation, 색채나 농담이 밝은 부분에서 어두운 부분으로 점차 옮겨지는 것

못한 것은 얼마나 많을까?

Checker-Shadow illusion[7] (출처: Wikipedia)

A와 B의 색은 같은 색이다. 그런데 시각적으로는 A와 B의 색은 분명 다르게 보인다. 내가 이 자료를 활용하여 강의 자료를 만들 때 자료 만드는 것을 도와주는 동료와 논쟁 끝에 점심 내기를 한 적이 있다. 나는 두 색이 같다는 것을 알고(물론 내 눈에도 다르게 보인다.) 자료를 참조하고 있는데, 이 내용을 모르는 동료는 자신의 시각 정보를 전적으로 믿고 같은 색일 수가 없다는 것이다. 결국, A와 B 부분을 제외한 모든 면에 볼펜을 사용하여 검게 색칠을 한 후에 같은 색임을 증명하

---

7   1995년 미국 MIT 시과학(Vision Science) 교수 테드 애델슨이 발견한 착시 현상으로, 그림 속의 A와 B는 동일한 색이지만 다르게 보임. 동색(Same Color) 착시라고도 함

고 점심을 얻어먹은 적이 있었다. 독자들도 믿기 힘들면 색칠을 해보면 알 수 있을 것이다. 이것도 앞에서 본 오목·볼록 현상과 동일한 작용이 일어난 것이다. 뇌는 진화적으로 유전된 지식과 후천적인 경험의 결과로, 그림자 속에 있는 사물은 실제보다 더 어둡게 보인다는 것을 알고 있다. 그래서 시각적으로 A와 B의 색이 같아 보인다는 정보를 뇌에 이미 자리 잡고 있는 선입견(그림자 속에 있는 B의 색이 A와 같다는 것은 B의 색이 A보다 더 밝을 것이라는 가정)에 따라 더 밝다고 해석하는 것이다. 이처럼 우리는 눈에 보이는 것보다 뇌의 선입견에 따른 판단을 한다.

우리는 기업과 조직에서 이미 적용되고 있는 프로세스에 따라 움직인다. 그런데 프로세스는 인간의 뇌와 같아서 수많은 선입견을 가지고 있다. 경험이 많은, 즉 오래된 프로세스일수록 선입견이 많다. 조직원들이 만들어내는 많은 데이터와 정보가 이런 프로세스를 통해 이동하고 활용된다. 마치 시각 정보가 뇌에 전달되는 것과 같다. 프로세스는 이런 정보를 토대로 의도한 목표인 성과를 나타내야 한다. 누구도 정확한 정보와 그에 따른 정확한 활용 방법을 알려주지 않는 이상 프로세스는 지금까지 굳게 믿고 있는 선입견을 따를 수밖에 없다. 그 선입견은 역사와 전통을 자랑하는 경험으로부터 나온 것이기 때문이다. 그 경험을 부정하는 조직원도 없다.

하지만, 이미 과거부터 적용되어왔던 프로세스는 지금 조직의 목표를 달성하기 위해 최적화된 상태가 아니다. 프로세스는 단지 들어오고 나가는 정보들을 토대로 자신의 선입견을 십분 발휘해서 그저 눈에 보이지 않는 문제를 포함한 결과를 만들어낸다. 그러면서 그 결과가 조직에서 달성할 수 있는 최대의 목표인 것처럼 착시 현상을 일으킨다. 어차피 인간은 착시 현상을 구분할 수 있는 능력이 없다는 것을 알고 있는 것처럼 말이다. 그러면서 프로세스는 더 많은 경험에서 우러나오는 선입견에 둘러싸여 더욱 거대하고 막강한 지배자가 되어 조직 위에 군림하게 되고, 조직원은 프로세스를 위한 단순 노동자가 된다.

그래서 우리는 가끔 우리가 행하고 있는 프로세스가 올바르지 않을 수도 있다는 생각을 해야 한다. 실제로 몇몇 조직원들은 프로세스가 잘못됐다는 것에 대해 잘 알고 있는 경우가 대부분이다. 프로세스에 의해 산출되는 결과에 만족하지 못하기 때문이다. 다만 조직에 순응하기 위해 침묵하고 있을 뿐이다. 그리고 프로세스를 바꿔야 한다는 것도 안다. 하지만 업무를 하는 순간 그 프로세스 말고는 대안이 없다는 것과 그 프로세스를 거부할 때에 오는 엄청난 저항에 대해서도 잘안다. 용기를 갖고 몇 번의 도전을 시도해봤지만 돌아오는 것은 참담한 실패뿐이었다. 이것은 제대로 공략하기 위한 준비 없는 도전이었을 가능성이 크다. 따라서 이러한 문제를 해결할 수 있는 방법을 알고 있는 누군가의 도움이 절대적으로 필요하다. 프로세스가 바뀌지 않으면 안되기 때문이다.

이러한 도움을 줄 수 있는 사람을 우리는 컨설턴트라고 부른다. 위키피디아의 정의에 따르면 컨설턴트는 "일반적으로 특정 분야의 전문가(Expert, 특정 분야에서의 실습 및 교육을 통해 장기간 또는 강렬한 경험을 가진 사람) 또는 경험이 풍부한 전문가(Profession, 해당 직업 내에서 특정 역할을 수행하는 데 필요한 특정 지식과 기술을 갖춘 전문 직업인)이며, 주제에 대한 광범위한 지식을 가지고 특정 분야에 대해 조언을 해준다."라고 정의하고 있다.

여기서 '특정 분야에 대해 조언'에 주목할 필요가 있다. 먼저 '특정 분야'에 대해 살펴보자. 우리 주변에서 컨설팅이라는 단어를 쉽게 찾을 수 있는 곳은 바로 부동산 컨설팅 업체이다. 이곳은 이사를 가고 싶은 곳에 있는 원하는 집을 찾기 위해서 반드시 들러야 할 곳이다. 여기에 가서 집의 크기, 위치, 가격, 조건 등을 파악하기 위한 조언을 부동산 컨설턴트에게 듣는다. 우리가 직접 마음에 드는 조건을 찾아다니는 데에는 많은 시간과 노력이 필요하기 때문이다. 그런데 부동산 컨설턴트는 우리에게 조언해주는 집에 대해서 얼마나 잘 알고 있을까? 분명 그 집에서 살아보지도 않았고, 어떤 경우에는 집을 찾는 손님과 그 집을 처음 방문하는 경우도 있다. 특정 분야의 전문가인데 진짜 특정한 집에 대해서는 잘 모른다. 그럼에도 불구하고 이런 비즈니스가 가능한 이유는 무엇일까? 바로 부동산 관련 플랫폼을 운영하기 때문이다.

다음에는 '조언'이다. 부동산 컨설팅 업체는 집을 팔기 원하는 판매자의 집에 대한 정보들을 수집 및 관리하고 있다가 그 집과 유사한 조건의 집을 찾는 구매자가 있으면 정보를 공개한다. 즉 구매자가 구매하기 원하는 집에 대해 일반적인 정보 이외에 교통, 주변 환경, 기반 시설 등에 대한 필요한 기본적 조언을 하고 거래를 성사시킨다. 거래에 필요한 법적인 요건을 책임지는 데 필요한 자격증도 취득한다. 판매자와 구매자는 가격 협상만 한다. 이렇게 부동산 컨설팅 업체는 플랫폼 비즈니스를 한다. 이런 종류의 컨설팅을 '컨텐츠 컨설팅'이라고 한다. 컨설팅을 위한 고도의 전문 지식이나 강렬한 경험이 필수 조건이 아니다. 플랫폼 운영을 위한 기본 자격 요건만 갖추면 된다. 인터넷 쇼핑몰과 매우 유사한 형태다. 그래서 요즘에는 온라인상에서 집을 구하는 응용 프로그램들이 많이 생겨나고 있다. 오프라인상에 있는 부동산 컨설팅 업체도 온라인상의 응용 프로그램에 매물 정보를 올리기도 한다.

또 다른 컨설팅으로는 '프로세스 컨설팅'이 있다. 이 책에서 다루는 디지털 비즈니스(IT와 ICT를 모두 포함) 프로세스에 부합하는 진정한 의미의 컨설팅 분야이다. 디지털 비즈니스는 변화 속도도 무척 빠르고, 다양하게 변화한다. 과거에 아무리 좋았던 비즈니스라도 지금은 안 맞을 수 있다. 특히 4차 산업혁명 시대를 살고 있는 지금은 더 많은 변화를 요구받고 있다. 이러한 시대에 발맞춰 디지털 비즈니스 컨설턴트에게 과거와는 사뭇 다른 인재상과 역량을 요구하고 있다. 과거에는 특정 분야의 전문가, 즉 마켓메이븐이 된다는 것은 특정 지식을 습득해야만 한다는 것을 의미했기 때문에, 정해진 커리큘럼에 따라 지식을 습득하고 일정한 과정을 거쳐 그 분야의 전문가가 될 수 있었다. 하지만 오늘날에는 특정 분야의 전문 지식보다는 필요한 무언가를 할 수 있는 역량을 갖춘 전문가가 필요하다. 무언가를 이는 노하우(Know how)보다 무언가를 할 수 있는 노홧(Know-what)으로 변화하고 있다. 단순히 지식을 암기하고 있는 것보다 그 지식을 활용할 수 있는 역량이 필요하기 때문이다. 아무리 많은 지식을 쌓은 의사도 IBM의 왓슨(Watson, 인간의 언어를 이해하고 판단하는 데 최적화된 인공지능 슈퍼컴퓨터)을 능가하는 것은 불가능하다. 이제 특정 분야의 전문 지식은 AI(Artificial Intelligence)로 불리는 인공지능 시스템이 대체하고 있는 세상이다. 이처럼 4차 산업혁명 시대에는 디지털 생태계 속에서 산업 분야별 융·복합화가 더 빨라지게 되고, 특히 디지털 비즈니스 플랫폼으로의 쏠림에 따라 보다 진보된 인공지능 시스템이 직무를 대체하는 현상이 많은 직무에서 발생하게 된다. 이미 자동차 산업·통신·가전·유통 등의 산업 분야에서 상용화되어 그 부가가치를 급속도로 향상시키고 있다. 이제 단순하게 지식으로 무장한 직무 전문가보다 지식을 제대로 활용할 수 있는 역량 전문가가 필요한 세상이다. 실제로 각 산업 분야의 직무 단위 조직들도 직무를 수행하기 위한 지식이나 기술보다 역량을 중심으로 하는 조직으로 변화하고 있다.

자율 조직팀[8]이라는 말을 들어본 적이 있는가? 자율 조직팀은 목표 달성을 위해 동기부여가 되어 함께 일하는 각 개인이 의사 결정을 내릴 역량과 권한을 가지고 있다. 일명 스크럼[9]팀이라고도 한다.

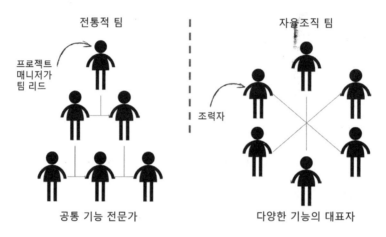

직무 중심팀과 역량 중심팀

자율 조직팀을 구성하는 것은 만만한 작업이 아니다. 변화하는 비즈니스 요구를 해결해야 하는 목표로 인해 오늘날과 같이 역동적인 세상에서는 더욱 힘들다. 과거와 같은 수직 지향형의 직무 중심팀으로는 주어진 목표를 해결하기가 어렵다. 스스로 동기를 부여하고 의사 결정을 할 수 있는 역량이 있는 팀원에게 권한이 주어진 팀만이 목표를 달성할 수 있다. 이런 팀들의 공통적인 특징은 다음과 같다.

---

8   Self-organizing team, 공통의 목표 달성을 위해 중앙통제를 받지 않고, 자율적으로 기능을 수행하는 조직
9   Scrum, 럭비 경기에서 한팀의 선수들이 서로 팔을 건 상태에서 상대 팀을 앞으로 밀치는 대형

- 팀원은 스스로 일하고 리더가 일을 부여할 때까지 기다리지 않는다.
- 팀원은 그룹으로 작업을 관리한다.
- 팀원은 여전히 멘토링과 코칭이 필요하지만 '명령과 통제'는 필요하지 않다.
- 팀원은 서로 의사소통하고, 그들의 지향점은 팀 리더보다 프로젝트팀에 더 자주 있다.
- 팀원은 요구 사항을 이해하고, 명확하지 않은 것을 분명히 하기 위해 질문하는 것을 두려워하지 않는다.
- 팀원은 지속해서 자신의 기술을 향상시키고 혁신적인 아이디어와 개선점을 서로 추천한다.

4차 산업혁명 시대에 어울리는 디지털 비즈니스 프로세스는 이런 자율 조직팀이 운영하는 프로세스를 대상으로 구축되어야 한다. 또한, 이렇게 구축된 프로세스를 운영하기 위해 자율 조직 팀원들은 다음과 같은 다섯 가지 필수 요소를 확보해야 한다.

- **역량:** 팀원은 당면한 일을 해결할 수 있을 만큼 유능해야 한다.
- **협업:** 팀원은 개인의 그룹이 아닌 팀으로 작업해야 한다.
- **동기 부여:** 팀원은 스스로 동기 부여가 되어야 한다.
- **신뢰와 존중:** 팀원은 서로를 신뢰하고 존중해야 한다.
- **연속성:** 팀원은 합리적인 기간 동안 함께 있어야 한다.

이러한 요건이 갖춰진 프로세스를 구축하고 운영하기 위해서는 직무에 대한 명확한 분석과 필요한 역량을 확보하기 위한 노력이 필요하다. 이미 많은 역사를 가지고 있는 제조·유통·금융 등의 산업에서는 직무 분야에 대해 필요한 역량 분석이 체계적으로 되어있고, 국가에서도 각 직무에 필요한 역량을 육성시키기 위한 교육 체계[10]도 제법 잘 갖추어져 있다. 그러나 ICT를 포함한 디지털 비즈니스 생태계의 경우는 불행하게도 표준은 고사하고 아직 기준도 정하지 못하고 있다. 기존의 전통적인 산업군과 다르게 디지털 자체가 다양한 데다가 신기술의 보급에 따른 변화가 워낙 다양하고, 다른 직무와의 상호 결합성이 강해서 디지털 자체적인 역량을 정하기가 보통 어려운 것이 아니다. 예를 들어 "신입 사원의 영어 실력은 어느 정도야?"라는 질문에는 토익 시험 점수를 말하면 되지만, "신입 사원의 ICT 실력은 어느 정도야?"라는 질문에 어떻게 답변을 할 수 있을까? 물론 국내에도 토익 시험과 유사하게 ICT 역량을 파악하는 TOPCIT[11]이라는 시험 제도(나는 이 시험 제도의 위원으로 활동하고 있다.)가 있어 많은 기업이나 조직에서 직원 선발 기준으로 사용하고 있고, 많은 대학에서 졸업 시험을 이 시험으로 대체하고 있으나 아직은 보급 단계에 머물러 있는 수준이다.

그렇기 때문에 필요한 디지털 비즈니스(IT와 ICT를 포함하고 있다는 것을 기억하라.) 프로세스를 설계하는 것은 쉬운 일이 아니다. 많은 기업이나 조직은 자체적으로 디지털 비즈니스 프로세스를 만들고 운영하기가 어

---

10 국가직무능력표준(NCS, National Competency Standards)은 산업 현장에서 직무를 수행하기 위해 요구되는 지식·기술·태도 등의 내용을 국가가 체계화한 것

11 ICT 역량지수 평가(TOPCIT, Test Of Practical Competency in ICT). ICT 산업 종사자 및 SW 개발자가 비즈니스를 이해하고, 요구 사항에 따른 과제를 해결하여 업무를 성공적으로 수행하는 데 요구되는 기본적인 핵심 지식·스킬·태도의 종합적인 능력을 진단하고 평가하는 제도

렵다. 이미 수익을 내고 있는 부분이 있기 때문에 새로운 ICT에 의한 융·복합을 원하지 않는다. 하물며 새로운 도전을 한다 해도 조직원들의 생각이 바로 바뀌지 않는다. 디지털 비즈니스 생태계에서는 유연한 사고를 하는 조직원들이 필요하다. 이런 조직원들은 끊임없이 변화하는 디지털 비지니스 생태계를 관찰하면서 필요한 직무에 대한 지식과 역량을 지속해서 계발하여 마침내 조직에 필요한 인사이트를 찾아낸다. 즉, 디지털 비즈니스 직무 역량을 갖춘 전문가가 탄생한다. 이런 전문가들은 자신들이 찾아낸 인사이트를 혼자만의 것으로 여기지 않는다. 조직 전체적으로 파급시키기 위해 스스로 동기 부여를 하면서 다른 조직원과 협업을 통해 성과를 창출하는 자율 조직팀을 구성한다.

나는 이런 전문가의 의미를 정의하기 위해 노력했다. 그 결과 다음 그림과 같은 것을 얻었다.

전문가의 조건

T	**I**	**A**
• 숫자 '1' 처럼 전공 분야에서 으뜸 • '一' 처럼 다른 분야에서도 폭넓은 경험을 쌓음	• 아래 획 '一' 은 정직, 인품을 가리킴 • 가운데 획 'I' 는 깊이 있는 지식을 가리킴 • 위의 획 '一' 은 세계로 나아가는 지향성을 의미	• '人' 의 두 획은 전문성과 다른 분야에 대한 이해력을 의미 • '一' 라는 다리는 연결 능력을 의미

또한, 그런 전문가에 어울리는 단어를 찾기 위한 노력도 했었다. 크

게 5가지 단어가 마음에 들었다. 먼저 피터 드러커가 얘기한 프로페셔
널(Professional)이다. 피터 드러커는 프로페셔널이 되기 위한 조건을 그
의 저서[12]에서 다섯 가지로 정의하고 있다. 이 중에서 세 번째와 다섯
번째에 관심을 갖기 바란다.

- 목표와 비전을 가져라.
- 끊임없이 새로운 주제를 공부하고 새로운 일이 요구하는 것을 배워라.
- 자기 일을 정기적으로 검토하고 피드백을 해라.
- 항상 신이 보고 있음을 의식하고, '자신이 누군가에게 어떤 사람으로 기억
  되기를 바라는가?' 하는 질문에 대답할 수 있어야 한다.
- 자신의 전문 분야를 다른 사람들, 특히 고객에게 파는 능력을 보유해야 한다.

두 번째는 버새틸리스트(Versatilist)다. 제법 두꺼운 책인 『세계는 평평
하다』[13]에 소개된 단어로 직무에 정통한 스페셜리스트이면서, 특정 영
역만 고집하지 않고 두루 살피는 제너럴리스트를 합친 뜻으로 다재다
능한 인물이라는 뜻이다.

세 번째는 통섭자(通涉者)이다. "사물에 널리 통하기 위해 서로 사귀
어 모은 것을 다스린다."라는 뜻을 가진 '통섭'은 하버드대학에서 개미
연구로 유명한 생물학자 에드워드 오스본 윌슨의 제자인 이화여대 최
재천 교수가 윌슨의 책[14]을 번역하면서 'Concilience'를 통섭으로 번역

---

12 『프로페셔널의의 조건』, 피터 드러커, 청림출판, 2012
13 『세계는 평평하다』, Thomas L. Friedman, 21세기북스, 2013
14 The Unity of Knowledge

한 것이다. 통섭을 위해서는 강한 수직적 관계가 아닌 약한 네트워크 관계를 통해 경계를 넘나들며 도움을 주고받으면서 창조적인 사고를 할 수 있는 환경이 필요하다. 이런 환경을 구축하는 사람을 통섭자라고 할 수 있다.

네 번째는 브리꼴레르(Bricoleur)다. 다소 생소한 단어인 브리꼴레르는 한양대학교 유영만 교수가 쓴 『세상을 지배할 지식인의 새 이름, 브리꼴레르』[15]에 나오는 단어로 책 표지에 경계를 넘나들며 무한한 가치를 창조하는 새로운 인재상으로 정의했다. 이 단어는 인류학자인 레비스트로스가 쓴 『야생의 사고』에서 '손 재주꾼'이라는 뜻으로 유래된 단어로, 본래 현재 활용 가능한 도구를 자유자재로 변용해 위기 상황을 탈출하거나 기존 지식을 자유롭게 융합해서 주어진 문제 상황을 벗어나는 해결사라는 뜻이다.

마지막으로 마켓메이븐(Market Maven)이다. 마켓메이븐은 1987년 플로리다대학의 린다 프라이스와 페익 로렌스가 발표한 논문인 「마켓메이븐: 마켓플레이스 정보의 확산자」에 나오는 단어다. 메이븐은 지식을 축적한 자 또는 숙련자라는 뜻으로, 마켓메이븐은 제품, 상점, 서비스 등에 대한 다양한 정보를 수집하고 자신들의 경험이나 지식을 다른 사람들에게 스스로 전파하기 원하는 사람을 의미한다. 마켓메이븐이 각

---

15   『브리꼴레르』, 유영만, 쌤앤파커스, 2013

종 SNS에 올린 소감, 추천, 댓글 등이 주는 정보는 소비에도 큰 영향을 미치고 있다. 이 논문에서는 마켓메이븐을 다음과 같이 소개하고 있다.

- 메이븐은 시장에서 유리한 흥정 만을 목적으로 두지 않고, 최선의 거래 방법을 소비자와 공유하기를 원한다. 이런 정보를 필요한 사람들에게 알려주며, 알려주는 과정을 좋아한다.
- 쇼핑을 도와주며, 더 좋은 조건으로 살 수 있는 방법을 알려주어 다른 사람들을 시장에 연결하게 해주는 시장 내부 전문가로 시장에 관한 모든 지식을 갖고 있다.
- 메이븐은 사물보다는 사람 자체를 좋아하기 때문에 사람들의 의사 결정을 도와주려고 한다. 이런 사람들이 마켓메이븐이다.

이 논문을 참조로 베스트셀러 작가 말콤 글래드웰은 "시장이 정보에 의존한다면 가장 많은 정보를 가진 이들이 가장 중요한 사람임이 틀림없다."라며 저서 『티핑 포인트』[16]에서 메이븐을 다음과 같이 말하고 있다.

- 메이븐은 자기 문제를 해결한 그 경험을 가지고 다른 사람의 문제를 풀어주고 싶어 하는 사람이다.
- 메이븐은 다른 사람의 문제를 해결함으로써 자기 자신의 문제, 즉 자신의 정서적인 요구를 해결하는 사람이다.
- 메이븐은 입소문으로 전염시킬 만한 지식과 사회적인 기술을 가지고 있다.

---

16 『Tipping point』, 말콤 글래드웰, 21세기북스, 2004

- 메이븐을 다른 사람과 구별시켜주는 것은 그들이 알고 있는 지식보다는 오히려 그런 지식을 어떻게 전파하는가에 달려있다.
- 메이븐은 단지 남을 돕기 좋아하기 때문에 메이븐이 되는데, 그런 사람의 도움은 다른 사람의 주목을 집중시키는 데 대단히 효과적이다.

나는 이 글을 읽으면서 전율을 느낀 경험이 있다. 이 책을 10여 년 전에 읽었는데 메이븐이야말로 내가 평생 추구해야 할 방향이라고 생각했었다. 특히 디지털 비즈니스 프로세스 컨설팅을 업으로 하고 있는 나에게 "무슨 일을 하는 사람이냐?"라는 질문에 대답하기가 쉽지 않았는데, 지금은 "나는 마켓메이븐이 되기 위해 노력하는 사람이다."라고 바로 대답한다. 물론 많은 사람들은 마켓메이븐이 무슨 뜻인지 모른다. 영어를 잘하는 사람들도 마켓메이븐을 아는 사람은 드물다. 그래서 말콤 글래드웰의 메이븐에 대한 정의에서 메이븐을 컨설턴트로 바꿔서 대답한다. 그러면 지금 시대에 어울리는 디지털 비즈니스 프로세스 컨설턴트의 정의가 된다.

이상에서 살펴본 전문가에 대한 5가지 개념들을 모두 종합해보면 '특정 분야에서 수준 높은 기술이나 지식을 보유하고 적용 경험이 많으면서도 변화에 유연하게 대응하기 위해 그 범위를 점차 넓혀 새로운 상황이나 지식의 변화에 대응할 수 있고, 새롭게 요구되는 역할도 훌륭하게 해내는 적응력 많은 사람이다.'라고 할 수 있다. 이제부터 이런 전문가를 마켓메이븐이라고 부를 것이다.

마켓메이븐에게 요구되는 능력
= Domain Knowledge + Networkability

또 하나 디지털 비즈니스 생태계에서 디지털 비즈니스 프로세스는 전례가 거의 없기 때문에 단순한 지식 전문가보다 현장 경험이 더 중요할 수 있다. 하지만 현장 경험자가 많지 않다. 있다 해도 유사할 뿐이지 정확하게 똑같은 디지털 비즈니스는 없다. 그렇기 때문에 마켓메이븐은 이를 알고 해결하기 위한 방법을 자발적으로 찾는다.

1.2 마켓메이븐의 사고

_____ 1994년 12월 27일 자 한겨레신문에는 〈교통난·

차 대기오염 2015년쯤 해소〉라는 제목의 기사가 있다.

"교통난·차 대기오염 2015년쯤 해소"

교통전문가 대상 설문…"재택근무 늘면 큰 도움" 70%

도시교통연구소 조사

서울시내 교통난이 완전히 해소되고 자동차로 인한 대기오염이 해결되는 시기는 적어도 20년뒤인 2015년께가 될 것으로 전망됐다.

도시교통연구소는 26일 대학교수와 연구원 등 교통전문가 30명을 대상으로 미래 교통상황에 관한 설문조사를 실시한 결과 응답자 대부분이 서울의 교통난 해소 시점을 2010~2020년으로 내다봤다고 밝혔다.

응답자들은 교통난에 대해 10명(33%)이 2010년께, 8명(27%)이 2020년 뒤에 해결될 것이라고 답했다. 또 서울시 대기오염의 72%를 차지하는 자동차 배출가스 문제 해소는 9명(30%)이 2010년, 12명(41%)이 2015년 뒤에 가능할 것으로 예상했다.

응답자들 가운데 21명(70%)은 집안근무가 활성화할 경우 교통난 해소에 크게 도움을 줄 것이라고 응답했으며 2008년이 되면 통신을 이용한 집안근무가 보편화해 교통량의 10%가 감소하게 될 것이라고 전망했다.

전문가들은 또 수송시스템과 관련해 지하로 화물을 옮기는 유통망이 2028년께 건설돼 1시간 안에 서울 전역의 화물 배달이 가능해질 것이며 이로 인해 지상도로의 차량 운행속도가 빨라질 것이라고 응답했다. 응답자들은 이밖에 우리나라의 교통사고 발생률이 10위권 밖으로 밀려나는 해는 2007년이며, 영종도공항 개통은 2005년, 서울~부산 고속전철의 개통은 2006년으로 관계당국의 계획보다 각각 2년에서 5년 늦게 이뤄질 것으로 내다봤다.

김항금 기자

1994년 기사

이 글을 쓰고 있는 지금은 2018년 1월 말이다. 나는 이 책을 쓰기 위해 전체 구상을 마무리하려고 1월 초에 2박 3일로 경주에 여행을 갔었다. 날씨가 매우 추웠는데 남쪽인 경주도 제법 추웠다. 추운 날씨 속에서 정말 아무 생각 없이 걷기만 했는데, 얼마나 많이 걸었는지 다리에 쥐가 나기도 했었다. 여행 후 서울시 상암동에 있는 사무실에 나가 하루 종일 글을 쓰고 나서 집에 오는데 미세먼지 때문인지 하늘이 뿌옇게 보였다. 내 집은 경기도 용인에 있는데 약 2시간 이상 걸리는 먼 곳까지 가는 이유는 갈 때와 올 때 좌석버스 안(좌석버스를 두 번 갈아 탄다.)에서 아무 생각 없이 '멍 때리기' 위해서다. 경험에 의하면 책을 쓸 때 아무 생각을 안 하는 시간을 갖는 것이 꽤 중요하다. 아무 생각이 없을 때 문득 생각이 나는 경험을 많이 해봤기 때문이다. 그런데 뉴스에서는 당분간 미세먼지가 심할 것이라고 계속 주의를 주는 방송이 나오고, 급기야 서울시에서는 미세먼지 방지 대책으로 자가용 운행을 줄이기 위해 2부제 운행 실시와 서울 시내 대중교통 비용을 무료로 한다고 했다. 나는 결국 바깥출입을 안 하고 집에서 이 글을 쓰고 있다. 경주 여행을 통해 세웠던 책을 쓰기 위한 내 실천 계획이 물거품이 되었다.

독자 중에 앞에 있는 기사를 읽지 않은 독자가 있다면, 지금 읽어보기 바란다. 1994년에 대학교수와 연구원으로 구성된 전문가들은 서울시 대기오염의 72%를 차지했던 자동차 배출가스 문제가 2015년에는 해소될 것이라고 내다봤다. 전문가들의 예상이 맞았다면 서울 하늘이 매우 맑아졌을 것이다. 하지만 우리는 오늘도 미세먼지 때문에 외출을 안 하거나 마스크를 쓰고 다닌다. 과연 그 전문가들은 무엇을 토대로 예측했을지 궁금하다. 이게 현실이다. 전문가는 자기만의 안경이 있어서 그 안경으로만 세상을 보기 쉽다. 마크 드웨인이 밀한 것으로 알려진 것처럼 망치만 있는 사람에게는 모든 것이 못으로 보이는 것이다.

아브라함 매슬로(출처: Wikipedia)

그런데 이 말의 원문을 찾아보니 마크 트웨인보다는 인간의 욕구를 5단계로 분류한 아브라함 매슬로가 말한 것만 찾을 수 있었다.

이 책의 독자들은 디지털 비즈니스 프로세스 전문가가 되길 원하기 때문에 이 책을 읽고 있다. 그뿐만 아니라 전문가의 꿈을 안고 디지털 비즈니스 관련 소식을 하나도 안 놓치기 위해 많은 것을 살펴본다. 인터넷 검색은 기본이다. 그런데 각종 매스미디어에 하루에도 수십, 수백 건의 새로운 소식이 등장한다. 모두 소화할 시간이 없다. 내 경우도 대부분을 SNS 등을 활용하여 스크랩을 해두었다가 시간이 날 때 한꺼번에 읽는다. 어떤 것은 그사이에 이미 의미가 없어진 것들도 있다. 또 진짜인지 가짜인지 모호한 것들도 있다. 그중에서 가장 문제가 되는 것은 전문가에 의해 검증된 것처럼 나오는 소식들이다. 앞의 뉴스에서 본 것과 같다. 흔히 이야기하는 전문가들은 직무 전문가일 가능성이 크다. 학문적으로 검증하고, 검증된 사실만을 이야기하는 사람들이다. 하지만 4차 산업혁명 시대에서 누가, 왜, 무엇을, 어떻게 검증해봤을까? 쉬운 일이 아니다. 그렇기 때문에 경험에 의한 예측을 많이 한다. 그럴싸한 가설을 세우고 몇몇 방법에 의해 증명을 한다. 모든 경우의 수가 아닌, 전문가가 갖고 있는 망치를 사용해서 못을 박는다. 이런 방식은 과거의 방식으로 특정 영역에 국한되어 있을 때는 가능한 방법이기도 했다. 그런데 지금은 모든 것이 연결되고, 이로 인해 고도의 지능화 시스템 사용이 가능한 '초연결성(Hyper-Connected)·초지능화(Hyper-Intelligent)' 사회다. 시대에 맞는 사고와 그 사고에 걸맞은 의사 결정 방법이 필요하다. 우리가 지나왔던 시대별 의사 결정 방법을 돌아보자.

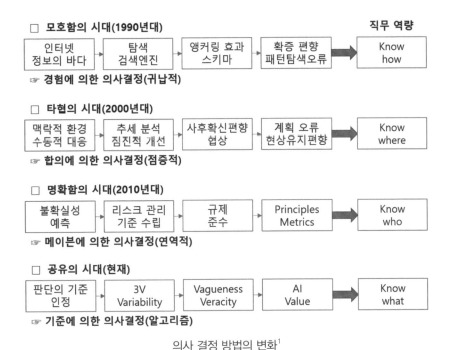

의사 결정 방법의 변화[1]

한마디로 인터넷 열풍이 불던 1990년대는 모든 것이 인터넷 중심으로 움직여야만 될 것 같은 시기였다. 인터넷이라는 신기원을 접한 기업이나 조직에서는 지금의 4차 산업혁명과 디지털 비즈니스 생태계와 같은 관심을 갖고 조직을 인터넷 중심으로 바꾸기 위한 노력을 했다. 각 조직에서 운영하는 모든 정보시스템도 'e'자가 당연한 접두사처럼 쓰였고, 모든 업무가 e-비즈니스 또는 e-커머스로 불렸다. 여기서 'e'는 인터넷을 활용하는 것을 의미한다. 나도 그 당시에 'e-비즈니스 컨설팅을 한다'고 했다. 하지만 정확하게 e-비즈니스가 무엇을 뜻하는지 알지는 못했다. 그냥 e-비즈니스라고 하면 상대방이 알아들었다. 지금 생

---

1   『원시인의 경험으로 판단하는 현대인』, 권상국, 지식공감, 2015. 내용 일부 보완

각해보니 알아듣는 척했던 것 같다. 얼마나 흔하게 쓰였는지 국내 굴지의 대형 마트도 'e'자를 사용해서 사명을 정할 정도였다.

이 시대에는 모든 정보가 인터넷에 있다고 생각하면서 인터넷을 정보의 바다라고 불렀다. 필요한 정보를 찾기 위해 인터넷을 활용하기 시작했고, 그 편안함이 주는 즐거움을 만끽했다. 그런데 그 즐거움은 그리 오래가지 못했다. 필요한 정보를 찾기 위한 탐색 작업이 쉽지가 않았기 때문이다. 정보가 없어서라기보다는 정확하게 찾고 싶은 정보를 찾기가 어려웠다. 온통 유사한 정보만 쏟아졌고, 그중에서 원하는 정보는 없었기 때문이다. 반대로 정보를 찾는 사람조차도 자신이 정확히 무엇을 찾아야 하는지 모르는 경우가 허다했다. 대충 찾고자 하는 정보와 관련이 있는 단어를 입력하면 인터넷이 알아서(?) 원하는 정보를 보여주기 원했다. 정보 검색용 단어도 알고 있는 범주 내에서 선택했다. 그리고 올바른 탐색을 위해서는 정보 저장 구조가 필요했으나, 디지털화된 것을 모두 인터넷이란 저장고에 저장하다 보니, 각각 저장 방식이 상이하고, 용어에 대한 정의도 통일이 안 됐다. 결국, 필요한 정보가 인터넷 어딘가에는 있으나 어디 있는지, 그리고 정확한지 알 수 없는 '모호함의 시대'가 되었다. 이 시대에는 원하는 것과 가장 유사하다고 생각되는 것을 잘 찾아주는 도구가 필요했고, 거기에 발맞춰서 다양한 검색 기능과 알고리즘을 장착한 검색엔진들이 사용되었다.

1999년 대표적인 검색엔진

　여러 검색엔진이 등장했고, 저마다의 검색엔진을 통해 원하는 정보를 찾는 방법이 달랐다. 결국, 정보의 바다에서 건져낸 것은 내가 원하는 것이 아니라 검색엔진이 골라준 것이다. 이때 인간의 기본 심리 중 하나인 '앵커링 효과[2]'가 발생하고, 이에 따라 내 의사와 상관없이 정보검색 범위가 정해진다. 더구나 언어의 장벽으로 인해 골라진 정보 중에서도 내가 해석할 수 있는 정보로 줄어들고, 또 그중에서도 내가 이해하는 정보로 더욱 좁혀진다. 아무리 좋은 정보라도 내가 이해하지 못하는 정보는 정보가 아니라고 생각한다. 여기서 문제가 생긴다. 정보가 필요한 이유는 올바른 의사 결정을 하기 위해서다. 올바른 의사 결정을 위해 모르고 있던 정보나 알고 있던 정보의 옳고 그름을 판단할 수

2　Anchoring effect, 배를 정박하면 닻줄의 길이 내에서만 움직일 수 있는 것처럼, 사람의 뇌 속에 특정 기준이 박히면 그 기준 내에서 판단의 범위를 제한한다

있는 정보를 취합해야 함에도 불구하고, 경험에 의해서 알고 있는 정
보만을 수집하거나 알고 있는 정보를 더욱더 군건히 해줄 수 있는 정보
만을 선택하는 우를 범하며, 인간의 기본 심리 중 하나인 '확증 편향[3]'
에 빠진다. 이것은 심각한 문제를 초래할 수 있다. 뇌 속에 자리 잡고
있는 신념이 옳고 그른 것은 생각하지 않는다. 단지 신념을 더욱 강건
하게 해주는 방향으로만 흐른다. 남녀노소, 지식이 많고 적음에 상관
없이 인간이면 누구나 그렇다. 바로 '스키마[4]'가 고정되어있기 때문이다.
스키마는 한마디로 기억 속에 저장된 지식의 추상적 구조를 의미한다.
쉽게 설명하기 위해서는 독자들의 도움이 필요하다. 아래에 있는 글을
빠르게 읽어보기 바란다. 반드시 빠르게 읽어야 한다.

> 캠릿브지 대학의 연결구과에 따르면, 한 단어 안에서 글자가 어떤 순
> 서로 배되열어 있는가 하것은 중하요지 않고, 첫째번와 마지막 글
> 자가 올바른 위치에 있것이 중하요다고 한다. 나머지 글들자은 완
> 전히 엉진창망의 순서로 되어 있지을라도 당신은 아무 문없제이 이
> 것을 읽을 수 있다. 왜하냐면 인간의 두뇌는 모든 글자를 하나 하나
> 읽것이 아니라 단어 하나를 전체로 인하식기 때이문다.

단어 인식 테스트

---

3   Confirmation bias, 원래 가지고 있는 생각이나 신념을 확인하거나 보강하려는 경
     향
4   Schema, 외부로부터의 정보를 조직화하고 인식하는 일련의 범주로서, 의미를 조직
     화하고 통합한다. 사람들은 새로운 정보를 접했을 경우 기존의 스키마와 비슷한지 아
     닌지를 판단하며, 따라서 새로운 지각은 부분적으로는 현재 유입되는 정보에, 또 부
     분적으로는 기존의 스키마에 기초한다. 스키마를 통해 새로운 지식을 쉽게 흡수할 수
     있으며, 우리는 기존의 스키마에 의해 어떤 정보를 받아들일지를 선택하게 된다(두산
     백과)

빠르게 읽었는가? 빠르게 읽었다면 내용을 이해하는 데 별 무리가
없었을 것이다. 이번에는 천천히 단어를 음미하면서 읽어보기 바란다.
이상한 것을 발견할 것이다. 그럼, 이번에는 아래 영어 문장들을 빠르
게 읽어보자.

Aoccdrnig to a rseearch taem at Cmabrigde Uinervtisy, it deosn't
mttaer in waht oredr the ltteers in a wrod are, the olny iprmoatnt
tihng is taht the frist and lsat ltteer be in the rghit pclae. The rset
can be a taotl mses and you can sitll raed it wouthit a porbelm.
Tihs is bcuseae the huamn mnid deos not raed ervey lteter by
istlef, but the wrod as a wlohe.

단어 인식 테스트[5]

어떤가? 빠르게 읽어도 내용이 이해되는 독자는 영어 실력이 상당
한 사람이다. 대부분의 한국 사람은 첫 단어부터 신경에 거슬렸을 것
이다. 처음의 한글 문장은 아래 영어 문장을 번역한 것이다. 뇌 속의
스키마 때문에 우리에게 익숙한 한글은 글자 하나씩 받아들이지 않고
단어와 문장을 중심으로 받아들인다. 그래서 단어 속의 글자 배열이
이상해도 읽거나 이해하는 데 전혀 문제가 없다. 하지만 아직 스키마가
형성되지 않은 영어는 매우 불편했을 것이다.

---

5   1999년 그레이엄 롤린슨(Graham Rawlinson)가 『New Scientist』 학술지에
     1976년 작성한 본인의 박사학위 논문을 언급하면서 보낸 편지다. 케임브리지 대학 연
     구 결과가 아니다. http://www.mrc-cbu.cam.ac.uk/people/matt.davis/
     Cmabrigde/

이렇듯 독자의 뇌 속에는 이미 확보한 지식으로 스키마 구조가 형성되어있어 새로운 정보를 받아들일 때 영향을 미친다. 바로 앞에서 글을 읽었을 때처럼 글 속의 정보와 스키마가 통합되어 작동되고, 문맥 속 단어의 글자 배열이 잘못되어 있어도 본디 뜻을 올바르게 이해하며, 또한 전체 문맥이 어떤 내용으로 펼쳐질 것인지를 예측하게 된다. 하지만 스키마가 고정되어있기 때문에 보고 싶거나 보이는 것만 보게 되고, 자기에게 익숙한 것만 찾게 되는 현상이 생긴다.

더 큰 문제는 스키마에 의해 형성된 지식을 바탕으로 무언가 연관성 있는 것을 찾으려고 애쓰는 것이다. 바로 일정한 패턴을 인식하려고 한다. 인간은 패턴을 탐색하려는 본능에 가까운 능력 때문에 발전을 해왔다. 패턴 탐색 능력이 없었다면 지금과 같이 만물의 영장이 될 수가 없었다. 먼 옛날 수렵 생활을 하던 인간의 조상들은 계속되는 이동 생활에서 눈에 보이는 모든 상황과 사물에 대해 논리적으로 생각하고 판단할 수 있는 여건이 주어지지 않았다. 빠른 판단에 따른 빠른 행동이 생존에 필요했다. 몇 가지 특징적인 정보만을 가지고 경험에 의해 스키마에 저장된 지식을 활용해서 판단하는 방법은 매우 유용하고, 경제적으로도 시간·노력·에너지를 절약해주었다. 그러나 패턴 탐색이라는 훌륭한 무기도 문제는 있었다. 논리적이지 않은 몇몇 정보에 의한 빠른 판단에는 오류가 발생할 수 있다. 자연스럽게 '패턴 탐색 오류[6]'에 빠지

---

6   Pattern searching, 패턴을 찾아내서 연관성을 알아내는 인간의 본성 때문에 발견

게 되는 것이다. 예를 들면 동전 던지기에서 나오는 확률 예측과 같다. 동전을 던지면 앞면 또는 뒷면이 나올 확률은 50%다. 동전을 던질 때마다 항상 확률은 50%로, 앞에 던져진 동전의 경우의 수와 전혀 무관히지만, 패턴 탐색 오류 때문에 앞에 던져진 경우의 수를 확률에 반영한다. 연달아 앞면이 나온 후 던져지는 동전은 뒷면이 나올 차례라고 생각한다. 즉 10번의 동전 던지기에서 모두 앞면이 나온 상황이라면(충분히 가능한 이야기다.) 11번째는 이제 뒷면이 나올 차례가 되었다고 인식한다. 이런 상황을 도박사의 오류라고 부르기도 한다.

이처럼 정확한 정보를 얻을 여건이 허락되지 않고, 불확실한 정보에 의한 의사 결정을 할 수밖에 없었기 때문에 모든 것이 확실하지 않았다. 따라서 경험이 있거나, 특정 기술을 알고 있는 사람이 대접을 받는 세상으로 노하우가 중요시되는 세상이었다. 의사 결정 방법은 유한한 범위 내에서 귀납적 방법[7]을 사용할 수밖에 없었다. 경험한 것에 대해 유추해서 원리를 찾다 보니 노하우가 그만큼 중요했다. 또한, 이러한 모호함의 시대에는 무언가 기대를 할 것이 있어야 가치를 인정받는 시대였다. 모든 것이 정확하게 알려지면 더 이상 기대할 것이 없어졌다고 여겨 가치가 없는 것으로 생각했다. 말 그대로 '묻지 마' 식의 투자가 닷컴 기업에 쏟아졌다. 이 때문에 신생 인터넷 서비스 업체의 주식 가치가 전

과 진보가 있었으나 이 경향이 너무 강해서 자동으로 작동되어서 실제 존재하지 않는 패턴을 찾아낸다.

7   귀납법, 개별적 사실에서 일반적 원리를 찾는 방법

통적인 대형 제조업체의 가치를 넘어서는 일이 비일비재했다. 그러나 얼마 안 가서 밀어닥친 인터넷 버블 현상에 의해 큰 혼란을 겪게 된다.

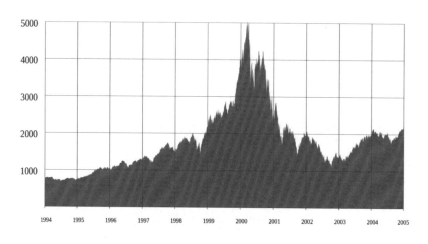

인터넷 버블 현상(출처: Wikipedia)

2000년대 초에 인터넷 버블 현상이 사라지면서 모호함의 시대는 급속히 사라지기 시작했고, 모호함을 극복하기 위한 노력이 이어졌다. 그 당시 유명했던 골드뱅크, 장미디어, 드림라인, 메디슨, 하우리, 로커스 등은 모두 상장 폐지됐고, 전설적인 다이알패드의 새롬기술은 투자 전문 회사 솔본으로 사명을 바꾸고 잊힌 존재가 됐다. 인터넷 버블 현상에 혼이 난 사람들은 순간적으로 나타나는 아이디어에 흔들리지 않고, 지금까지의 트렌드를 통한 맥락적 환경을 파악하는 데 노력을 기울였다. 나무를 보지 않고 숲을 보기 시작한 것이다. 이 시기의 가장 큰 특징을 한 마디로 표현하면 '인터페이스'가 아닐까 싶다. 기업과 조직 내에 있는 모든 정보시스템은 ERP 시스템을 중심으로 통합됐고, 기업들은 인터넷과 인터페이스 되었다. 독자적으로 운영되는 단위 시스템은 사라졌다. 이제는 숲을 보고 전체 맥락적 환경을 파악하고 이해하는 것이 기본이 되었다. 그러다 보니 어느 특정 기업이나 조직이 독자적으로 영역을 확대하는 것이 아니라 전체 맥락에 맞춰 움직였다. 즉 트렌드를 분석하고, 트렌드에 맞추기 위해 수동적 자세를 취했다. 지금은 잊힌 이름이지만, 상거래의 모든 과정을 전산으로 관리하는 체계인 '칼스(CALS:commerce At Light Speed)'가 대표적이다. 미국 연방정부는 정부에 납품하는 모든 물품에 대해 칼스를 의무화하기도 했었는데, 제품의 설계 단계부터 유지·보수 단계에 이르는 모든 과정에서의 정보를 표준화시키고 디지털화한 뒤 기업 내부와 외부, 국가 간에 공유가 가능하도록 하는 기업 정보화 시스템이다. 이를 통해 중복 제작이나 전달 과정에서의 왜곡 등을 줄이고자 했다. 그 당시에 "건조한 잠수함에 잠수함 유지보수 매뉴얼을 실으면 잠수함이 가라앉는다."라는 재미있는 이야기가 있었다. 문서가 그 정도로 많았다는 것을 빗대어 한 이야기다. 칼스를 지금 시점에서 보니 정말 옛날이야기를 하는 것 같다. 하지만 그 당시에는 칼스가 반드시 지켜야 할 맥락적 환경이었다. 칼스 조건이 맞지 않는다 해도 미국 정부에 납품을 하기 위해서는 칼스와 타협을 해야 했다. 바로 '타협의 시대'가 온 것이다.

하지만 모든 것을 한꺼번에 바꿀 수는 없었다. 계속 트렌드를 파악하면서 중요하고, 시급한 것부터 점진적으로 고쳐나갔다. 물론 쉬운 일은 아니다. 점진적 개선 과제와 개선 정도를 설정하는 일이 특히 어려웠다. 이제까지 업무 자동화 또는 특정 업무를 위한 부분 최적화에 길들여있던 IT 서비스(이 시기에는 IT 비즈니스 또는 디지털 비즈니스라는 용어조차 없었다.) 부문은 현업의 요구에 대응하는 데 최적화되어 있었기 때문이다. 더구나 주어지는 과제 중에 할 수 있는 과제만을 수행해오다 보니 경험해본 적이 없는 과제를 만들어내는 일은 쉬운 것이 아니었다. 더구나 인터넷 버블 현상을 겪은 기업이나 조직에서는 IT 서비스 부문을 곱지 않은 눈으로 보기 시작했다. IT 서비스 부문을 돈 먹는 하마 정도로 보고 있었다. 특히 인터넷 버블 현상 이후 IT 서비스 부문에 투자되는 비용에 대해 ROI를 계산하기 시작했고, 확실한 ROI가 나오지 않는 투자에 대해서는 단호하게 투자를 거부했다. 게다가 "거봐, 내가 그럴 줄 알았어." 또는 "내가 해봐서 아는데 그거 안돼."라며 몰랐거나 예측할 수 없는 일임에도 불구하고 일이 벌어진 사후에 주장하는 '사후 확신 편향[8]'까지 생겨 협상을 더 어렵게 했다. 행동경제학의 창시자인 대니얼 카너먼은 "사후 확신 편향은 과정의 건전성이 아니라 결과의 좋고 나쁨에 따라 결정의 질을 평가하도록 유도하기 때문에 의사

---

8   Hindsight Bias, 어떤 일이 벌어진 이후에 그 일이 왜 벌어졌는가에 대한 설명 (hindsight)은 어떤 일이 벌어지기 전에 그 일에 대해 예측하는 것(foresight)보다 쉬우며, 이러한 사후 설명은 실제로 우연적인 사건일지라도 필연적으로 그렇게 벌어질 수밖에 없었던 것처럼 여기는 걸 말한다. (선샤인 논술사전)

결정자들의 평가에 악영향을 끼친다."라고 사후 확신 편향의 위험성을
경고했다.

　이런 상황에서는 맥락적 환경에 적합하고 트렌드 분석 결과에 어울
리는 추진 계획을 수립해야 한다. 이때 '계획 오류[9]'에 빠지는 것을 조
심해야 한다. 보통 새로운 일을 시작할 때 계획을 세우게 되는데, 의욕
과 열정, 사명감 등으로 무장되어 자신감 있게 일정을 빠듯하게 조정
한다. 특히 기업이나 조직에서의 일정은 바로 비용으로 직결되기 때문
에 더욱 합리적으로 계획해야 함에도 불구하고, 모든 상황이 계획한
대로 벌어진다는 가정하에 일정을 조정한다. 하지만 우리는 많은 경험
을 통해 계획한 대로 지켜지지 않는다는 것을 잘 알고 있다. 이런 계획
오류의 반복적 발생이 더더욱 협상 대상자인 기업이나 조직이 사후 확
신 편향에 빠지게 한다.

　어렵게 계획을 세웠다고 해도 또 다른 위협이 존재하고 있다. 바로
'현상 유지 편향[10]'이다. 이것은 우리 주변에서 너무나 쉽게 찾을 수 있
다. 내 경우를 봐도 그렇다. 나는 아직까지 스마트폰 요금을 100% 다
내고 있다. 25% 요금 할인을 받을 수 있다는 것을 모르는 것이 아니다
(이 글은 2018년 3월에 썼는데, 2018년 중순경에 스마트폰을 교체하면서 요금 할

9　　Planning Fallacy, 모든 일은 항상 예상했던 것보다 오래 걸린다.
10　　Status Quo Bias, 사람들은 현재의 조건보다 특별하게 이득이 되지 않는다면 현재
　　의 조건에서 벗어난 것을 싫어한다.

인 신청을 했다). 지금 사용하고 있는 인터넷도 18년째 한 회사에서 제공하는 것을 그대로 사용하고 있다. 사용 중인 인터넷 서비스를 타사의 인터넷 서비스로 바꾸면 꽤 좋은 조건이 주어지는 것을 알면서도 말이다. 이렇듯 현재의 조건보다 더 좋은 조건이 있음을 알면서도 선뜻 바꾸지 않는다. 사실은 바꾸고 싶은데 오늘 바꾸나 내일 바꾸나 별 영향이 없다고 생각하다 보니 지금까지 그대로다. 하지만 그 이면에는 지금 바꿨다가 후회할 일이 생기지 않나 하는 걱정이 아주 조금은 있다. 나의 선택으로 생긴 변화는 온전히 나에게 책임이 있기 때문에 확실한 경우가 아니면 잘못될 가능성을 염두에 두고 현 상태를 그대로 유지하려고 한다.

이럴 때 필요한 것은 노하우가 아니라 노훼어(Kwon where)다. 내가 후회하지 않을 선택을 할 수 있는 방법을 여기저기에서 찾는다. 내 주장만 고집하는 것이 아니라 전체적인 맥락을 파악해서 덜 후회할 만한 선택을 하려고 한다. 일종의 타협을 시도하는 것으로, 오랜만의 외식 장소를 고를 때, 중고 물품을 살 때는 내 경험보다 신뢰할 수 있는 정보가 모여있는 곳의 정보에 의지하려고 한다. 신뢰할 수 있는 사이트에서 제공되는 정보에 의해 선택하는 순간, 설령 잘못된 선택이었다고 해도 나의 책임에서 벗어날 수 있기 때문이다. 이처럼 이 시대에는 내 주장과 신뢰할 수 있는 정보를 적절히 조화하여 점진적으로 개선해나갔다. 즉 모든 것을 한 번에 결정하지 않고 하나씩 해결해나가는 점증적 방법[11]을 선호했다.

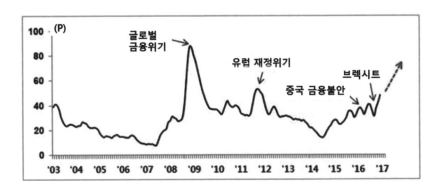

한국 경제의 대내외 불확실성 지수(출처: 현대경제연구원)

2008년 글로벌 금융위기를 시발점으로 2010년대는 불확실성 지수
가 높은 시기였다. 우리가 어떤 의사 결정을 할 때는 기업의 이익이나
스포츠 경기에서 이기기 위해서 또는 이길 확률을 높이기 위한 목적을
달성하기 위해서다. 이런 의사 결정을 하는 경우는 상황이 확실하지
않아 예측을 하기 힘들 때 하게 된다. 즉 불확실성 지수가 높을수록
올바른 의사 결정이 필요하다. 의사 결정의 성공 여부는 의사 결정자가
확보하고 있는 정보의 정확성과 의사 결정 환경의 변수 두 가지 요인에
따라 달라진다.

---

11   Incremental Model, 미래의 불확실한 상황을 처음부터 정확하게 예측한다는 것은
     불가능한 일이기 때문에 몇 번이고 시행착오를 겪을 것을 전제로 하여 점진적으로 개
     선해나간다.

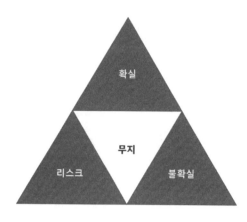

정보의 정확성

정보의 정확성은 어떤 일이 발생할지 정확하게 알고 있는 경우(확실), 어떤 일이 발생할 확률을 알고 있는 경우(리스크), 어떤 일이 발생할지 확률을 모르는 경우(불확실), 어떤 일의 발생 여부에 대해 전혀 모르는 경우(무지)로 구분할 수 있다. 이 중에서 리스크는 아직 문제가 발생한 상태가 아니기 때문에 발생 확률에 따른 조치가 필요하다. 모든 대형 사고는 실제로 발생하기 전에 각종 징후를 보인다. 1:29:300의 비율로 하나의 대형 사고가 발생하기 전에 29개의 경미한 사고가 발생했고, 그 경미한 사고가 발생하기 전에는 300개의 사고 징후들이 나타나기 때문이다. 이 비율은 1931년 미국 보험회사 손실 통제 부서에서 근무했던 직원인 허버트 윌리엄 하인리히가 수많은 사고 사례 분석을 통해 나온 통계적 법칙[12]으로, 대형 사고는 우연히 발생하는 것이 아니라

---

12   하인리히 법칙, 대형 사고가 발생하기 전에 그와 관련된 수많은 경미한 사고와 징후들이 반드시 존재한다.

대형 사고와 관련이 있는 여러 경미한 사고와 징후들이 반복됨으로써
발생한다는 것을 실증적으로 입증한 것이다[13].

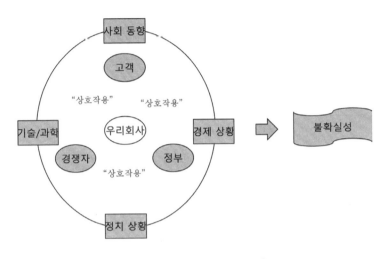

의사 결정 상황 변수의 상호작용

이처럼 정보의 정확성은 적극적으로 대처가 가능하지만 의사 결정
환경의 변수는 적극적인 대체가 쉽지 않은데, 상황에 대한 변수들이
상호작용하여 불확실성을 더욱 높이기 때문이다. 불확실성을 제거하기
위해서 기업과 조직들은 예측을 토대로 끊임없이 전략을 생산하지만,
그 많은 전략 중에서 불확실성을 제로화할 수 있는 것은 없다. 누구도
예측이 정확하다고 말할 수는 없기 때문이다. 단지 불확실성을 유발시
키는 몇 가지 요인들을 예측하여 대비책을 세울 뿐이다. 그마저도 이

---

13   산업재해 예방: 과학적 접근(Industrial Accident Prevention: A Scientific
      Approach, 하인리히)

요인들의 상호작용으로 새로운 변수가 계속 만들어져서 미래를 예측하기가 더욱 어려워진다. 이집트에는 이런 예측과 관련해서 "미래를 예언하는 사람은 그가 진실을 말할지라도 거짓말을 하는 것이다."라는 속담이 있다. 확실성은 리스크라는 특별한 결과물을 만들어낸다. 리스크는 전혀 예상하지 못한 상태에서 돌발적으로 발생하는 것과 점진적으로 커지는 것, 내부에서 발생하는 것과 외부에서 발생하는 것 등 다양한 상태로 나타난다. 그중에서도 가장 위협적인 것은 리스크를 예측하여 수립한 전략과 정작 발생한 리스크가 일치하지 않을 때 발생하는 것이다. 기업과 조직의 입장에서는 이중삼중으로 손실을 입기 때문이다. 그렇다면 이런 리스크들을 잘 관리할 수 있는 방법은 없는 것일까? 왜 없겠는가? 리스크는 무엇이 발생할지 그 확률을 아는 것이라고 했다. 당연히 확률이 높은 순서대로 대책을 마련하면 된다. 너무 무책임한 대답이라고 여겨지는가? 리스크는 아직 발생하지 않은 문제로 발생할 확률이 높은 것이다. 즉 징후들이 여기저기에서 나타났을 것이다. 그 징후들을 찾아내고 원인을 제거하면 된다. 이 과정에서 이런 징후들이 왜, 어떻게, 누구에 의해서, 언제, 어디에서, 무엇 때문에 발생하는지를 찾아낼 수 있도록, 리스크의 라이프 사이클을 시나리오[14]로 작성하는 것이다. 바로 시나리오 플래닝을 구성하는 것이다.

---

14 Scenario, 영화 제작과 관련한 사람들에게 영화의 아이디어를 보여주는 수단으로, 연기자·제작자·감독 등 서로 다른 관점을 지닌 사람들이 시나리오를 읽으면서 영화화 여부를 결정하기 때문에 시나리오에는 영화의 주제와 이야기, 등장인물의 성격 등 영화를 이루는 모든 요소가 포함되어있어야 한다. (영화 사전)

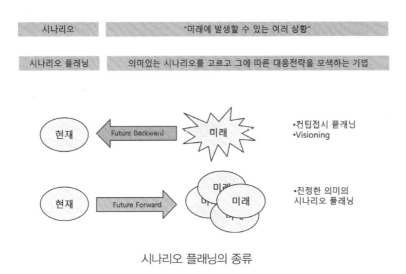

시나리오 플래닝의 종류

시나리오 플래닝은 원하는 미래를 가정하고, 미래에서 현재까지 거꾸로 과정을 밟아오는 Future Backward 방식과 현재로부터 가능성이 큰 몇몇 미래를 정해서 밟아 올라가는 Future Forward 방식이 있다. 전자의 방식은 기업의 비전 달성이나 정해진 목표 달성을 추구할 때와 화재, 보안 위험 등과 같은 재난에 대비한 비상 대응 계획을 수립할 때 주로 사용이 되고, 후자의 방식이 발생 가능한 미래에 대한 대비책을 수립할 때 사용하는 진정한 의미의 시나리오 기반 계획 수립이라고 할 수 있다. 여기서 발생 가능한 미래는 범위가 너무 광범위하기 때문에 모든 미래를 대비하는 것이 아니라 발생 가능성이 크고, 발생했을 경우에 미치는 영향력이 큰 것을 4개 정도로 선별하여 대책을 세우는 것이 현실적이다. 이런 시나리오 플래닝은 기업과 조직에서 전략을 세울 때 매우 훌륭한 도구가 된다.

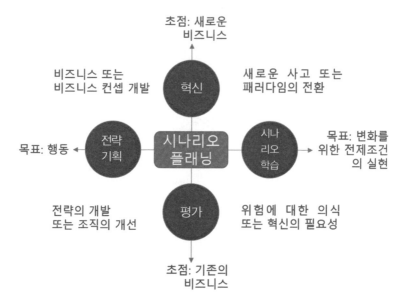

시나리오 플래닝의 목표와 초점

시나리오 플래닝[15]은 기존 패러다임의 변화 시도 또는 새로운 가정을 세울 수 있는 강력한 도구로 디지털 비즈니스 프로세스 전문가가 되기를 희망하는 사람은 반드시 시나리오 플래닝을 이해하고 수행할 수 있는 역량이 필수적이다. 불확실성이 높을 때는 역설적으로 불확실성에 기반을 두고 예측을 해야 한다. 주의할 점은 시나리오 작성 시 자기만의 모순에 빠지는 것이다. 시나리오 작업에 치중한 나머지 전략 기획과 동떨어진 시나리오를 만드는 경우가 종종 있다. 이럴 경우 시나리오가 미래 예측에 대한 대비책이 아닌 허구의 세계에 대한 것에 그친다. 전략 기획도 마찬가지다. 시나리오 작업을 배제한 전략 기획은 기존의 패러

15 『시나리오 플래닝』, 마츠 린드그렌·한스 반드홀드, 필맥, 2006.

다임을 벗어나기 힘들다. 따라서 기존에 수행해왔던 전통적인 전략 수
립과 시나리오 플래닝을 병행하는 통합적인 사고방식이 필요하다.

CIO의 요구 ; IT의 안정적 운영 -> IT서비스 성과평기 -> IT시비스가치 정량화

핵심이슈 파악	무엇을 의사결정 할 것인가?
	IT서비스 관리용 자체 솔루션을 확보할 것인가?
의사결정요소 파악	무엇을 알아야 의사결정 할 수 있는가?
	시장 성장성, 기존 솔루션에 대한 고객 반응, 진화 방향
변화동인 파악	변화동인은 어떠하며, 핵심이 되는 것은 무엇인가?
	Tool에 독립적이며, 맞춤형 서비스 관리 가능(성과지표) 요구
시나리오 도출	의미있는 시나리오는 무엇인가?
	시장은 성장, 기존 솔루션은 한계, 고객은 자기만의 것을 추구
시나리오 쓰기	미래가 어떻게 펼쳐질지 서술할 수 있는가?
	"Who am I ?" 시장의 도래
대응전략 수립	미래에 어떻게 대응해야 하는가?
	고객 교육 - PJT 창출 - 솔루션 확보 - 레퍼런스 확보

시나리오 플래닝 사례-l

위 사례는 내가 SI 회사에 다닐 때 특정 솔루션 확보의 필요성을
느끼고, 직접 신규 솔루션을 개발하기 위해 작성했던 사업계획서 중의
일부다. 이때가 2002년쯤으로 기억을 하고 있는데, 이 당시에는 기업
과 조직에서 IT 서비스에 대한 인식이 기존과 달라지기 시작해서 소위
IT 거버넌스 시스템의 필요성을 절실하게 느끼고 있던 때였다. 국내에
서도 IT 거버넌스 시스템 컨설팅 및 구축 사업을 해왔기 때문에 사업
중에 느낀 문제점이 많이 있었다. 그중 대표적인 것이 CIO의 생각이
변화하고 있다는 것을 눈치챘다. 그 당시 IT 서비스 또는 가치를 활용
하고 관리하는 방식으로 패러다임이 바뀌고 있었다. IT 서비스의 안정

성을 넘어서 IT 서비스에 의한 성과를 나타내려고 했다. 이를 통해 IT 서비스는 비용을 쓰는 조직이 아니라 비즈니스에 직접적인 가치를 높여주는 조직으로 대접받기를 원했다. 즉 IT 서비스 가치를 정량화하려고 했다. 기존에 존재하는 솔루션으로는 한계가 있었고, 특정 솔루션을 사용할 경우에 그 솔루션을 보유한 협력업체에 종속되는 경우가 생기기도 했다.

시나리오 플래닝 사례-II

이것은 조직 내 IT 정보시스템의 운영과 유지·보수를 통해 업무 연속성을 최우선 과제로 삼았던 기존의 방식이 바뀌는 커다란 패러다임의 변화를 의미했다. 또한, 인터넷 버블현상 붕괴 후 IT 투자에 대한 인식이 바뀐 것에도 큰 원인이 있었다. 기업의 맹목적인 IT에 대한 투자는 인터넷 버블 현상이 붕괴되면서 감소하기 시작했으며, IT 투자에 대한 비판과 함께 성공적 투자에 관심을 기울이기 시작했다. 맹목적인

IT 투자에 대한 반성이 일어나면서 IT 투자 금액을 절감하고, 기획과 책임이 강조되는 IT 투자 환경으로 변화하면서 CIO는 보다 큰 비용 절감 압력에 직면하게 되었다. 나는 이를 토대로 시나리오 플래닝을 했던 것이다. 결국, 독자적인 솔루션을 획보하게 되있고, 많은 사업을 수행할 수 있게 되었다.

시나리오 플래닝 사례-Ⅲ

2010년대 IT 비즈니스 환경은 과거와 달리 명확한 것을 요구하는 '명확함의 시대'다. 특히 IT 비즈니스 플랫폼으로의 통합이 요구되는 ICT 생태계에서는 각종 규제에 대한 이해가 필요하다. 이미 적용 중인 규제도 중요하지만, 규제를 만들어내는 것도 필요하다. 규제에는 법규와 같은 강한 규제도 있지만, 표준과 같은 약한 규제도 있다. IT 비즈니스 측면에서 시나리오 플래닝을 통해 불확실성을 제거해나가면서 비즈니스 환경을 명확하게 할 수 있는 표준이나 기준의 선점은 기업과 조직에게 엄청난 이익을 가져다줄 것은 자명한 일이다. 그러나 이런 활동이 조직원 스스로 깨우쳐서 자발적으로 일어나기를 바라서는 안 된다. 기업의 비즈니스 프로세스 속에 녹아들어가서 이런 행동을 유발시키고, 행동의 결과에 대한 피드백이 일어나야 하기 때문에 올바른 프로세스의 수립과 준수가 중요하고, 이를 관리하기 위해 각종 원칙과 그 원칙들이 제대로 지켜지고 있는지를 체크할 수 있는 체크리스트가 필요했다. 또 너무나 많은 고급 정보가 쏟아져 나오고, 매일 신기술이 발표되는 이 시대에는 모든 것을 알 수는 없었다. 그래서 이 시대에 필요한 것은 그러한 기술과 정보를 알고 있거나, 그러한 것들이 어디에 있는지 알고 있는 사람과 연결되어있는 것이 중요해졌다. 즉 노후(Know who)가 필요한 것이다. 이런 일에 최적화된 사람이 앞에서 이야기했던 마켓메이븐이다. 즉 많은 경험을 갖고 있으면서 필요한 사람에게 필요한 지식을 전해주기 좋아하는 사람이 필요하다. 기업과 조직에서는 조직원들이 필요할 때 이런 마켓메이븐의 도움을 쉽게 얻을 수 있는 노후의 직무 역량이 필요하다.

공유 세상에서 나와 우리(출처: Pixabay)

이제는 모든 노하우와 노웨어를 다 알 수는 없다. 서로 자기가 가지고 있는 제품, 지식 등 유·무형의 자원을 공유 경제 플랫폼상에서 공유하면서 더 좋은 결과를 만들어내는 공유 경제(Sharing Economy) 세상이기 때문이다. 공유 경제는 한 번 생산된 제품을 여럿이 공유해 쓰는 협업 소비를 기본으로 한 경제다. 자동차, 빈방 등 활용도가 낮은 대상을 타인과 함께 공유함으로써 자원 활용을 극대화하는 경제 활동이다. 소유자는 수익을 얻을 수 있고, 구매자는 싼값에 이용할 수 있는 소비 형태다. 전 세계의 66%가 경제적 이익을 위해 자산을 공유하려고 한다. 이 수치가 중국에서는 94%까지 올라간다. 나에게 필요한 자산을 빌릴 수 있다면 굳이 소유할 필요가 있을까? 또 빌려주면 경제적 이익을 볼 수 있는데, 유휴 자산을 놀릴 이유가 있을까?

공유 경제의 비즈니스 모델

내가 직접 소유함으로써 활용도가 떨어지는 모든 자원을 공유 경제 플랫폼에서 공유함으로써 활용도를 극대화시킬 수 있고, 유휴 자산을 대여해줌으로써 발생하는 이익도 얻을 수 있다. 또 나에게 필요한 것을 소유하기 위해 비싼 비용을 치르기보다 타인의 유휴 자원을 대여해서 사용하게 되면 그만큼 비용 절감을 할 수도 있고, 필요에 따라서는 사용하기 힘들었던 고가의 자원도 사용 가능하게 된다. 이처럼 공유 경제 개념은 기존부터 있었으나, 디지털 비즈니스 플랫폼의 기능이 확대되면서 새로운 비즈니스 모델들이 수없이 많이 생기고 있다.

The King & Carter Jazzing Orchestra, 1921(출처: Wikipedia)

긱 이코노미(gig economy)라는 말을 들어 본 적이 있을 것이다. 긱 이코노미는 공유 경제의 또 다른 표현이다. 긱은 미국에서 1920년대 단기간의 재즈 공연을 위해 주변 인근에서 필요한 연주자를 구해 공연 하는 것에서 유래한 용어다. 정식 고용이 아닌 필요할 때마다 연주자 를 임시 고용의 형태로 구해 연주하는 형태를 말한다. 경제적으로 볼 때 새로운 일자리를 창출하는 순기능도 있지만, 비정규직 업무 형태로 인해 고용의 질이 떨어지는 역기능을 가지고도 있다.

에어비앤비로 주택난, 우버 정보유출… 세계 곳곳 '공유경제 잡음'

밴쿠버시에 따르면 에어비앤비에 나온 빈방(房)의 27~39%가 실거주자나 자가(自家) 소 유자가 아닌 것으로 나타났다. 밴쿠버는 2009년 이후 6년 사이 일반 주택 가격이 두 배 이상 폭등하는 등 살인적 주택난을 겪고 있다. 이로 인해 정작 집이 필요한 신혼부부나 저소득층이 집을 못 구해 시 외곽으로 빠져나가는 현상이 속출하면서 에어비앤비 임대 조건을 제한하는 극약 처방을 내린 것이다. 그레고리 로버트슨 밴쿠버시장은 "공유 경 제는 분명 부작용을 일으키고 있다. 이를 통제하는 방법을 찾아야 한다"고 말했다.
에어비앤비의 본고장인 미국 LA와 뉴욕 역시 주택 부족으로 몸살을 앓고 있다. 뉴욕의 경우 전문 업체들이 에어비앤비 물량의 30% 이상을 차지한 것으로 추정되고 있다. 유 럽에서도 가시적인 제한 조치가 시작됐다. 스페인 바르셀로나가 단기 관광 임대업자들에 대한 단속에 나섰고, 독일 베를린시도 숙박 공유에 벌금을 물리기로 했다. 캐나다 퀘 벡은 에어비앤비 사업자들에게 호텔과 동일한 수준의 숙박세를 받는다는 방침이다.
차량 공유 기업 우버는 신뢰 위기에 빠져 있다. 지난 21일(현지 시각) 블룸버그는 작년 10월 우버 사이트에서 해킹으로 고객과 기사 5700만명의 개인 정보가 누출됐는데도 우버가 1년 넘게 이를 은폐해왔다고 보도했다. 올 들어 사내 성(性) 추문 사건으로 고압 적 조직 문화가 드러나고, 트래비스 칼라닉 창업자가 사임까지 한 상황에서 해킹 은폐 라는 또 다른 악재(惡材)를 만난 것이다. 해커들이 빼낸 정보에는 고객 이름과 이메일 주소, 전화번호, 기사 면허 정보까지 포함돼 있다. 우버는 운전면허번호 유출 시 기사에 게 알려야 한다는 법적 의무를 무시했을 뿐 아니라 해커들에게 10만달러(약 1억1000만 원)를 건네 입막음을 시도한 것으로 알려졌다.
이에 영국은 정보 기관이 직접 나서서 이번 정보 유출 사고를 조사하기로 했고, 미국에 서도 코네티컷, 일리노이, 매사추세츠, 뉴욕 등 최소 4개 주(州)에서 검찰이 조사에 착수 했다. 전문가들은 "데이터에 기반해 사업을 벌여온 우버가 고객과 이용자 정보를 제대 로 관리하지 못해 사업 플랫폼(기반)이 무너질 수 있는 위험에 처했다"고 지적했다. 더 구나 우버는 1년 넘게 사건을 은폐하면서 스스로 신뢰도를 추락시켰다. 영국 인디펜던 트는 "우버가 신뢰와 탐욕, 편리함과 위험 사이에서 아슬아슬한 상태를 유지하고 있다" 고 말했다.

공유 경제 부작용(출처: 조선닷컴)

공유 경제는 이렇게 경제적인 기능뿐만 아니라 또 다른 문제점을 안고 있다. 독자들도 공유 경제의 대표적 비즈니스 하면 가장 먼저 머릿속에 떠오르는 비즈니스 모델이 에어비앤비와 우버일 것이다. 그리고 최근 이런 공유 경제 비즈니스는 폐해에 대한 뉴스를 많아 접해보았을 것이다. 이 두 가지 비즈니스 모델은 공유 경제 플랫폼으로는 거의 완벽하지만, 실제 비즈니스가 일어나는 현실 세계에서는 미처 예상하지 못했던 경우나, 새로운 형태의 비즈니스 모델을 쫓아오지 못하는 각종 법규와 규제 등으로 많은 문제점을 드러내고 있다.

이렇게 '공유의 시대'에 살고 있지만, 이로 인한 피해도 많이 발생하고 있다. 물론 공유 경제 비즈니스가 세상에 나온 지 얼마 안 됐기 때문에 시행착오 과정에서 생기는 부작용으로 조만간 해결될 것이라 예상된다. 과거에도 새로운 비즈니스 모델이 등장할 때는 홍역처럼 치르는 일이기 때문이다. 하지만 이를 해결할 수 있는 방법이 없다면 모르겠지만, 해결할 수 있는 방법이 있다면 굳이 적당한(?) 시간이 흘러서 안정화될 때까지 기다릴 필요는 없다.

공유 경제 플랫폼 비즈니스에서 가장 문제가 되는 것은 '판단의 기준'이다. 무엇을 근거로 여행지의 숙박업소를 구해야 할까? 가격, 여행지의 현황, 편안함 등 많은 변수가 복합적으로 작용한다. 이런 것들은 공유 경제가 아닐 때에도 항상 했던 고민이다. 여기에 더해서 최근 일본의 에어비앤비 숙박업소 주인에 의한 성폭력 사건은 이전에는 생각하지도 않았던 문제였지만, 공유 경제 플랫폼에서 숙박업소를 선정할 때 매우 중요한 요소로 작용할 것이다. 그렇다면 숙박업소의 안전은 무엇을 기준으로 판단해야 할까?

공유 경제는 나눠 쓰는 것이 더 이롭기 때문에 생겨난 모델이다. 특히 경제적인 이익이 크기 때문에 비즈니스 모델로써 의미가 있다고 할 수 있다. 나눠 쓰는 것을 더욱 확대시키기 위해 공유 경제 플랫폼이 생겼다. 그런데 공유 경제 플랫폼이 확대될수록 그 전에는 없었던 플랫폼 사용 수수료를 지불해야 하는 문제가 발생한다.

우버 운전자들의 수수료 인상 반대 시위(출처: GMB + Bloomberg 수정)

공유 경제 플랫폼이 에어비앤비나 우버처럼 기업화되면서 개인 간의 거래를 차단하고 중개 역할을 하면서 수수료를 받고 있다. 마치 중앙 서버를 운영하면서 모든 거래를 독점적으로 관리하고 있는 형태가 되었다. 플랫폼 참여자들도 더 많은 이익을 내기 위해 재산을 재임대하거나, 우버 운전자들은 우버라는 기업에 속하는 자영업자가 된다. 이렇게 되면 더 이상 공유 경제라고 부를 수 없다. 이것은 일반 인터넷 쇼핑몰과 오프라인 가게를 합친 O2O 서비스[16]로 공유 경제 플랫폼 참여자들이 받아야 할 이익의 상당 부분을 수수료라는 명목 하에 유통업체 또는 플랫폼 운영업체가 가져가게 된다.

국내에서 유행하고 있는 배달 앱의 경우를 살펴보자. 배달 앱이 나오기 전에는 직접 음식점에 주문을 했으나, 배달 앱을 이용하면 음식점 전화번호를 기억할 필요도 없이 주문이 가능한 모든 음식점이 나타났다. 불편하게 통화를 할 필요도 없이 배달 앱을 통해 쉽게 주문이 가능했다. 익명성도 보장받았다. 그런데 뭔가 배달된 음식에서 그전과 다른 점이 발견되기 시작했다. 가격은 동일한데, 음식양이 줄기 시작했다. 그 이유는 배달 앱을 운영하는 중간 유통 기업에 지불해야 하는 수수료로 인한 원가 상승 때문이다. 플랫폼을 소유한 기업이 큰 이익을 가져가고 플랫폼 참여자들은 남은 이익만을 가져가게 된다. 이런 현상을 Share economy가 아니라 Share-to-scraps economy[17]라고 부르기도 한다. 그리고 많은 참여자가 플랫폼 소유 기업의 노동자로 전락하게 된다.

---

16   Off line to On line, 온라인과 오프라인이 연결되어 오프라인상에서 상품을 구경한 후, 똑같은 제품을 온라인에서 더 저렴하게 사거나 온라인상에서 주문하고 오프라인 상에 물건을 받는 서비스

17   Share-to-scraps Economy, Robert B. Reich, 버클리 캘리포니아대학교, http://robertreich.org/post/109894095095

공유 경제 개념에 맞게 공유 경제 플랫폼에서 가장 큰 이익을 취할 수 있는 방법은 참여자 모두 '인정'하는 플랫폼에 참여하는 것이다. 모두 인정한다는 것은 공유 경제 플랫폼 참여자에게 고르게 이익이 돌아가는 것을 의미한다. 플랫폼 소유 기업이 취하는 많은 이익을 공유 경제 개념에 맞게 모두에게 배분하기 위해서는 플랫폼 소유 기업의 지나친 영향력을 축소시켜야 한다. 대부분의 플랫폼이 불특정 다수의 참여자를 신뢰할 수 없기 때문에 선량한 참여자를 보호하기 위해 많은 보호 조치가 필요하고, 이로 인해 플랫폼 소유 기업의 영향력이 커진다. 참여자 스스로 건전한 참여자임을 인정받을 수 있다면 플랫폼 소유 기업의 영향력은 많이 줄 것이고, 개인 대 개인 간의 안전한 거래도 충분히 가능하다.

바로 블록체인[18] 기술을 활용하면 된다. 예를 들어 돈을 송금할 때 은행을 거치지 않고 바로 송금을 할 수 있다면 수수료를 내지 않아도 된다. 파일을 저장할 때 서버가 없는 클라우드 저장소를 이용할 수 있다면 악의를 가진 해커의 위협으로부터 자유로울 수 있다. 블록체인 기술은 이것들을 가능하게 한다. 사토시 나카모토라는 닉네임을 사용하는 사람이 「비트코인:P2P 전자 화폐 시스템」이라는 논문을 통해 이러한 개념을 소개하면서 '비트코인은 전적으로 거래 당사자 사이에서만

---

18 Block chain, '공공 거래장부'로 거래장부 사본을 모두에게 공개하여 위변조가 불가능하게 관리한다.

오가는 전자화폐'라고 설명했고, 논문 발표 두 달 뒤인 2009년 1월 3일 이 기술을 비트코인이라는 가상화폐로 직접 구현하였다.

Bitcoin: A Peer-to-Peer Electronic Cash System

Satoshi Nakamoto
satoshin@gmx.com
www.bitcoin.org

Abstract. A purely peer-to-peer version of electronic cash would allow online payments to be sent directly from one party to another without going through a financial institution. Digital signatures provide part of the solution, but the main benefits are lost if a trusted third party is still required to prevent double-spending. We propose a solution to the double-spending problem using a peer-to-peer network. The network timestamps transactions by hashing them into an ongoing chain of hash-based proof-of-work, forming a record that cannot be changed without redoing the proof-of-work. The longest chain not only serves as proof of the sequence of events witnessed, but proof that it came from the largest pool of CPU power. As long as a majority of CPU power is controlled by nodes that are not cooperating to attack the network, they'll generate the longest chain and outpace attackers. The network itself requires minimal structure. Messages are broadcast on a best effort basis, and nodes can leave and rejoin the network at will, accepting the longest proof-of-work chain as proof of what happened while they were gone.

암호화 기술 커뮤니티 Gmane에 실린 '비트코인' 논문

또 2017년 3월 15일 자 하버드 비즈니스 리뷰지에는 "오늘날 우리는 진정한 의미의 공유 경제를 실현할 기회를 맞이하고 있다. 블록체인 기술이 우버, 에어비앤비 등 권력화한 미들맨들을 배제하고 P2P(Peer to Peer) 기반의 신뢰할 수 있는 공유 경제를 만들어낼 것이다."라는 글이 실렸다. 블록체인 기술은 네트워크상에서 만들어진 데이터가 유통되고 관리되는 전 과정을 신뢰할 수 있는 보안 기술이다. 중앙에 있는 서버가 아니라 개인 컴퓨터에 실시간으로 데이터가 분산되어 저장되기

때문에 플랫폼 소유 기업 같은 강력한 관리자가 필요 없다. 따라서 플랫폼 참여자들이 플랫폼 소유 기업의 영향력을 최소화할 수 있다. 플랫폼 참여자가 가지고 있는 공개 장부에서 과반수가 일치하는 블록만 인정하기 때문에 위·변조가 사실상 불가능하다. 결국, 공유 경제 플랫폼에 블록체인 기술을 적용하면 순수하고 안전하게 개인 간의 거래가 가능하기 때문에 플랫폼 소유 기업에 과다한 수수료를 지불하지 않고 거래가 가능해진다. 청년 실업이 문제가 되고 있는 요즘에 입사 지원서를 제출할 때 졸업증명서와 성적증명서 등을 제출해야 하고, 이때마다 적지 않은 증명서 발급 비용을 지불해야 하는 일이 생긴다. 거기에다 증명서 위·변조도 간혹 발생한다. 블록체인 기술을 활용하면 증명서 발급 비용과 증명서 처리 비용을 줄이고 증명서의 원천적인 위·변조가 방지되고, 서류로 제출된 증명서의 처리 과정에서 발생할 수 있는 개인 정보 유출 문제 등을 막을 수 있게 된다. 이렇듯 공유 경제 플랫폼의 진정한 가치는 참여자에게 권한이 주어져야 한다. 참여자에게 권한이 주어지게 되면 현재의 공유 경제 플랫폼 비즈니스 모델은 많은 변화가 예상된다.

에어비앤비 모델

먼저 에어비앤비 경우를 살펴보자. 에어비앤비를 사용하여 방을 구하면 12%의 수수료를, 방을 빌려주면 3%의 수수료를 에어비앤비에 내야 한다. 수수료도 문제지만 임대인과 임차인에 대한 정보가 전혀 없기 때문에 불안함이 생긴다. 이런 문제를 해결하기 위해 블록체인 기술을 활용할 수 있다. 임대인은 방에 대한 정보와 디지털 도어록에 대한 접근 권한을 블록체인 네트워크에 올리고, 이 조건에 동의하는 임차인이 사용료를 지불하면 자동으로 디지털 도어록 접근을 얻게 된다. 이 계약은 P2P 계약이기 때문에 중개수수료를 지불할 필요가 없다. 임대인은 유휴 자산을 활용하여 임대 수익을 올리고 임차인은 사용료 이외의 비용 지불 없이 원하는 방을 사용할 수 있다. 이 과정은 플랫폼 소유 기업의 개입 없이 자동적으로 이뤄지고 신뢰성 또한 보장된다.

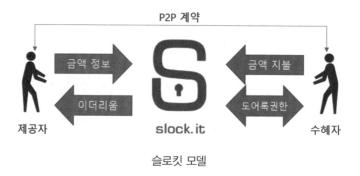

슬로킷 모델

이 과정을 독일의 스타트업 기업 슬로킷은 블록체인 기술과 가상화폐 이더리움과 연계한 스마트 도어록을 구현했다. 임대인이 임대하고자 하는 방에 슬로킷 도어록을 설치하고 사용 금액과 보증금을 설정한다.

임차인은 가상화폐 이더리움을 통해 금액을 지불하면 약속된 기간 동
안 슬로킷 도어록을 여닫을 수 있는 권한을 부여받는다. 슬로킷 웹사
이트에서는 "당신이 문을 잠글 수만 있다면 우리는 그것을 빌려주거나
팔거나 공유할 수 있다(If you can lock it, we will let you rent, sell or share
it)."라고 약속하고 있다.

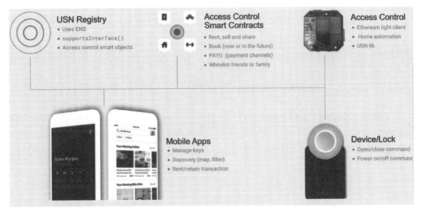

Slock.it USN 개념도(출처: slock.it)

무료 및 오픈 소스 인프라 스트럭처 USN[19]을 개발하고 있는 슬로
킷은 다양한 기업에게 별도 절차 없이 USN에 모든 객체를 탑재할 수
있다고 말한다. 이것은 공유 경제 플랫폼 모델의 시초라고 할 수 있는
에어비앤비가 사라질 수도 있는 강력한 플랫폼이다.

---

19 Universal Sharing Network, 블록체인 응용 프로그램 모듈을 배포할 수 있는 오
    픈 소스 인프라

이번에는 우버를 살펴보자. 앞에서도 우버의 문제점을 지적했듯이 공유 경제 플랫폼을 우버가 소유함으로써 발생하는 문제는 에어비앤비와 같다. 여기에 하나를 더 추가하면, 우버는 유휴 자동차를 공유하는 개념으로 지역의 교통량 개선에 큰 도움이 되지 않는다. 오히려 유휴 자동차를 도로로 불러들여 교통량을 더 복잡하게 한다. 이 점에 착안한 이스라엘 스타트업 기업 La'Zooz는 교통량을 개선하기 위해 새로운 도로나 차량 등의 인프라를 추가하는 대신에 기존 인프라와 리소스를 최대화하는 아이디어를 생각해냈다. 기존 자원을 보다 효율적으로 사용하면 더 많은 도로나 차량이 필요하지 않으면서 경제적인 운송이 가능하다는 것이다. 실시간 승차 공유(Ride-sharing)가 핵심으로 개인 차량 운전자들이 같은 방향으로 이동하는 사람과 함께 이동하는 것이다 (카카오 풀택시도 이와 유사한 서비스를 제공하나 비즈니스 시작 이유는 다르다). 여기에 블록체인 기술을 이용하여 언제 어디서나 실시간으로 이용할 수 있는 차량 정보나 동승시킬 수 있는 이용자 정보를 스마트폰으로 검색할 수 있다. 동승자는 이동 거리에 해당하는 zooz(가상화폐)를 지불하고, 운전자는 동승시킨 거리만큼 해당하는 zooz를 받는다. 블록체인 기술이기 때문에 동승자나 운전자 정보에 대해서도 미리 알 수 있고, 실시간으로 승차 공유 좌석 현황을 동기화할 수 있다.

La'Zooz 앱(출처: La'Zooz)

La'Zooz는 승용차 공유 플랫폼에서 P2P 연계를 도입하는 데 중점을 두고 있으며, 이는 최종적으로 동일한 차량을 다수의 차량으로 분할하는 대신 동일한 승차를 점유하는 사람의 수를 늘리는 것이다.

이렇게 공유의 시대에는 어느 것이 이롭고 해로운지 알 수 있는 방법이 필요하고, 많이 언급되는 것이 빅데이터다. 흔히들 빅데이터라고 하면 데이터의 양(Volume)·속도(Velocity)·다양성(Variety)을 의미하는 '3V'를 말한다. 이 3V는 빅데이터 기술의 특성을 설명한 것이지 빅데이터 활용의 필요성을 이야기하고 있는 것은 아니다. 대부분의 신기술이 처음 발표되었을 때는 많은 각광을 받다가 얼마 안 가서 시들해진다. 그 이유는 실제 상황에서 신기술을 적용하여 이익을 볼 수 있는 사례가 나와야 하는데, 대부분 이론적이거나 극히 이상적인 상황에서의 사례만이 있기 때문이다.

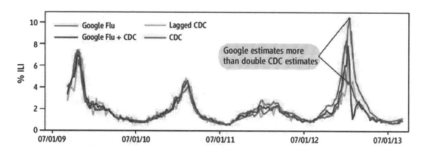

구글 독감 예측 결과(출처: 미국 질병 통제 센터)

빅데이터도 마찬가지다. 빅데이터 붐을 타고 이익을 보기 위한 빅데이터 사업자들이 빅데이터 기술의 우수성만 이야기할 뿐 구체적인 성공 사례는 내놓지 못하기 때문이다. 빅데이터 사례로 유명해진 구글의 독감 예측 사례도 초창기에는 기술적인 접근으로 유명세를 탔으나, 곧 잘못된 예측이었다고 발표가 되었고, 결국 그 이유를 밝히기 위한 청문회까지 열렸다. 2013년 1월, 미국 보건당국은 독감으로 인한 사망자가 100명을 넘어서자 독감주의보를 발령했으나, 구글 빅데이터시스템은 이보다 2주 빨리 독감 위험을 알려서 유명해졌다(코로나바이러스의 위험을 가장 먼저 경고한 곳은 캐나다의 헬스케어 플랫폼 스타트업 기업인 '블루닷(BlueDOT)'이었다. 블루닷은 2019년 12월 31일부터 자사의 고객들에게 신종 코로나바이러스를 알리기 시작했다. CDC보다 7일, WHO보다 10일 빠르다. 하지만 2020년 2월 26일 현재 한국의 확진 환자 수는 1,146명이다). 하지만 구글의 독감 예측 시스템은 현재 서비스를 종료했는데, 시간이 갈수록 정확도가 떨어졌기 때문이다.

빅데이터 사업자들의 마케팅 수단인 3V도 물론 의미 있고 중요하다. 하지만 우리가 빅데이터를 사용하는 이유는 3V용 데이터만을 처리하려는 것이 아니라 알고 싶은 것을 정확하게 알기 위해서다. 과거 데이터 속에서 아는 것을 찾는 경우도 있지만, 그보다 미래를 예측하기 위한 목적이 더 크다. 그 미래도 아주 먼 미래가 아닌 바로 오늘 또는 내일을 알고 싶어서다. 먼 미래를 예측하는 것은 전문가들이 하는 것이고, 그 예측 결과가 맞는지는 아무도 알 수 없기 때문이다(앞에서 예로 들었던 신문 기사를 생각해 보자). 그래서 빅데이터라는 개념이 나온 것이다. 빅데이터를 또 하나의 정보시스템으로 인식해서는 안 된다. 빅데이터는 시스템 구축이 목적이 아니라 빅데이터 사용을 통해 올바른 것을 찾는 것이 목적이다. 그래서 3V와 별개로 또 다른 V가 필요하다. 나는 8V를 강조한다. 여기서는 7V만 이야기하고, 또 하나의 V(View)는 다음 챕터에서 언급한다.

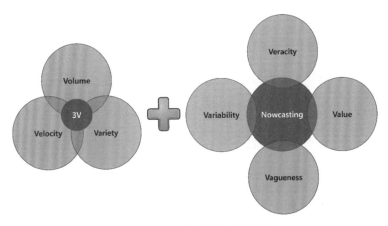

공유의 시대에 필요한 빅데이터

먼저 가변성(Variability)이다. 데이터와 관련 상황은 계속 바뀐다. 데이터를 통해 알고자 하는데 데이터 자체의 가변성을 어떻게 극복할 것인가 하는 문제를 해결해야만 한다. 데이터와 주변 상황은 끊임없이 변하고 있기 때문이다. 다음은 모호성(Vagueness)과 정확성(Veracity)이다. 데이터가 정확한 것인지 아닌지를 판단할 수 있어야 한다. 올바른 예측을 하기 위해서는 정확한 데이터만을 사용해야 하기 때문이다. 금을 캐기 위해서는 금광석을 확보해야지 철광석은 필요 없다. 마지막으로 이런 데이터와 작업을 통해 가치(Value)를 찾아내야 한다. 그런데 기업이나 조직에서 빅데이터가 생각보다 많이 활용되고 있지 못한 대표적인 이유가 무엇을 찾을지, 또 어떤 가치를 원하는지 명확하게 하지 못하고 있는 것이 사실이다. 빅데이터 시스템 구축에만 관심을 갖고 빅데이터 활용에는 크게 관심을 갖고 있지 않다. 앞서 이야기한 3V를 해결할 수 있는 거대하고 멋진 빅데이터 시스템을 비싼 비용을 지급하여 구축해놓고는 정작 그런 시스템에 어울리는 데이터는 수집조차 못 하고 있는 실정이다. 빅데이터 사업자들은 이에 대한 책임을 피하기 위해 '기업과 조직에 빅데이터 전문가가 없기 때문'이라는 이유를 만들어냈다. 하지만 원래 빅데이터 전문가는 없는 것이고, 앞으로도 없을 것이다. 어떻게 빅데이터 전문가가 있을 수 있겠는가? 빅데이터는 많은 데이터 속에서 '다양한 질문'을 통해 유의미한 패턴을 찾는 것이다. 여기서 다양한 질문이라고 표현한 것은 어떤 전문가에 의한 질문이 아니고, 비즈니스에 관련 있는 이해당사자들의 관찰을 통해 통찰을 찾아내는 것이다. 관찰은 특정 부분에 관심을 갖고 지속적으로 세밀하게 살피는 행위다. 이런 관찰에 의해 특정 패턴이 인지되고, 그 패턴 속에서 원리를 찾아내는 것이 통찰이다. '인사이트(Insight)'라고도 하는데, 원래 인사이트는 심리학 용어로 '왜 그렇게 생각하고, 왜 그런 행동을 하는지 그 동기를 탐색한다'는 의미다. 정신분석용어 사전에 따르면 인사이트는 자신이 처한 상황 또는 자기 문제의 본질을 이해하는 능력이나 행위로, 정신의학에서 종종 정신질환에 대한 자기 인식을 의미하는 용어로 사용되어왔다. 정신분석에서 역동적 요소들을 이해함으로써 갈등의 해결에 기여하는 깨달음이라는 의미로 사용되고 있으며, 이는 치료적 변화를 위해 필수적인 요소로 간주된다.

빅데이터 전문가는 없는 것이기 때문에, 이런 문제를 해결하기 위해 머신 러닝이 나오고 AI가 나왔다. 빅데이터 분석 결과 막연한 먼 미래의 예측(Forecasting)이 아닌, 가치 있는 결과로 현재의 예측(Nowcasting)이 필요하다. 결국, 빅데이터 분석을 통해 나오는 결과는 사람이 판단해야 하는데, 이에 따른 기준을 정하기가 쉽지 않다. 그래서 노왓(Know what)을 정할 수 있는 직무 역량이 필요하다.

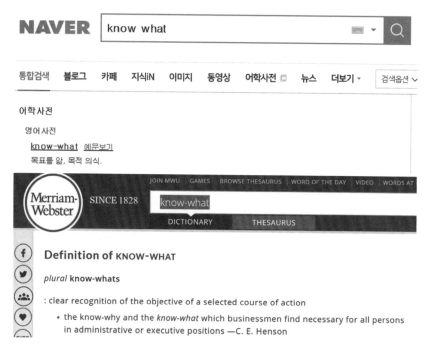

'Know what' 사전 검색 결과

　'노홧'을 검색해보면 '목표를 앎' 또는 '선택된 행동 방침의 목표에 대
한 명확한 인식'이라고 나온다. 공유의 시대에 꼭 필요한 직무 역량이
라고 할 수 있다. 그래서 이제부터 노홧을 통해, 디지털 비즈니스 프로
세스를 담당하는 IT 서비스 부문은 역할의 변화를 꾀해야 한다. 지금
까지 IT 서비스의 주요 목표는 정보시스템의 안정성·정확성·가용성을
최고로 끌어올리는 것이었다. 물론 이것은 앞으로도 IT 서비스의 최고
목표임은 틀림없지만, ICT 생태계가 디지털 비즈니스로 바뀌고 있기
때문에 이에 대한 대비가 필요하다. 이제 정보시스템 운영을 위한 서비
스를 넘어 디지털 비즈니스가 가능한 서비스가 제공되어야 한다. 간혹

과거 문서에 디지털 비즈니스를 'e비즈니스'라고 표현하고 있는 것이 눈에 띄는데, 그것은 말 그대로 과거 문서이다. 디지털 비즈니스는 실제 세계와 디지털 세계를 연결하는 데 그 목표를 두고 있는 새로운 비즈니스 모델이다. 예를 들면 제조업제의 경우 과서에는 제품만 잘 민들면 됐지만, 디지털 비즈니스에서는 다음과 같은 기술 플랫폼들과 연계되고 지원할 수 있어야 한다.

- **정보시스템 플랫폼:** ERP와 핵심 정보시스템의 운영과 지원
- **고객 경험 플랫폼:** 고객과 관련된 포털, 다채널 상거래, 고객 사용 앱 등 주요 요소를 포함
- **데이터와 분석 플랫폼:** 알고리즘에 의한 데이터 관리 및 분석 응용 프로그램을 통해 데이터 중심의 의사 결정을 지원
- **IoT 플랫폼:** 모니터링, 최적화, 제어 등과 수익 창출 기능을 위해 물리적 자산과 연계
- **생태계 플랫폼:** API 관리와 제어, 보안 등 주요 요소를 고려한 외부 생태계의 연결 및 생성을 지원

가트너에서는 이렇게 5개의 플랫폼을 데이터와 분석 플랫폼 중심으로 연결한 것을 디지털 비즈니스 기술 플랫폼이라고 정의하고 있다.

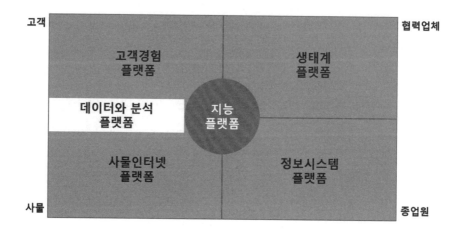

디지털 비즈니스 기술 플랫폼(출처: 가트너)

　디지털 비즈니스의 다양성에도 불구하고 많은 기업과 조직에서는 디지털 비즈니스 기술 구성 요소에 대해 수동적이거나 선뜻 나서려 하지 않는다. 그러다 보니 항상 선두 기업의 뒤만 쫓는 상황이 발생한다. IT 서비스 부문은 항상 디지털 비즈니스를 지원할 수 있는 새로운 정보와 기술적 역량을 포함한 큰 그림을 그려야 한다. 이러한 큰 그림이 있어야 다른 조직과 충분한 협업이 가능하고 이를 통해 IT 서비스 성과를 나타낼 수 있다.

Bimodal IT(출처: 가트너)

가트너에서는 아날로그 방식의 매출이 둔화되고 있는 상황에서 디지털 비즈니스를 통한 디지털 매출로의 전환을 추진해야 한다고 하며, Bimodal(이원적) IT 도입을 추천하고 있다. 이원적 IT는 안정성과 정확성 등에 초점을 두고 있는 기존의 전통적인 아날로그 비즈니스(모드 1)와 병행하여 새로운 디지털 비즈니스(모드 2) 프로젝트를 진행하는 형태다. 전통적인 기업들은 모드 1 플랫폼에서 디지털 비즈니스를 구현하는 경우 속도가 너무 느려질 것이 예상되기 때문에 이원적 IT 조직을 구성하여 기존과는 완전히 다른 측면에 비중을 두고 새로운 모드 2 플랫폼을 도입하는 것이다. 이때 모드 2 플랫폼은 자체적으로 시스템을 구축하는 것보다 클라우드를 사용하는 것이 더 효율적이다. 또한, 모드 2 플랫폼은 데이터 수집보다는 데이터에 따라 실행하는 지능적 알고리즘을 구현해야 한다.

['알고리즘 투매'...글로벌 증시 동반 폭락]

최근 미국 증시를 흔든 것은 바로 알고리즘 투매에 따른 것이다.

블룸버그는 특정 시점에 자동으로 매매되도록 거래 시스템이 작동되면서 '매물 폭탄'이 쏟아져 경제지표 악화 등 특이한 악재가 없는데도 15분 새 하락폭이 700포인트에서 1600포인트가량으로 커지는 현상이 생겼다고 밝혔다. 이처럼 컴퓨터의 '매물 폭탄'으로 주가가 급락하는 현상을 '플래시 크래시(Flash Crash)'라고 한다. 2010년 5월 당시 이 매매로 다우지수는 9% 넘게 추락했다.

폭락장을 끌어올린 것도 알고리즘 매매였다. 트레이더나 개미투자자처럼 사람들이 주식 거래를 했다면 신속한 낙폭의 만회는 불가능한 일이었다.

환율도 알고리즘 매매가 영향 준다

영국 파운드화는 2016년 10월 아시아 외환시장에서 개장 직후 불과 2분 만에 달러 대비 6% 이상 급락하는 소동을 빚은 일이 있다.

투자자들 사이에 브렉시트 공포가 발생한 가운데 컴퓨터가 파운드화를 팔고 달러화를 사들이는 알고리즘 매매를 작동시켰다. 당시 미국 쪽 외환 트레이더들은 퇴근하고, 아시아 트레이더들은 출근 중이어서 외환시장은 격렬한 반응을 나타냈다.

기술이 진화하면서 사람과 기계의 전쟁이 투자의 세계까지 확산되고 있다. 투자는 개인의 재산권에 관련된 만큼 기계의 습격으로부터 투자자를 보호할 안전장치 마련이 필요하다.   (매일경제)

금융권의 지능적 알고리즘 활용

금융권 비즈니스에서도 이미 지능적 알고리즘이 활용되고 있다. 특히 주식시장에서 알고리즘 매매 방식[20]에 따라 매매 시기를 결정하고, 실제 매매를 발생시키고 있다. 목적에 따라 정의한 논리 구조 또는 프로그램이 입력된 지능형 시스템에 의해 주식의 매도와 매수를 자동으로 실행시키고 있다. 사람의 의사 결정 단계가 빠져있기 때문에 주식의 매매를 위한 판단이 빠르고, 사람의 감정이나 직관이 배제되고 데이터 분석에 따른 판단을 할 수 있다. 반대로 설정된 알고리즘에 따라 매매가 실행되기 때문에 2018년 2월의 주식 폭락 사태 같은 투매 주문이 쏟아질 수도 있고, 프로그램 오류에 따른 비정상적인 매매로 주식시장

---

20   현재의 주가, 시간, 거래량, 기업의 손익계산서, 경제지표, 자금의 흐름, 금리 동향, 매매 상황, 수익률 등 다양한 주가 변수를 컴퓨터에 입력해놓으면 인공지능이 데이터를 조합하고 분석해 주식을 자동으로 사고파는 방식

이 왜곡될 수도 있다. 하지만 이미 알고리즘 매매는 증권회사나 자산 운용사뿐만 아니라 개인도 활용하고 있는 상황이다. 내가 강의를 진행할 때 질문을 하는 사람 중에서 이와 관련된 질문을 하는 사람들이 최근 부쩍 늘었다.

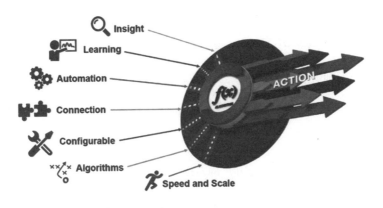

알고리즘 기획의 주요 특징(출처: 가트너)

수도 헤아릴 수 없을 정도로 많은 새로운 디바이스가 시장에 나오고 있고, 각 디바이스는 온라인에 계속 연결되고 있다. 이렇게 연결되는 디바이스들 간의 상호 연결 관계를 사람의 힘으로 데이터를 수집하여 처리하기는 어렵다. 알고리즘을 통해 주도해야 한다. 데이터는 자체만으로는 전혀 의미가 없다. 데이터를 사용하는 방법과 이를 토대로 실행하는 방법을 알지 못한다면 아무것도 할 수 없다. 진정한 가치는 알고리즘에 있고, 알고리즘에 의해 행동이 결정된다. 이런 동적 알고리즘은 새로운 고객과 상호작용의 핵심이다. 제품과 서비스는 그 알고리즘과 서비스의 정교함을 기준으로 규정될 것이고, 기업과 조직에서는 빅데이터뿐만 아니라 데이터를 실행 단계로 전환하고 궁극적으로 고객들에게 영향을 미치는 알고리즘에 의해 평가될 것이다. 일례로 모바일 지도 앱인 카카오맵은 2018년 2월 7일 자동차 길 찾기 기능에 미래 운행 정보를 알려주는 기능을 추가했다. 이 기능은 카카오내비의 빅데이터와 교통 예측 알고리즘을 활용해 미래 특정 시점의 도로 소통 정보를 알려준다. 사용자가 경로를 설정한 후 원하는 미래의 날짜와 시간을 입력하면 해당 일시의 예상 소요 시간을 알려준다. 입력한 시점을 기준으로 30분에서 2시간 늦게 출발할 경우의 예상 소요 시간도 보여준다.

디지털 비즈니스 프로세스에서는 보안도 매우 중요한 요소이지만, 결론적으로 불가능한 것이 완벽한 보안이다. 알려진 기술을 통해 보안 시스템을 구축하고 완벽하게 보호받기를 원하지만, 악의를 가진 해커들은 알려지지 않은 방법으로 무차별적인 공격을 해온다. 해커를 통제할 수는 없지만, 더 많은 자동화 기능, 더 많은 아웃소싱, 그리고 더 많은 네트워크 기반 알고리즘을 활용해 자체 인프라를 통제할 수 있도록 시스템을 단순화해야 한다. 완벽한 보호라는 불가능한 목표를 달성하기 위해 애쓰기보다는 감지와 대응에 투자해야 한다.

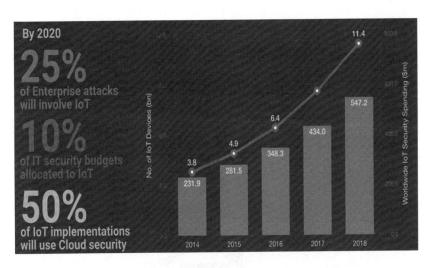

디바이스 성장에 따른 사물인터넷 보안 비용의 증가(출처: TelecomTV)

또한, 사물인터넷의 폭발적 증가 및 사용에 따라 보안이 되지 않은 사물인터넷은 디지털 비즈니스 플랫폼에 연결되지 못할 것이다. 스마트폰과 태블릿 PC 같은 고가의 장비와 달리 사물인터넷은 저가 품목이고, 공급업체도 다양하기 때문에 처음부터 사물인터넷 보안에 대해 대책을 마련해야 한다. 이미 사물인터넷 기술은 실생활 전반에 걸쳐 보급되어있다. 2018년 2월 9일 강원도 평창에서 열리는 올림픽 경기는 이전의 올림픽보다 상당히 정교한 판정과 실감 나는 관람이 될 전망이다(이 글은 올림픽 개최 전에 썼다). 첨단 IT를 활용하여 더 자세히 더 생생하게 경기가 벌어진다. 빠르고 격렬하게 진행되는 아이스하키 경기는 중요한 순간을 놓치기 쉬운데, 이제는 선수들의 등 뒤에 동작 감지 센서가 부착되어있고, 아이스하키 경기장 천장에는 20개의 안테나가 설치되어 동작 센서를 읽고 실시간 정보를 데이터실로 보낸다. 이를 통해 선수들의 출전 시간, 활동 거리, 팀 포메이션까지 한눈에 파악할 수 있게 됐다. 화려한 공중 묘기를 펼치는 빅 에어 경기는 신발에 달린 소형 센서를 통해 선수의 점프와 회전 각도, 비거리까지 확인할 수 있다. 계측 장비는 과거 올림픽에서 순위와 기록을 관리하는 데 그쳤지만, 사물인터넷 기술을 적용한 이번 올림픽에서는 선수와 관중에게 다양한 정보를 주는 도구로 진화했다.

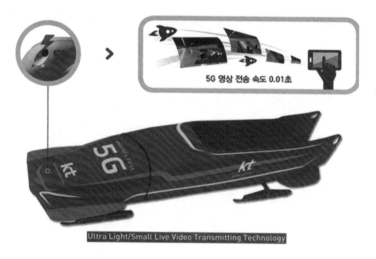

5G 기술이 적용된 봅슬레이(출처: KT)

더욱 놀라운 것은 봅슬레이 경기인데 봅슬레이와 선수들 헬멧에 달린 카메라 영상이 5G 무선 통신으로 연결돼 실제로 봅슬레이를 타는 듯한 느낌을 만끽할 수 있고, 전후좌우 360도 입체적으로 느끼는 VR 경험도 가능하다.

1.3 마켓메이븐 활동

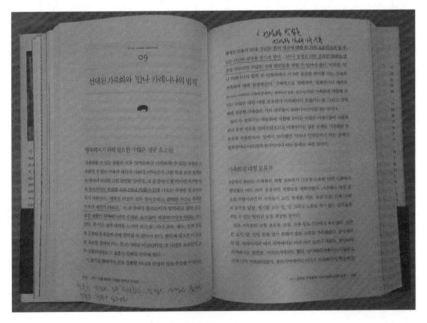

'총, 균, 쇠'

_____ 최근 몇 년 동안 읽은 책 중에 가장 추천해주고

싶은 책 3권을 꼽으라고 하면 나는 주저 없이 진화생물학자인 제레

드 다이아몬드가 쓴 『총, 균, 쇠』를 3권 중에 포함시킨다(나머지 2권
은 대니엘 카네먼이 쓴 『생각에 관한 생각』, 에드워드 윌슨이 쓴 『지구의 정복
자』다. 최근 유발 하라리가 쓴 3권의 책도 강력하게 추천한다). 이 책의 중반
부에는 지구상의 많은 대형 포유류 중에 가축화된 종과 가축화되
지 못한 종의 이유를 설명하고 있다.

지구상에서 체중 45kg 이상의 대형 포유류는 모두 148종으로 알
려져 있고, 그중에서 20세기 이전에 가축화된 대형종은 모두 14종[21]뿐
이다. 가축화된 동물이란 뜻은 인간이 번식과 먹이 공급을 통제할 수
있는 동물로 감금 상태에서 인간의 용도에 맞도록 선택적으로 번식시켜
야생 조상으로부터 변화시킨 동물이라고 정의하고 있다. 책 속에서 영
국 과학자 프랜시스 갤턴이 가축화에 대해 정리한 내용으로 "모든 야생
동물은 한 번쯤 가축이 될 기회가 있었다. 그중에서 일부는 가축화되었
고, 나머지 대부분은 과거에 어떤 사소한 문제 때문에 실패했으며, 앞으
로도 영원히 야생 상태로 남아있을 운명인 듯하다."라고 나온다.
　제레드 다이아몬드는 영원히 야생 상태로 남을 수밖에 없는 조건,
즉 인간이 가축화에 실패한 원인을 6가지로 정리했다.

　　■ **식성:** 체중 450kg의 소를 키우려면 옥수수 4,500kg이 필요하고, 체중
　　　 450kg의 육식동물을 키우려면 옥수수 4,500kg을 먹고 자란 초식동물

21　양, 염소, 소, 돼지, 말, 단봉낙타, 쌍봉낙타, 라마와 알파카, 당나귀, 순록, 물소, 야
　　크, 발리소, 가얄

4,500kg을 먹여야 한다. 비효율성 때문에 육식성 포유류는 단 1종도 가축 화되지 못했다.

- **성장 속도:** 가축은 빨리 성장해야만 사육할 가치가 있다. 코끼리는 다 성장 하려면 15년이 걸린다.
- **감금 상태에서 번식시키는 문제:** 길들인 치타는 매우 소중한 존재이지만 감금 상태에서 번식이 어렵다.
- **골치 아픈 성격:** 일부 대형 동물은 성질이 거칠고 위험해 사람을 죽일 수 있다.
- **겁먹는 버릇:** 신경이 예민한 종들은 감금 상태로 관리하기 어렵다.
- **사회적 구조:** 가축화된 대형 포유류는 세 가지 사회적 특성이 있다. 무리를 이루어 살고, 무리 구성원들 사이에 위계질서가 있고, 각각의 무리는 중복 되는 행동권(서열대로 행동)을 갖는다.

가축화에 성공한 이유는 대부분 비슷하지만, 실패한 종은 위와 같 은 저마다의 실패한 이유를 갖고 있다. 이런 내용을 접하면서 디지털 비즈니스 프로세스 컨설팅 방법론에 대해 다시 생각하는 계기가 되었 다. 디지털 비즈니스 프로세스를 성공시키기 위한 전략은 멋진 아이디 어나, 성공한 기업을 벤치마킹한다고 해서 나오는 창조적인(?) 발상이 아니다. 성공한 기업은 대부분 비슷하지만, 실패한 기업은 모두 이유가 다르기 때문이다. 즉, 성공한 이유를 한 가지 요소로 정리하여 찾으려 고 하지만, 진정한 성공을 원한다면 최소한 실패 원인을 알고 피할 수 있어야 가능하다. 이 때문에 많은 디지털 비즈니스 프로세스 컨설팅이 성공한 경우보다 성공하지 못한 경우가 훨씬 많다.

이렇게 디지털 비즈니스 프로세스 컨설팅이 성공하지 못하는 이유는 독특한 국내 IT 서비스 시작 환경과 그로 인해 발생했던 결과의 폐해 때문이다. 국내 IT 서비스는 선진국 대비 약 30년 정도 늦게 소프트웨어를 활용했다. 그마저도 대기업 IT 전산실 운영 기능 수준으로 대외 사업을 시작했고, IT를 기반으로 한 업무 혁신보다는 기존 업무의 전산화에 급급했다. 지금부터 몇 년 전까지만 해도 선진국에서 이미 검증된 정보시스템을 모방하기 바빴다. 이로 인해 IT 서비스에 대한 그릇된 인식이 디지털 비즈니스 프로세스에 뿌리 깊게 박혀 많은 영향을 미치고 있다. 또 자체적으로 혁신적인 솔루션의 개발 경험이 미천하다 보니 IT 서비스가 메인 비즈니스에 종속되는 관계가 형성됐고, 국내 실정에 맞지 않는 다양한 표준화(?) 프로세스가 도입되어 IT 서비스 수준을 정할 수 없는 상황이 발생했다. 그 후에도 계속 지식 집약형 전문 IT 서비스 사업 형태의 경쟁력 있는 체계를 갖추지 못해 IT 서비스 성숙도가 낮음에도 불구하고 패키지 개발과 해외 진출 등 무모한 IT 서비스 비즈니스 전략을 수립하고 추진했으나 소프트웨어 공학 수준이 선진국 대비 크게 낙후되어, IT 서비스 품질 및 생산성이 매우 낮다[22]. 앞에서 이야기했던 이원적 IT의 모드 1인 IT 서비스가 취약하다. 한마디로 IT 서비스 기반이 부실하기 때문에 그 위에 짓는 집(디지털 비즈니스 프로세스와 디지털 비즈니스 플랫폼)은 사상누각일 수밖에 없다. 디지털 비즈니스 프로세스를 실패하지 않으려면 가장 먼저 이 부분을 극복할

---

22   박준성 교수, KAIST 전산학과

수 있어야 한다. 하지만 아직도 이 부분을 무시한 채 이원적 IT의 모드
2 비즈니스 전략을 위한 디지털 비즈니스 프로세스 컨설팅을 많이 시
도한다. 이러한 시도는 대형 포유류의 가축화 실패처럼 실패 요인을 극
복하지 않았기 때문에 결코 성공할 수 없다.

　　이러한 문제점을 극복할 수 있는 것 중의 하나가 방법론의 사용이
다. 방법론은 "방법에 대한 이론을 말하고 규칙과 평가로부터 확증, 논
증과 가설, 특히 경험적인 세계에 대한 상호작용을 결정하게 된다. 때
때로 규칙의 체계 자체도 여기에 포함된다. 방법론은 인식론과는 같은
것이 아니다. 인식론은 우리가 알 수 있는 것을 말하는 것이고, 방법론
은 방법과 의미를 밝히는 것이다."라고 과학사 사전에서 정의하고 있다.
이처럼 방법론은 어떤 프로젝트를 진행할 때 무수히 많은 시행착오를
겪었던 사람에 의해서 그 시행착오를 최소화하거나 피할 수 있는 방법
을 경험에 의해 정리한 것이다. 하지만 방법론은 IT 서비스 비즈니스와
디지털 비즈니스 프로세스 컨설팅을 성공시킬 수 있는 전가의 보도[23]가
결코 아니다. 그렇기 때문에 방법론은 성공을 보증하지는 않는다. 많은
시행착오 경험이 담겨있는 좋은 방법론만이 동일한 실패를 피할 수 있
게 해주지만, 이마저도 그 방법론을 만든(다른 사람이 만든 방법론을 적용
해본 경험과 달리 직접 방법론을 만든) 마켓메이븐 같은 컨설턴트에 의해 적

23　傳家寶刀(집안 대대로 내려오는 좋은 칼), 만병통치약같이 아주 잘 듣는 해결책이나
　　매우 강력한 권한 등을 의미

용될 경우에나 실패를 피할 가능성이 있다. 방법론을 만든 의도를 이해할 수 있어야만 방법론을 제대로 적용할 수 있기 때문이다. 몇몇 컨설팅회사에서는 검증되지 않은 컨설턴트들에게 방법론의 사용법 정도만 익혀서 방법론을 적용하도록 훈련한다. 이렇게 해서 투입된 컨설턴트들은 흔히 '비즈니스 영역 지식(Business domain knowledge)' 전문가로 소개된다. 다른 말로 표현하면 IT 서비스 또는 디지털 비즈니스 프로세스 전문가가 아니란 이야기와 똑같다. IT 서비스 전문가도 아닌 사람이 어떻게 IT 서비스 비즈니스와 디지털 비즈니스 프로세스를 컨설팅할 수 있단 말인가?

인류가 대형 포유류를 가축화시킨 의도 중 가장 중요한 것은 양질의 단백질을 공급해줄 식량으로의 가치가 제일 중요했기 때문이다. 아무리 가축화가 가능했어도 식량 공급 목적을 달성할 수 없었다면 가축화하지 않았을 테니 말이다. IT 용어로 이야기하면 가축화 필요 요소 중 가장 중요한 것은 식량으로의 가치가 '멘더토리(Mandatory, 필수 항목)'인 셈이다. 디지털 비즈니스 프로세스 컨설팅에서도 멘더토리는 이원적 IT의 모드 1인 IT 서비스다. 앞에서도 언급했던 것처럼 IT 서비스 기반이 취약한 상태에서는 사상누각일 수밖에 없다. 현실이 이럼에도 불구하고 디지털 비즈니스 프로세스 컨설팅에서 IT 서비스는 항상 우선순위가 뒤로 밀린다. 메인 비즈니스 위주의 비즈니스 영역 지식만 강조되다 보니 IT 서비스, 더 나아가 디지털 비즈니스 프로세스는 별 지원도 없이 메인 비즈니스에 맞춰 정보시스템이 구축된다. IT를 기반으로 한 혁신을 위해 정보시스템을 구축할 때에도 IT 서비스는 항상 뒷전이다. 이것이 디지털 비즈니스 프로세스 컨설팅의 실패 원인 중 가장 대표적인 원인이다. 나는 이러한 디지털 비즈니스 프로세스 컨설팅 실패 원인으로 다음과 같이 6가지를 꼽는다.

- **목표:** 막연한 목적(Goals)만을 정하고, 뚜렷한 목표(Objective)가 없어 목표 달성 여부를 가늠할 수 없다.
- **KPI:** 핵심 성과 지표(Key Performance Indicator)가 없기 때문에 공정한 측정과 평가가 이루어지지 않는다.
- **IT 서비스 비즈니스:** IT를 기반으로 한 혁신을 하기 위해 가장 중요한 요소임에도 불구하고 중요도 우선순위에서 항상 제외된다.
- **요구 사항:** IT 서비스 비즈니스 컨설팅에 대한 고객 요구 사항이 없거나 수시로 변경된다.
- **변화 관리:** 불확실성 때문에 지속해서 발생하는 변화 사항을 유연하고 민첩하게(Flexible & Agile) 반영하기가 어렵고, 적용 방법론의 문서 산출물 작업이 너무 많아 가시화하기 어렵다.
- **방법론:** 위와 같은 요인들을 감안한 방법론이 필요하나, IT 서비스 비즈니스 컨설팅에 최적한 방법론이 없어 경영 방법론을 일부 차용하여 적용한다.

이런 문제 때문에 고민이 많아 항상 새로운 방법론을 찾다가 결국 찾지 못하고, 그동안의 시행착오를 바탕으로 해서 자체적으로 방법론을 만들었다. 그 방법론을 소개할까 한다. 소개할 방법론은 절대 전가의 보도가 아니다. 또한, 무수히 많은 시행착오가 담겨있는 것도 아니다. 앞에서 이야기했던 IT 서비스 비즈니스와 디지털 비즈니스 프로세스 컨설팅 실패 원인을 수집하고 정리하면서, 각각의 실패 원인을 하나씩 분석해서 제거하기 위한 방법을 표현하다 보니 만들어진 결과물이다. 어떻게 보면 IT 서비스 비즈니스와 디지털 비즈니스 프로세스 컨설팅을 하다가 우연히(?) 발견하게 된 나름대로의 노하우를 정리하면서 디지털 비즈니스 프로세스 컨설팅에 계속 적용해본 결과 목표했던 성과를 얻을 수가 있었기 때문에 더욱 힘을 얻었는지도 모르겠다. 이 방법론은 요즘 트렌드에 맞게 문서 작업보다는 시각적으로 표현이 가능하여 내용을 한눈에 파악할 수 있다는 장점이 있다. 그리고 무엇보다 단순하기 때문에 이해하기 쉽다.

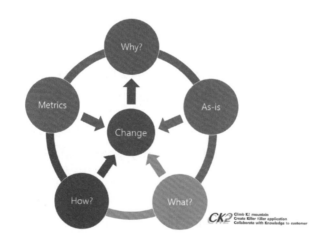

디지털 비즈니스 프로세스 컨설팅 방법론(CK2 Methodology)

모두 6단계로 구성되어있다. 가장 먼저 'Why?'다. 디지털 비즈니스 프로세스 컨설팅의 목적(Goal)과 목표(Objective)를 명확하게 수립하는 단계부터 시작한다. 대부분의 IT 서비스 비즈니스와 디지털 비즈니스 프로세스 컨설팅 프로젝트가 뚜렷한 목적과 목표 없이 적당한(?) 요구로 시작되는 경우가 많다. 즉 고객의 입장에서 '나는 내가 무엇을 원하는지 잘 모르겠는데, 전문가인 당신이 알아서 잘 해줘요!'라는 식이다. 요구를 받은 컨설턴트도 마찬가지로 '나도 고객에 대해서 아는 게 없으니 그냥 내가 전에 했던 거에다 고객 상황 반영해서 줄게요.'라고 생각하고 진행된다. 내가 너무 심하게 표현한 것 같은가? 아마 IT 서비스 비즈니스 또는 디지털 비즈니스 프로세스 컨설팅 프로젝트를 진행해본 사람들은 공감할 것이다. 그렇기 때문에 디지털 비즈니스 프로세스 컨설팅 프로젝트가 시작될 때, 아니 시작되기 이전에 컨설팅의 목적과 목표가 세워져 있어야 한다.

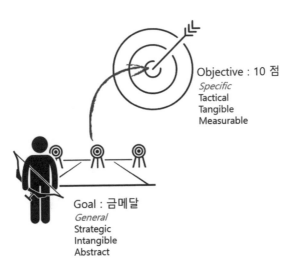

목적(Goal)과 목표(Objective)

양궁 경기에 임하는 한국 양궁 국가대표 선수의 참가 목적은 금메달을 따는 것이고, 금메달을 따기 위해서는 화살을 쏠 때마다 10점짜리 과녁에 맞추는 목표를 가지고 있다. 이처럼 목적은 광범위한 기본 결과를 포함하고 있어 일반적(General)이지만, 목표는 목적을 달성하기 위해 취할 수 있는 측정 가능한 단계로 구체적(Specific)이다. 비즈니스 목표는 기업의 목적 달성 방법을 보여주어야 하기 때문에 목표 달성에 소요되는 시간과 사용 가능한 자원을 명시할 수 있어야 한다. 기업이나 조직에서는 미래의 사업 기획(Planning)을 할 때 연도별 달성 가능한 로드맵을 작성한다. 이것을 일반적으로 목적이라고 부르는데, 이러한 연도별 로드맵을 달성하기 위해 실제로 추진하는 단계가 목표다.

비즈니스 환경에서 목적과 목표는 동일한 의미를 가질 수도 있다. 특히 국내에서는 거의 구분 없이 사용되고 있는 용어다. 하지만 목적과 목표는 결코 같은 의미가 아니다. 비즈니스 목적 및 목표에는 기획 프로세스의 여러 단계에서 의미 있는 차별화된 특성이 있다. 비즈니스 목표는 목적보다 구체적이고 측정하기 쉽다. 기업이나 조직의 기획 및 전략적 활동의 기초가 되는 모든 기본 도구가 목표이기 때문에 목표는 정책 및 측정 성능을 창출하는 기초 역할을 한다. 비즈니스에서는 수립된 목적이 어느 특정일에 달성할 목표를 정하고, 목표는 기업이나 조직이 어떻게 그 목표를 달성할 것인가에 대한 계획을 설명한다. 예를 들면 수익이 증가하고 있는 기업의 CEO는 연말에 "내년에는 세계 1위의 수익을 창출하는 기업이 될 것입니다."라고 목적을 이야기하지만, 어떻게 그 목적을 달성할 것인지에 대해서는 설명하지 않는다. 이처럼 목적은 기업이나 조직이 달성하고자 하는 비전이나 CEO의 열망을 대변한다. 하지만 세계 1위의 수익 창출을 위해 인력을 조정하고, 공장을 확대하고, 비용을 최소화하는 것은 비즈니스 목표가 된다. 세계 1위 수익 창출 목적을 달성하기 위해 추진해야 할 명확한 단계는 비즈니스 목표다. 따라서 CEO는 "세계 1위 수익 창출을 위해서는 내년 상반기까지 수출을 금년보다 7% 증가시켜야 하며, 이를 위해 해외 전문 인력을 새롭게 발굴하여 해외 현지 전문가를 150명까지 확대 운영할 것입니다."라고 목적을 달성하기 위한 구체적인 목표를 밝혀야 한다. 비즈니스 목표는 명시된 목표를 달성하기 위해 추진해야 할 상세한 수단이 존재할 때 달성 가능한 것이다. 목표에는 이 같은 수단이 존재하지만, 목적에는 일반적인 서술만 존재한다. 이를테면 '최선을 다해서', '모든 역량을 동원해서', '죽을 각오로' 같은 것들뿐이다. 반면에 목표는 스마트(SMART) 하다.

SMART Objectives

Specific
정보의 세부 사항이 비즈니스상의 문제나 기회를 정확하게 표현할 수 있고,
현실 세계의 문제와 기회를 측정하기에 충분한 목표가 있다

Measurable
정량적 또는 정성적 속성을 적용하여 통계(Metrics)를 만들 수 있다

Attainable
정보를 사용하여 성과를 향상시킬 수 있고, 목표가 직원의 행동을 개선시
킬 수 있다

Relevant
해당 담당자가 직면한 특정 문제에 정보를 적용할 수 있고, 목표들은 서로
관련되어 있다

Timely
목표달성을 위한 시간 제약이 가능하다

SMART 기법

목표를 설정하거나 적합성 평가를 할 때 많이 사용하는 기법이
SMART[24] 기법이다. 이 기법은 다양한 비즈니스 프로세스의 전체 범
위를 개선할 때도 매우 유용하다. 나도 이 기법을 많이 사용하는데
특히 '성과 지표'와 '측정 지표'를 만들거나 평가할 때 주로 사용한다.
SMART의 각 단어는 표기 방법이 조금 다른 경우가 있는데, 의미는
모두 같기 때문에 마음에 드는 단어를 선택하면 된다. 예를 들어 'A'를
Achievable, Actionable, Action-oriented, Adjustable, Agreed 등
으로, 'T'를 Time-bound, Trackable, Time-based, Time limited,

---

24 「There's a S.M.A.R.T. way to write management's goals and
   objectives」, George T. Doran, management Review(AMA FORUM),
   1981.

Timeframe, Time-sensitive 등으로 사용한다. 이 기법을 사용하는 대표적인 이유는 담당자가 현실적인 목표를 제시하기 위해 보다 체계적인 접근 방식을 사용하여 목표를 설정하고 적절하게 맞춤 설정된 분석 보고서를 통해 목표 달성 여부의 측정이 용이하기 때문이다. 또 목표와 전략 및 KPI를 연계하여 시각화된 SMART 목표를 통해 이해 당사자들에게 정확한 목표를 알려줄 수 있다. 이처럼 SMART 기법은 유용하다.

SMARTER Objectives

 Specific
정보의 세부 사항이 비즈니스상의 문제나 기회를 정확하게 표현할 수 있고, 현실 세계의 문제와 기회를 측정하기에 충분한 목표가 있다

 Measurable
정량적 또는 정성적 속성을 적용하여 통계(Metrics)를 만들 수 있다

 Attainable
정보를 사용하여 성과를 향상시킬 수 있고, 목표가 직원의 행동을 개선시킬 수 있다

 Relevant
해당 담당자가 직면한 특정 문제에 정보를 적용할 수 있고, 목표들은 서로 관련되어 있다

 Timely
목표달성을 위한 시간 제약이 가능하다

 Evaluate
설정된 목표가 비즈니스 가치를 포함하고 있다

 Reviewed
설정된 목표를 필요로 하는 이해당사자들이 검토할 수 있다

SMART 기법에 E와 R을 추가한 SMARTER

그런데 나는 SMART 기법을 적용하면서 항상 무언가 부족하다는 느낌을 갖고 있었다. SMART의 5가지 요소만 적용할 때, SMART의 5가지 요소와 목표를 이해하고 접근하는 것과 그렇지 못한 경우에 문제가 발생하는 것을 발견했다. 특히 목적과 차별화된 목표의 개념을 완전하게 인식하고 SMART 기법을 적용하는 것이 중요하다. 그래서 SMART 기법에 2가지 요소를 더 추가할 필요가 있다. 바로 'E(Evaluated)'와 'R(Reviewed)'이다. 그래서 나는 "목표를 수립할 때 스마트(SMART)하게 하는 사람은 스마트한 사람(SMARTER)이다."라고 이야기한다. 언어의 유희 같아 보일 수도 있으나 'Evaluated'와 'Reviewed'를 추가해야만 한다. 많은 경우 목표를 설정하는 데 집중하다 보니 목표를 위한 목표를 만드는 경우가 생긴다. 더구나 설정된 목표가 올바른지 판단할 때 SMART 용어의 뜻과 형식에 맞는지 살펴본다. 그러다 보니 가장 중요한 비즈니스적인 가치가 작거나 무의미한 목표를 설정하게 되는 경우를 너무나 많이 경험했다. 특히 고객이 특정 부분에 대한 신념이 강할 때 많이 발생한다. 그렇기 때문에 'Evaluated'에 의해서 비즈니스 가치를 평가해야 한다. 또 다른 문제가 목표 설정 담당자만의 잔치로 끝나는 경우가 의외로 많다는 것이다. 설정된 목표는 이해당사자들 모두에게 공지가 되고 이해 당사자들 모두의 합의가 있어야 한다. 'Reviewed'에 의해서 목표가 설정되기 전에 이해당사자들의 검토가 반드시 필요하다. 이 점은 디지털 비즈니스 프로세스에서 특히 더 중요하다. IT 서비스 비즈니스 지원 부서의 평가에 중요한 요소 중 하나인

SLA(Service Level Agreement, 서비스 수준 협약)에 영향을 미치기 때문이다. IT 서비스 비즈니스 지원 부서가 가장 듣기 싫어하는 이야기가 "도대체 지금까지 한 게 뭐가 있어요?"라고 알고 있는데, 여기에 공감을 표시할 독자들이 많이 있을 것이다.

다른 비즈니스 분야도 마찬가지겠지만, 디지털 비즈니스 프로세스에서는 반드시 목적과 목표를 구분해야 하는데, 국내에서는 아직도 목적과 목표에 대해 별 차이를 두지 않는다. 목적과 목표를 구분하지 않다 보니 성과 지표를 만들 때 명확하지 못한 지표들이 만들어진다. 지금이라도 혹시 명확한 목표가 세워져 있지 않은 상태로 디지털 비즈니스 프로세스 컨설팅 프로젝트가 시작되었다면 바로 목표를 명확하게 하는 작업부터 시작해야 한다. 몇 년 전에 모 공공기관의 IT 서비스 비즈니스 관련 컨설팅을 할 때, 그곳의 컨설팅 목표는(목표라기보다는 목적이 맞다.) '효율적인 IT 서비스 관리를 위한 기반 구축'이었다. 특히 이 사업은 많은 노력과 시간을 투자하여 발굴한 사업으로 향후 다른 사업에도 상당한 영향을 미칠 수 있는 매우 중요한 프로젝트였다. 수주를 하기 위한 경쟁 기업도 글로벌 컨설팅 회사부터 국내의 유명 회사까지 많이 참여하였다. 모든 경쟁 기업이 수주를 위해 영업 활동에 노력할 때, 나는 영업 활동보다 프로젝트의 목표를 명확히 하고 이를 알리는 데 주력했다. 즉, 고객사 입장에서 프로젝트 목표가 없기 때문에 실패할 확률이 높다는 것을 고객사에 알리는 데 주력했다. '효율적인 IT 서비스 관리를 위한 기반 구축'이라는 컨설팅 목표가 불분명했기 때문에 고객사가 원하는 것이 정확히 무엇인지, 컨설턴트가 무엇을 해야 하는지 아무도 알 수가 없었다. 나는 제일 먼저 이 목표부터 명확하게 하는 것이 급선무라고 생각하고 고객사를 설득하기 시작했다. 내가 이런 행동을 할 때 내가 다니는 회사의 영업팀장은 나에게 불만을 나타내기도 했다. 수주가 중요한 시점에서 컨설팅을 수행해야 할 컨설팅팀장이 고객사의 잘못을 지적하고 있으니, 고객사의 반감을 살 터였기 때문이다. 하지만, 다행히(?) 내가 영업팀장보다 직급이 높았고, 이 프로젝트를 총괄했기 때문에 내 의지대로 추진할 수 있었다. 이렇게 목표가 불분명하거나 목표가 없는 컨설팅 프로젝트는 실패로 끝날 확률이 높다는 것을 많은 시행착오를 겪어봐서 알고 있었기 때문에 절대 물러설 수 없다고 생각했다. 그리고 이런 프로젝트는 수주를 해봐야 당장은 좋을지 모르겠으나 장기적 관점에서는 안 좋은 결과로 이어지기 마련이다. 다행히 내 의도를 고객사에서 이해하기 시작했고, 마침내 수주를 하게 되었고, 컨설팅 결과도 좋게 나왔다. 그 결과 컨설팅 프로젝트 종료 후 이어지는 정보시스템 구축 프로젝트까지 수주를 하게 되었다. 컨설팅 프로젝트 종료 후에는 컨설팅 결과에 대한 논문까지 작성하여 학회지(『정보과학회지』, 2005)에 실리게 되었다. 아마도 컨설팅 프로젝트 수주에만 급급했다면 이와 같은 좋은 결과가 나올 리 만무했을 것이라고 지금도 생각하고 있다.

방법론의 두 번째 단계는 'as-is'다. 이 뜻을 사전에서 찾아보면, '있는 그대로'의 뜻이다. 그런데 여기서 주의할 것은 이 뜻을 해석하는 방법이다. 막연히 있는 그대로의 상태나 현재 조건을 이야기하는 것이 아니기 때문이다.

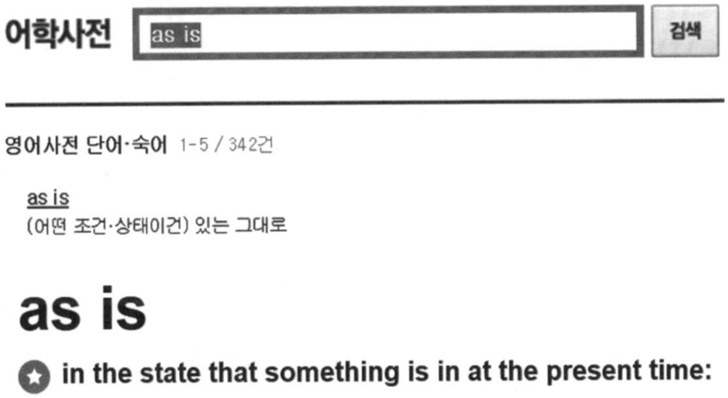

어학사전 | as is | **검색** |

영어사전 단어·숙어 1-5 / 342건

__as is__
(어떤 조건·상태이건) 있는 그대로

as is

⭐ in the state that something is in at the present time:

'as-is' 사전 검색

'as-is'는 무언가 해야 하는데 현재 상황이나 조건이 영향을 미치는 정도를 나타낸다. 예를 들면 미국 자동차 가게에서 전시된 자동차를 사고팔 때 사용하는 계약서에는 다음과 같은 문구가 있다.

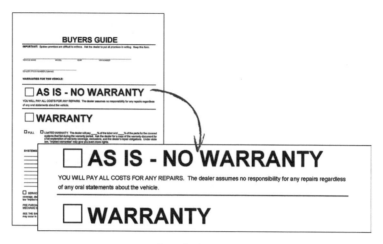

Buyer's Guide

자동차 구매 조건이 'No warranty'일 경우('as-is'일 경우) 차량 결함으로 인한 수리에 대해 모든 책임이 구매자에게 있다는 것을 의미한다. 즉, 자동차가 판매되기 전까지는 판매자에게 모든 책임이 있지만, as-is 조건으로 판매가 되고 나면 모든 책임은 구매자에게 있다. 간혹 국내 백화점의 가전제품이나 가구 코너에서 as-is 조건(전시품 판매)으로 파는 경우가 있다. 전시된 제품을 정상 제품 가격보다 싸게 파는 것이다. 하지만 국내에는 as-is에 대한 개념이 없어서 전시된 제품을 정상 제품으로 여기는 경우가 많다. 정상 제품을 싸게 판다고 여긴다. 그래서 제품을 구매하고 나서 제품에 불만족한 상태를 발견하게 되면 항의를 하는 경우가 종종 있다. 불만족한 상태는 제품을 구매하기 전에 발견할 경우 이의를 제기할 수 있지만, 구매하고 나면 구매자에게 모든 책임이 있다는 것을 이해하지 못한다. '어떤 조건이나 상태이건 있는 그대로'의 의미를 제대로 이해 못 하기 때문이다.

이런 경우가 컨설팅 시에도 발생한다. 디지털 비즈니스 프로세스 컨설팅을 포함한 대부분의 컨실팅 초기에는 'as-is 분석'을 수행하게 된다. 이때 많은 고객사에서는 고객사 수준을 높게 잡으려고 하는 경향이 있다. 컨설팅을 통해 보다 많은 것을 얻기 위한 순수한 열정이라고 생각한다. 또 컨설팅이 제대로 시작도 안 된 상태에서 이미 컨설팅 결과에 대해 모두 알고 있다는 자세를 취하는 경우도 많다. 게다가 컨설팅 내용을 다 알고 있기 때문에 결심만 하면 잘할 수 있다고 생각하기까지 한다. 내가 컨설팅할 때 가장 힘든 일 중의 하나가 이 as-is 개념을 고객사에게 이해시키는 것이다. as-is 분석이 잘되어야 추진 계획을 제대로 세울 수 있기 때문이다. 컨설팅을 수행할 때 as-is 분석이라는 것은 알고 있거나, 경험이 있는지의 여부보다 알고 있으면서도 수행하지 못하는 상황이나, 경험이 있으면서도 추진하지 못하는 상황을 분석하는 것이다. 말 그대로 어떤 조건이나 상태이건 있는 그대로를 수집하고 분석해야 한다. 그렇기 때문에 많은 시간이 걸리는 작업임에도 불구하고 인터뷰 조사나 설문지 조사로 대체되는 경우가 많다. 인터뷰 조사도 준비된 질의서 없이 진행되기도 한다. 진행되기도 한다. 나는 이런 상황을 극복하기 위해서 as-is를 다르게 해석해서 적용시켜 보았다. 'as'를 'appreciate situation'으로 풀어 설명했다. appreciate는 '그 결과를 제대로 이해하고, 인정하고, 공감하여 본질 또는 가치를 제대로 알아가는 과정과 그 결과'라는 의미를 갖고 있는 단어다. 결코 쉬운 단어가 아니다. 실제로 2016년부터 2019년까지 네이버 사전에서 가장 많이 검색한 단어 1위가 appreciate다. situation은 알고 있는 뜻 그대로 상황을 의미한다. 즉, 현재 상황을 파악하기 위해 appreciate라는 단어의 의미를 그대로 적용시키는 것이다. 그 결과는 놀라웠다. 많은 이해당사자들이 as-is를 제대로 이해하기 시작한 것이다.

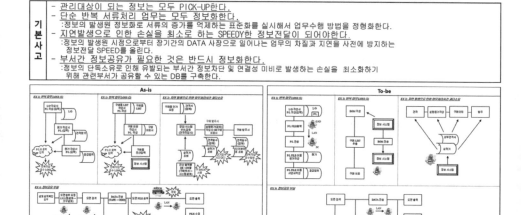

as-is와 to-be 분석 사례

더 나아가 안 좋은 경우는 짧은 as-is 분석 기간에 'to-be'가 결정되기도 한다. To-be는 as-is에 반대되는 개념으로 as-is가 목표한 미래 또는 개선된 상태를 의미한다. 정말 이해할 수 없는 상황이다. to-be는 방법론 1단계 'Why'에서 설정한 목적과 목표를 달성하기 위한 프로세스를 의미한다. 하지만, 목적과 목표 설정 없이 as-is 분석 기간에 표준화 프로세스라는 이름을 달고 to-be가 그려진다. 이렇게 만들어진 프로세스는 대부분 국제 표준 프로세스를 옮겨온 것에 불과하다. 국제 표준 프로세스는 범용적 프로세스다. 특정 기업이나 조직을 위해 만들어진 것이 아니기 때문에 참고용으로는 훌륭해도 그내로 적용할 수 있는 것은 결코 아니다. 디지털 비즈니스 프로세스 구축 시 '커스터마이제이션(Customization, 고객 맞춤화 정도)'이라는 용어를 많이 쓰는 이유도 여기에 있다.

디지털 비즈니스 프로세스는 미래의 목표를 가시적으로 나타낼 수 있는 부분이 적기 때문에 이미 검증된 솔루션을 적용하기 위한 노력을 많이 한다. 해당 솔루션을 적용하는 것은 그 솔루션이 이미 적용되어 성공을 했기 때문이다. 그럼에도 불구하고 '고객 요구 사항'이라는 미명하에 도깨비방망이를 휘두르는 것과 같은 일이 벌어진다. 심한 경우에는 솔루션을 도입한 의미가 없을 정도로 변형된다. 마치 환자가 의사에게 수술과 관련된 모든 것을 지시하고, 더나아가 의사의 의견을 무시하고 환자가 알고 있는 민간 요법을 적용하는 것과 다름없다. 이것은 디지털 비즈니스 프로세스 컨설팅 세계에서는 항상 있었던 고질적인 현상이지만, 수주라는 경쟁에서 이기기 위한 냉혹한 비즈니스 세상에서 고객사의 요구를 무시하는 것은 쉬운 일이 아니다. 고객사를 설득하는 일도 만만치 않다. 이런 일로 많은 디지털 비즈니스 프로세스 컨설턴트들이 어려움을 나타내고 있는데, 잘못된 길로 들어서고 있음을 알면서도 어쩔 수 없이 끌려갈 수밖에 없고, 그로 인해 잘못된 컨설팅 결과에 대해서는 모든 책임을 져야 하기 때문이다. 그러나 마켓메이븐같은 진정한 디지털 비즈니스 프로세스 컨설턴트는 이것을 해결해야 할 문제로 여기지 않는다. 이런 일은 항상 존재하는 현상이지, 특정 고객사만의 문제가 결코 아니다. 그렇기 때문에 해결하기 위한 방법을 찾으려고 고민할 필요가 없다. 그냥 현상으로 인식하고, 올바른 커스터마이제이션이 될 수 있도록 매스 커스터마이제이션 성숙도를 활용하면 된다. 조셉 파인은 그의 저서 『매스 커뮤니케이션: 비즈니스 경쟁 속에서 새로운 프론티어』에서 매스 커스터마이제이션을 "사람들이 각자 자신이 원하는 것을 얻을 수 있도록 충분한 다양성과 커스터마이제이션을 특징으로 하는 제품을 개발, 생산, 판매 및 제공하는 회사의 역량이다.[25]"이라고 정의하고 있다.

---

25 Mass Customization, B. Joseph Pine, Harvard Business School Press, 1999. "a company's capability to develop, produce, market, and deliver goods that feature enough variety and customization that nearly everyone can get exactly what he or she wants."

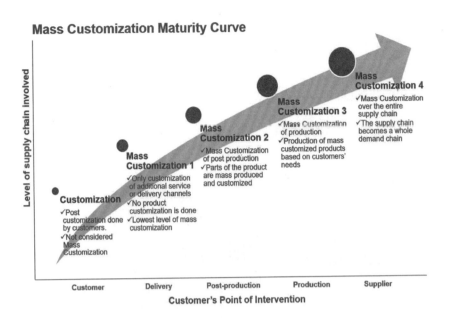

매스 커스터마이제이션(출처: iotone.com)

커스터마이제이션이 올바르게 진행되기 위해서는 디지털 비즈니스 프로세스 컨설팅 대상인 고객사의 커스터마이제이션 성숙도가 매우 중요하다. 그리고 고객사를 설득하는 방법 중에 가장 유효한 것은 해야만 될 일을 주입시키기 보다, 해서는 안 될 일을 했을 경우에 발생하는 리스크나 문제를 가시화하는 것이다. 이때 커스터마이제이션 성숙도를 측정하여 성숙도 수준에 맞게 진행하는 것이 바람직하다.

- **0단계:** 커스터마이제이션은 오직 고객만 가능하다.
- **1단계:** 커스터마이제이션이 추가 서비스 또는 서비스 전달 중에 이루어진다.
- **2단계:** 개발되고 나서도 고객의 니즈가 반영된다.

- **3단계:** 고객의 니즈에 따라 커스터마이제이션이 가능하다.
- **4단계:** 전체 공급망에 걸쳐 고객의 니즈를 반영시킬 수 있다.

커스터마이제이션 성숙도는 일반적으로 정보시스템 관련 성숙도에 대해 익히 알고 있기 때문에 이해하기도 쉽다.

CODP의 트레이드 오프 관계

고객사의 커스터마이제이션 성숙도를 반영하여 정보시스템의 운영 효율성을 극대화하기 위한 요구와 비즈니스 부문의 요구에 대해 유연하게 대응하기 위한 접점으로 주문을 생산으로 변환하는 시점을 의미하는 CODP(Customer-Order Decoupling Point)를 설정하게 된다. CODP는 생산성과 유연성 간의 트레이드 오프 관계이기 때문에 매우 중요하다. 다른 관점에서 보면 IT 생산성과 비즈니스 유연성은 서로 모순 관계라고 할 수도 있다. 모순(矛盾, 창 모, 방패 순)은 『한비자』의 「난일」 편에 나오는 이야기로, 중국 전국시대 초나라에서 창과 방패를 파는 상인이 있었는데 창을 팔 때는 "어떤 것도 뚫을 수 있다."라고 하고, 방패를 팔 때는 "어떤 것도 막을 수 있다."라고 하자 지켜보고 있던 사람이 "그 창으로 그 방패를 찌르면 어떻게 되나?"라고 물으니 상인이 아무 말도 하지 못한 데에서 유래된 말이다.

그렇기 때문에 어느 한쪽의 일방적인 힘의 논리에 의해 정해지면 안 된다. 이것을 방지하기 위해 커스터마이제이션 성숙도를 반영한 CODP를 상호 협의하에 결정해야 한다.

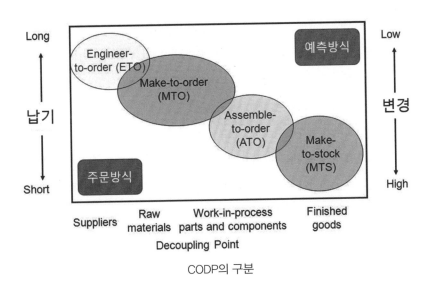

CODP의 구분

CODP는 4가지로 구분할 수 있다.

■ **ETO(Engineer to Order, 주문 설계 방식):** 고객이 요구하는 사양을 근거로 새로운 정보시스템을 설계 또는 코딩하는 방식을 말한다. SI(System Integration) 사업에서 주로 사용하는 방식이며, 고객별 맞춤 서비스를 전제로 하기 때문에 유니크한 시스템을 만든다. 고객이 요청한 사항을 가장

많이 수용한 방식으로, 설계부터 새로 시작하기 때문에 리드타임이 길어진다. 완전한 Pull 방식이다.

- **MTO(Make to Order, 주문생산 방식):** 범용 정보시스템 또는 유사 정보시스템 구축 노하우를 근거로 고객이 요구하는 사양을 만드는 방식을 말한다. 고객 주문이 들어오기 전까지는 보유한 노하우 마케팅을 통해 Push 방식으로 하지만 주문이 들어오면 Pull 방식으로 정보시스템을 구축한다. 고가의 상용 패키지를 적용하는 SI 사업이 이에 해당하는 경우가 많다.
- **ATO(Assemble to Order, 주문 조립 생산방식):** 범용 솔루션이나 상품화 패키지를 보유하고 있다가 고객의 주문이 들어오면, 고객이 요구하는 사양을 솔루션이나 패키지와 매핑하여 정보시스템을 구축하는 방식을 말한다. 정보시스템 구축 초기부터 중간 이후까지는 적용 솔루션이나 패키지를 근거로 Push 방식으로 진행되지만, 종료 시점이 다가올수록 Pull 방식으로 전환되는 경우가 종종 있다. ERP 시스템이 대표적인 경우다.
- **MTS(Make to Stock, 재고 생산방식):** 수요예측에 따라 상품화 패키지를 보유하고 있다가 고객의 주문이 들어오면 인스톨해주는 방식이다. 완전한 Push 방식으로 디지털 비즈니스에서는 거의 찾아볼 수 없는 방식이다.

ETO부터 MTO까지는 고객 요구 기반의 추진 방식이고, ATO부터 MTS는 시장 예측 기반의 추진 방식이다. 전자를 시스템의 기획과 설계 단계부터 고객의 참여가 이루어진다고 하여 'Pure Customization'으로, 후자를 적용 시점에 고객의 참여가 이루어진다고 하여 'Pure Standardization'이라고 부르기도 한다. 하지만 성숙하지 못한 디지털 비즈니스에서는 대부분 ETO 방식이 많이 사용되고 있다. 심한 경우에

는 범용 솔루션이나 상품화 패키지를 적용하는 사업에서도 ETO 형태
를 벗어나지 못하고 있고, 실제 내가 경험한 경우를 보면 커스터마이제
이션 성숙도가 0 또는 1단계인 고객사의 제안 요청서에 "본 사업에 상
용 패키지를 도입할 수는 있으나, 당사의 요구 사항을 모두 반영할 수
있어야 한다."라고 적혀있는 것도 본 적이 있다. 이처럼 국내에서는 아
직도 ETO 방식을 적용하는 경우가 많다. 나는 이런 상황에 경종을 울
리기 위해 ETO를 BTO(Buy to Order, 구매자 방식)라고 부르기도 한다.
따라서 시스템의 구현 방식에 의한 추진보다는 커스터마이제이션 성숙
도를 반영한 매스 커스터마이제이션 전략에 따라 추진하는 것이 바람
직하다.

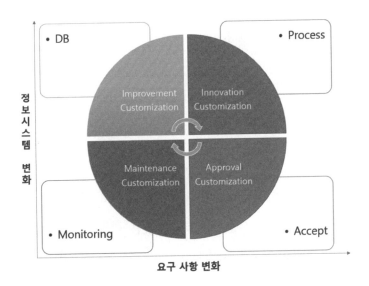

매스 커스터마이제이션 전략

매스 커스터마이제이션은 정보시스템 자체의 변화 여부와 사용자 또는 비즈니스 부문에서 느끼는 정보시스템의 변화 여부를 반영할 필요가 있다.

- **Innovation Customization(혁신 수준의 맞춤화):** 비즈니스 효과를 확대시키기 위해 비즈니스 프로세스의 변화와 이를 반영한 정보시스템의 변화를 위해 이해 당사자 간의 상호 의사소통이 이루어진다.
- **Approval Customization(요구 사항 반영 수준의 맞춤화):** 비즈니스 부문이나 사용자의 요구 사항이 접수되고, 정보시스템의 변경이 승인된다.
- **Improvement Customization(IT 자체 개선 수준의 맞춤화):** 비즈니스 부문이나 사용자의 요구 사항은 없었으나, ICT 생태계의 변화나 사용자의 서비스 개선을 목적으로 축적된 데이터를 활용하여 정보시스템을 변경한다.
- **Maintenance Customization(유지 보수 수준의 맞춤화):** 정보시스템의 정상 운영 상태를 유지하기 위한 유지 보수 수준이다.

가장 바람직한 것은 혁신 수준의 맞춤화이지만, 모든 커스터마이제이션이 혁신 수준이어야 한다는 것을 의미하지는 않는다. 요구 사항 반영 수준의 맞춤화가 현실 세계에서 가장 많이 발생하는데, 이때 중요한 것은 요구 사항으로 인한 변화가 비즈니스 지향적이어야 한다는 것이다. 많은 경우 비즈니스를 지향하기보다는 특정 부서를 위한 업무 자동화인 경우가 많은 것이 사실이다. 이럴 때는 요구 사항을 발생시키는 부서에서 스스로 비즈니스 지향적인 요구 사항임을 밝히는 것이 중요하다. 다음은 정보시스템의 평상시 운영상황에서 발생하는 모니터링

중에 발생하는 커스터마이제이션인 유지 보수 수준의 맞춤화로, 여기서 모니터링이란 것은 문제가 발생하는지를 관찰하는 소극적인 행위가 아니라 문제가 발생하기 직전의 이상 징후를 찾아내서 문제 예방을 하는 매우 적극적인 활동이다. 마지막으로 IT 자체 개선 수준의 맞춤화는 사용자나 비즈니스 부문의 별도 요구 사항이 없는 상태에서 정보시스템에 대한 사용자의 사용 습관이나 비즈니스 환경의 변화에 따른 비즈니스 니즈를 발견하여 반영해나가는 능동적인 커스터마이제이션으로, 디지털 비즈니스 프로세스가 지향해 나아가야 할 방향이다. 이를 위해 사용자와 관련된 데이터의 수집과 분석에서 비즈니스 환경 분석을 위한 빅데이터 분석까지 지속적으로 관련 데이터의 소스·수집·저장 및 이를 처리·분석·표현할 수 있는 직무 역량이 절실히 요구된다.

방법론의 세 번째 단계는 'What'이다. 이 단계에서는 1단계에서 정의한 목적·목표와 이를 달성하기 위한 컨설팅 대상 조직의 as-is 분석 단계에서 밝혀진 '있는 그대로'의 상황과 Gap들을 찾아내고, 각 Gap을 제거하기 위한 업무 우선순위를 정하는 것이다.

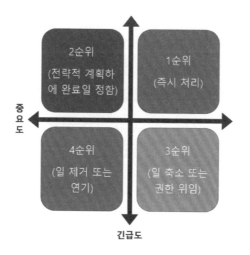

업무 우선순위 결정 방법

경영학의 아인슈타인으로 불리고 있는 하버드 경영학 교수 클레이 크리스텐슨은 "모든 것은 같은 중요도를 갖고 있지 않다. 그중에서 중요한 일을 몇 개 골라서 하고 그 일을 매우 잘 해내라."라고 주장한다. 그의 말처럼 일의 가장 중요한 것은 우선순위를 결정하는 일이다. 업무에 대한 우선순위는 상황에 따라 항상 변하고, 현실적으로 주어진 일을 다 할 수는 없기 때문에 우선순위가 높은 일이 너무 많다는 것은 우선순위가 없다는 것을 의미한다. 따라서 중요한 일과 긴급한 일의 경중을 따져 효과적으로 업무를 처리해야 한다. 업무 중에 비즈니스적으로 가장 가치가 있는 것을 선별할 수 있어야 한다. 이 선별 작업에 필요한 것은 역시 직무 역량이다.

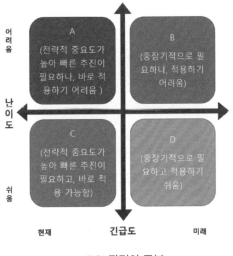

ROI 관점의 구분

직무 역량에 의해 업무 우선순위가 정해졌으면, 이번에는 ROI 관점에서 추진 순서를 정하는 것이 필요하다. ROI 관점에서 고려해야 할 요소는 전략적 중요도에 따른 긴급도와 기업과 조직의 수준을 고려한 난이도에 따른 추진 비용이다. 긴급도에 따른 판단 기준은 당연히 전략적 가치를 기준으로 추진 시기를 고려해야 한다. 난이도는 현재 시점에서 적용하기 쉬운 것(비용이 적게 드는 과제)과 어려운 것(비용이 많이 드는 과제)을 구분하고, 그에 따른 비용 요소를 감안하여 시범 과제를 수행할 것인지 데이터 수집 및 분석 범위를 어디까지 한정할 것인지 등의 추진하는 범위를 판단해야 한다. 이때 당연하게 객관적인 데이터를 기준으로 해야지, 과한 기대감이나 의욕을 가지고 판단하면 안 된다. 일반적으로 우선순위의 기준을 긴급도로 하게 되면 C-D-B 순서로, 우선 수위 기준을 난이도로 한다면 C-A-B로 결정한다. 물론 긴급도와

난이도가 높은 A영역은 기업과 조직의 상황에 따라, 경영진이나 담당자의 의사 결정에 따라 조율되기도 한다. 이 선별 작업의 기준이 되는 것은 정확한 ROI 분석 결과다.

$$ROI = \frac{총\ 수익 - 투자\ 비용}{투자\ 비용} \times 100$$

ROI 공식

기업이나 조직에서 디지털 비즈니스를 지원하는 부서에게 ROI는 매우 중요한 평가 지표로 활용되어야 함에도 불구하고 IT 서비스 지원 부서나 그 부서를 평가하는 경영층에서도 거의 신경을 안 쓰고 있는 것은 주지의 사실이다. 기업이나 조직에서는 부서나 팀을 비용 센터(Cost center)와 이익 센터(Profit center)로 구분한다. IT 서비스 비즈니스 관련 팀이나 지원 팀은 일반적으로 수익을 직접 창출하지 않기 때문에 기업이나 조직의 운영 비용(보통 공통비라고 칭함)을 사용하는 비즈니스 부문의 일부로 여겨 비용 센터로 분류한다. 비즈니스에서 자금은 항상 제한적이기 때문에 예산을 할당하면 수익을 창출하는 비즈니스 부문이 대부분의 자금을 지원받고, 비용 센터는 비용 절감의 대상이 된다. 하지만 IT 서비스 비즈니스팀이나 지원 팀은 작업량을 임의로 조절할 수 없기 때문에 할당된 예산을 초과할 수밖에 없다. 그래서 IT 서비스 비즈니스 관련 팀은 항상 평가상의 불이익을 받을 수밖에 없는 상황이다. 만약 IT 서비스 비즈니스 부문에 투자된 비용보다 더 많은 투자 수익이 나타난다는 것을 보여줄 수 있다면, IT 서비스 비즈니스 전략을 수립하기가 훨씬 용이할 것이다. 그럼에도 불구하고 IT ROI(IT 서비스 비즈니스 부문의 ROI)가 기업이나 조직에서 활성화되지 못하고 있는 이유는 무엇일까?

ROI를 계산하려면 2가지 사항을 명확하게 해야 한다. 얼마나 투자했는가와 투자 대비 수익을 정략적으로 측정할 수 있어야 한다. 직접 비즈니스를 하는 팀(매출을 발생시키는 팀)의 경우 ROI를 계산하는 것은 상대적으로 용이하다. 예를 들면 영원 직원 1명을 운영하는 데 1억 원이 들고, 그 영업 직원이 0.5억의 이익을 창출한다면 ROI 공식에 따라 ROI는 50%가 된다. 다른 관련 사항도 많겠지만, 영업 직원의 고용 여부는 ROI만 보면 쉽게 알 수 있다. 하지만 IT 서비스 비즈니스 관련 팀의 경우 직원의 고용, 교육, 각종 도구 사용 비용 등은 쉽게 측정할 수 있지만, 소요 비용 대비 수익을 정확하게 측정하는 것은 별도의 노력 없이는 불가능하다. IT 서비스 비즈니스 관련 팀 직원이 매출을 발생시키거나 수익을 창출하는 활동을 직접적으로 하지 않기 때문이다. 반면에 IT 서비스 비즈니스 관련 팀의 지원으로 비즈니스 효과가 더 좋아진다는 것은 숨길 수 없는 사실이다. IT 서비스 비즈니스에 의한 기업이나 조직의 이익을 나타낼 수 있다면 IT ROI를 활용하여 공정한 평가를 할 수 있다. 관건은 어떤 평가 지표를 사용할 것인가 하는 문제가 남는다. 안타깝게도 정확한 답은 없다. 내가 강의하는 과정 중에 'IT 투자 성과 평가'라는 과정이 있는데, 강의에 참석한 많은 사람이 "무엇을 측정하고 평가하면 됩니까?"라는 질문을 많이 한다. 나는 그럴 때마다 3가지를 이야기한다. 첫 번째, IT 서비스 비즈니스 부문에 투자(신규 개발 또는 변경 개발 포함) 발생 시에 투자 전후의 이익을 비교하라고 한다. 여기서 이익은 매출과 같이 눈에 보이는 직접적인 것도 중요하지만, IT 서비스 비즈니스 특성상 메인 비즈니스에 간접적인 지원 부분이 많기 때문에 다양한 지표를 활용하여 기본 데이터를 축적하여야 한다. 대표적인 것인 정보시스템이나 플랫폼의 사용률 변화, 고객 수의 증가, 고객의 참여 빈도 등 가능한 많은 지표를 발굴해야 한다. 두 번째, 비즈니스를 지원하는 정보시스템의 확장이나 서비스 추가에 따른 이익의 변화를 측정하는 것이다. 이때는 직접적인 이익을 측정하는 것보다 추가된 기능이나 서비스에 따른 변화를 측정할 수 있는 지표를 운영해야 한다. 대표적인 것으로 프로세스 공정 감소율, 업무 시간 단축률, 비용 감소율 등이 있다. 세 번째, IT 서비스 비즈니스 정상 운영을 위한 모니터링 활동에 관련된 지표들이다. 정상 운영 상태를 기준으로 해서 지속적인 개선 노력에 의해 향상되고 있는 상황을 측정하는 것이다. 대표적인 것으로 업무 절차 개선 건수 증가율, 동일 장애 발생 감소율, 업무 중단 시간의 감소 등이 있다. 이러한 지표들을 운영하는 것은 IT 서비스 비즈니스가 메인 비즈니스에 어떤 영향을 끼쳤는지 파악하기 위한 것이다. 이를 위한 단일 솔루션은 없기 때문에 기업이나 조직에 맞는 지표를 발굴하는 노력이 필요하다.

또한, 'What' 단계에서 잊지 말아야 할 것은 목적과 목표 달성을 위한 과제 우선순위를 결정할 때 필요한 데이터를 확보할 수 있는지를 따져 봐야 한다는 것이다. 많은 경우 비즈니스 중요도나 트렌드에 발맞춰 과제가 정해지는데, 정작 그 과제를 수행하기 위한 데이터 소스조차 구하지 못하는 경우가 다반사다. 생각보다 의외로 필요한 데이터를 구하기가 쉽지 않다는 것을 경험이 많은 컨설턴트는 잘 알 것이다. 예를 들면 빅데이터를 활용하기 위한 과제를 수행하는 경우를 살펴보자. 빅데이터 시스템 구축 과제가 아닌 비즈니스에 빅데이터를 활용하는 과제임을 기억해야 한다. 일반적으로 빅데이터라고 하면 앞에서 언급했던 것처럼 대부분 3V를 이야기하는 사람들이 많다. 빅데이터는 디지털 비즈니스의 가장 근간이 되는 것이기 때문에 다시 한 번 추가 설명을 하겠다.

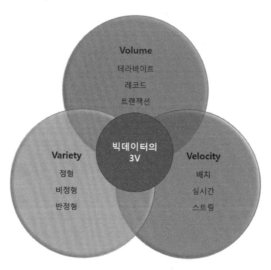

빅데이터의 3V

　3V는 데이터의 크기(Volume), 데이터 처리 속도(Velocity), 데이터의 다양성(Variety) 등 기능적인 측면을 강조하기 위해 빅데이터 솔루션 사업을 하는 업체들이 만든 것이다. 즉 빅데이터 개념보다는 빅데이터 시스템의 구축 필요성을 이끌어내기 위해 빅데이터 시스템의 기술적인 기능을 강조하기 위한 것이다. 한마디로 보다 크게, 보다 빨리, 보다 다양한 데이터를 처리할 수 있는 빅데이터 시스템을 구축하라는 홍보 문구가 3V다. 많은 기업과 조직이 빅데이터 개념을 이해하기도 전에 빅데이터 솔루션 업체들이 후원하는 각종 세미나에서 발표된 멋진 프레젠테이션에 속아(?) 너무나 크고 좋은(?) 빅데이터 시스템을 구축하고도 제대로 활용하는 기업은 거의 없는 대표적인 이유가 아닐까 생각한다. 우리 주변에 데이터가 많이 있는 것처럼 이야기되지만, 실제로 가용할

수 데이터는 생각보다 많지 않다(실제로 거의 없다. GE의 발표에 따르면 항공 엔진 운영 시 발생하는 데이터 중 사용 가능한 데이터는 1% 정도라고 한다). 텍스트부터 문장·소리·영상 데이터 등 다양한 데이터가 존재하고 있으나 비즈니스에 관련한 데이터는 대부분 정형 데이터이지만 이마저도 소화해내고 있지 못한다. 실시간으로 데이터를 수집하고 분석해야 할 만한 일이 주변에 그렇게 많지 않다는 것도 주지의 사실이다. 3V가 빅데이터의 기술적인 기능을 표현하는 데는 훌륭하지만, 비즈니스적으로는 무언가 부족한 것이 사실이다. 비즈니스에 활용하기 위한 빅데이터 시스템은 몇 가지 의미 있는 것들을 더 해결할 수 있어야 한다.

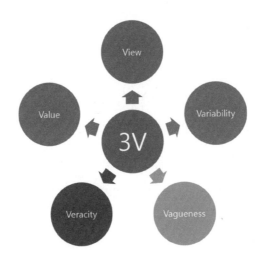

빅데이터의 8V

먼저 데이터의 가변성(Variability)이다. 데이터는 끊임없이 생성되고 계속 변화한다. 어느 특정 시점의 데이터와 그 이전, 이후의 데이터는 다르다. 비즈니스에서 어느 시점의 데이터를 기준으로 정하냐에 따라 전혀 다른 정보가 생성된다. 빅데이터 시스템은 데이터의 가변성에 대해 기술적인 기능을 지원하지 못한다. 데이터의 모호성(Vagueness)도 마찬가지다. 데이터 소스를 발굴해서 수집하고 분석할 때까지 모든 과정에서 취급하는 데이터의 모호성을 보완할 수 있는 빅데이터 시스템은 존재하지 않는다. 이러한 모호성을 극복하기 위해 데이터의 정확성 (Veracity)을 높여야 하지만, 이 또한 만만한 작업이 아니다. 정확하지 않은 데이터들 속에서 분석한 것은 아무 의미가 없기 때문이다. 데이터의 정확성을 기반으로 비즈니스에 의미 있는 관점(View)을 찾아내는 것이 빅데이터 개념이기 때문이다. 예측이나 예상이라는 용어를 많이 쓰고 있지만, 현실적으로 예측한 것이 맞을지 틀릴지는 아무도 모른다. 일정 시간이 지나고 나서 결과가 나와야 판단할 수 있기 때문이다. 비즈니스에서는 의미 있는 관점을 찾아내고, 이를 통해 가치(Value)를 창출하는 것이 필요하다. 결국, 빅데이터 시스템은 비즈니스에 가치 있는 정보 (Information)와 지식(Knowledge)을 찾을 수 있는 방법을 제공할 수 있어야 하고, 이를 기반으로 비즈니스에 결정적인 도움을 줄 수 있는 지혜 (Wisdom)를 발견해낼 수 있어야 한다.

지금 단계는 디지털 비즈니스 프로세스 컨설팅을 위해 추진 과제를 설정하는 단계로 비즈니스에 빅데이터 활용을 위한 과제를 예시로 들어 설명하고 있다. 그렇다면 기업이나 조직에서 빅데이터를 추진하는 이유가 명확해야 함은 당연한 사실이다. 대부분 막연한 기대나 환상을 가지고 컨설팅을 시작하는 경우가 많은데, 원하는 것을 명확하게 요구하지 못하면 결코 얻을 수 없기 때문이다.

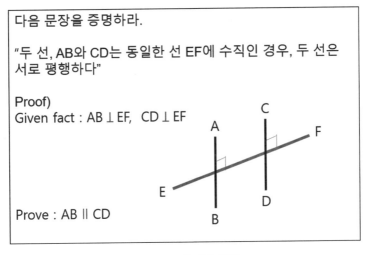

Given fact에 대한 이해

그럼 데이터 관련 용어부터 풀어보자. 데이터는 라틴어로 '사실(Fact)로써 주어진다(given)' 는 뜻으로 고대 그리스 수학자인 유클리드가 쓴 고전의 제목이다. 수학자답게 기하학을 설명할 때 알려진 것 혹은 알려졌다고 증명할 수 있는 것을 데이터로 정의했다. 오늘날에는 데이터가 기록되거나 재정리할 수 있는 어떤 것의 총체적인 의미로 쓰인다. 요약하면 데이터는 거짓이나 오류가 없는 사실만이 데이터다. 또 데이터는 데이텀(Datum)의 복수형이다. 보통 Datum line이라고 하면 기준선을, Datum plane이라고 하면 기준면을 뜻한다. 하지만 우리 주변에서는 데이텀이라는 단어를 자주 사용하지 않는다. '사실로써 주어진 것'이 너무 많기 때문에 각각의 데이텀보다 복수형인 데이터가 유의미하기 때문이다. 따라서 데이터라는 용어 자체가 이미 많은 데이터 자체를 가리킨다. 그렇기 때문에 데이터는 어떤 현상을 파악할 수 있도록 표로 만들고, 분석할 수 있도록 그 현상을 수량화된 형태로 만드는 데이터화 (Datalization) 작업을 해야 한다. 데이터 자체만으로 어떤 의미를 부여하거나 확실하게 파악할 수 없기 때문이다. 혹시 파악할 수 있다고 해도 신뢰할 수 없다. 데이터화는 데이터를 측정할 방법과 표현하고자 하는 목표 및 수량화하고 표현할 목표가 있어야 한다. 유의미한 목표에 따라 수량화한 데이터화를 통해 예측이나 계획이 가능해지기 때문이다.

데이터화와 구분해야 할 용어가 디지타이제이션(Digitization)이다. 디지트(Digit)는 아라비아 숫자 0부터 9까지를 의미하기 때문에 디지타이제이션은 아날로그 데이터를 디지트로 표현(디지털, Digital)하여 디지털 형식으로 나타내는 것이다. 따라서 데이터가 디지타이제이션됐다는 것은 수량화됐다는 뜻과 기술적으로는 동일하다. 디지타이제이션된 데이터는 컴퓨터 안에 있고, 컴퓨터 안에 존재하는 문자·문장·소리·영상 등 모든 데이터는 이미 수량화되어있다. 이미 디지타이제이션되어있는 데이터를 ICT 기술을 이용하여 활용할 수 있도록 데이터화하는 디지털라이제이션(Digitalization)은 어렵지 않은 일이다. 요즘에는 ICT 생태계의 많은 애플리케이션과 모바일 상의 앱들이 알아서 원하는 만큼의 표현

방식으로 거의 모든 것을 보여준다. 게다가 3V 기술이 가능한 빅데이터까지 등장했다. 그런데 아이러니하게 정작 보고 싶은 것은 어디에도 없다. 왜 이런 일이 발생할까? 혹시 이 막강한 자원을 사용하여 빅데이터 개념을 구현한 것이 아니라 "'빅 컴퓨팅(Big Computc)' 시스템만을 구현한 것은 아닐까?"라는 생각을 해본다. 컴퓨터는 많은 시간이 걸리는 계산을 빠르게 하기 위한 도구일 뿐이다. 도구를 활용하여 목표를 달성하려면 목표가 있어야 하고, 목표를 달성하기 수단, 즉 과제를 잘 정해야 한다.

방법론의 네 번째 단계는 'How'다. 이 단계에서는 'What' 단계에서 설정된 과제의 수행 방법에 대해 구체적으로 정의하는 단계다. 디지털 비즈니스 프로세스 컨설팅에서 간과되기 쉬운 부분이 바로 이 단계다. 대부분 목표가 아닌 목적을 달성하기 위해 과제를 나열하고 방향성 또는 로드맵이라는 용어를 사용하여 컨설팅을 종료한다. 이런 방향성이나 로드맵은 '포러 효과(Forer Effect)'를 나타낸다. 포러 효과는 심리학자인 버트램 포러가 밝혀낸 심리 현상으로, 언뜻 보아선 도대체 무슨 말인지 알 수 없도록 문장들을 모호하게 표현해서 귀에 걸면 귀걸이, 코에 걸면 코걸이인 이야기들을 나열하면 앞부분의 이야기와 뒷부분의 이야기가 서로 상충됨에도 불구하고 크게 어색하지 않게 들린다. 그래서 글을 읽는 사람들은 어디선가 자신에게 딱 들어맞는 부분을 찾게 마련이며, 또 틀린 부분에 대해서는 자신이 내용을 잘 이해하지 못해서 그런 것이겠거니 하고 생각하게 되는 현상이다. 바넘(Barnum) 효과라고도 한다. 독자들도 아래 문장들을 읽고 나면 대부분의 독자가 자신의 이야기라고 생각할 것이다.

당신은 다른 사람들에게 존경받고 높이 평가받을 필요가 있지만, 스스로에게는 비판적일 필요가 있습니다. 당신은 성격에 나약한 측면이 있지만 대부분의 상황에서 해결책을 제시할 수 있습니다. 당신은 사용할 수 있는데 사용하지 않은, 익숙하지 않은 장점들을 가지고 있습니다. 겉으로 보기에 당신은 훈련되어 있고 자신감에 차 있지만, 당신의 내면은 주저와 망설임으로 가득 차 있을 수도 있습니다. 종종 당신의 행동이나 말이 잘못되었을 것이라는 무시무시한 의심이 당신을 공격합니다. 일상생활에서 당신은 어느 정도의 불확실성을 좋아하고 변화에 열려 있으며 구속과 제약을 받을 때 잘 견디지 못합니다.
당신은 자신이 독립적인 생각을 가지고 있다는 것을 자랑스러워 합니다. 그래서 다른 사람들의 의견이 마음에 들지 않을 때 그것을 받아들이지 않습니다. 과거에 당신은 다른 사람에게 자신을 완전히 드러내는 것은 지혜롭지 않다는 것을 경험했습니다. 대개 당신은 외향적이고 사교적이며 예의 바릅니다. 하지만 동시에 내성적이고 말이 없으며 차갑기도 합니다. 당신의 바람 중에 몇 가지는 조금 비현실적일 수도 있습니다. **(심리학 용어사전)**

포러 효과 예시

디지털 비즈니스 컨설팅 결과로 나오는 대부분의 방향성과 로드맵은 현실을 반영하지 않은 결과일 가능성이 크다. 여기서 현실은 앞에서 강조했던 'as-is'를 나타낸다. 그렇기 때문에 목표 달성을 위한 과제가 설정되었으면 그 과제를 수행할 구체적인 '육하원칙(5W1H)'을 정해야 한다. 육하원칙은 보통 보도문이나 기사를 쓸 때 사실을 정확하게 전달하기 위해 '누가, 언제, 어디서, 무엇을, 어떻게, 왜' 했는가를 밝히기 위해 사용된다. 과제를 정확하게 수행하기 위해서도 육하원칙이 반드시 필요하다. 이것은 앞에서 언급했던 '멘더토리' 항목이다.

Who?	What?	Where?
1. Who does it? 2. Who is doing it? 3. Who should be Doing it? 4. Who else can do it? 5. Who else Should do it? 6. Who is doing waste, inconsistencies, Strain?	1. What to do? 2. What is being done? 3. What should be done? 4. What else can be done? 5. What else should be done? 6. What inconsistencies are being done?	1. Where to do it? 2. Where is it done? 3. Where should it be done? 4. Where else can it be done? 5. Where else should it be done? 6. Where are inconsistencies being done?
When?	**Why?**	**How?**
1. When to do it? 2. When is it done? 3. When should it be done? 4. When other time can it be done? 5. When other time should it be done? 6. Are there any time inconsistencies?	1. Why does he do it? 2. Why do it? 3. Why do it there? 4. Why do it then? 5. Why do it that way? 6. Are there inconsistencies in the way of thinking?	1. How to do it? 2. How is it done? 3. How should it be done? 4. Can this method be used in other areas? 5. Is there any other way to do it? 6. Are there any inconsistencies in the method?

5W1H 사용 예

이러한 육하원칙의 다양한 질문들을 적절하게 사용하기 위해 디지털 비즈니스 프로세스를 위한 IT 서비스 관점과 연결시키는 것은 매우 유용한 방법이다. IT 서비스를 관리할 때 가장 기본은 데이터 관리다. 데이터, 특히 원시 데이터(Raw data)는 IT 서비스 중 발생되는 이벤트에 대한 일련의 사실만을 나타낸다. 원시 데이터는 맥락에 어떠한 추가 정보도 제공하지 않는다. 데이터는 하나의 사실이나 숫자를 나타내지만, 데이터 항목 자체는 의미가 없다. 따라서 데이터를 활용하기 위해서는 정확한 데이터를 취합해야 하고, 가치가 부가되는 관련성 있는 데이터만 확보하는 것이 필요하다. 데이터가 특정 상황에 놓여 있을 때 정보(Information)가 될 수 있기 때문이다. 데이터가 정보가 되기 위해서는 상황에 맞게 분류되고, 계산되고, 응축되어야 한다[26]. 정보는 가치를 부가하는 방식으로 관리해야 하는데, 특정 정보에 뒤따르는 정보들은 '누

---

26 "For data to become information it must be contextualised, categorised, calculated and condensed"ITIL, 영국OGC (the Office of Government Commerce)

가, 무엇을, 언제, 어디서'와 같은 질문을 통해 이미 앞선 정보의 영향
으로 시행착오를 줄일 수 있고, 동일 작업 등의 중복을 피할 수 있다.
이렇게 형성된 정보는 체계적으로 정리 또는 구조화되어 적용할 수 있
는 지식(Knowledge)이 되어야 한다. 지식은 정보를 경험과 결합하여 의
사 결정이나 행동을 유발할 수 있는 기반으로 활용할 수 있다. 지식은
정보에 대해 '어떻게'라는 질문에 대답하는 과정에서 경험이나 아이디
어 등이 더해져 구성된다. 여기에 더해 지혜(Wisdom)는 사물에 대한 궁
극적인 분별력을 갖고 원칙적인 판단을 할 수 있는 단계로, 가장 근원
적이고 철학적인 질문인 '왜'라는 질문에 상식적인 판단을 할 수 있는
대답을 제공한다.

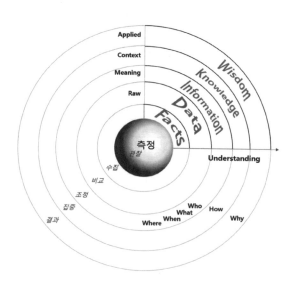

데이터에서 지혜까지

시스템 이론가이면서 조직 변화 전문가인 러셀 액코프 교수는 그의

논문에서 "일기예보나 주식투자를 할 때 우리는 관련되지 않은 너무 많은 정보 때문에 제대로 된 결정을 내리지 못한다[27]."라고 강조하면서 지식과 관련하여 다음과 같이 5가지로 분류했다.

- **데이터(Data):** 심볼
- **정보(Information):** 유용하게 처리되는 데이터로 'Who·What·Where·When' 이라는 질문에 대답
- **지식(Knowledge):** 데이터와 정보의 응용으로 'How' 질문에 대답
- **이해(Understanding):** 'Why'에 대한 대답
- **지혜(Wisdom):** 평가된 이해

러셀 액코프의 5가지 분류와 육하원칙과의 관계를 주목할 필요가 있다.

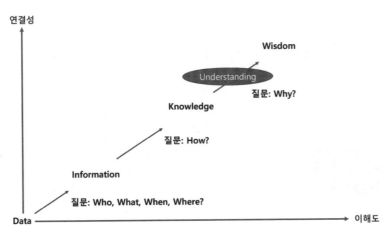

Data to Wisdom(출처: systems-thingking, 일부 수정)[28]

---

27   「잘못된 정보시스템 관리」, Russell Ackoff, 1967
28   Gene Bellinger, Durval Castro, Anthony Mills. http://www.systems-

데이터가 단지 비트와 바이트 또는 사실과 숫자이기 때문에 시각화할 수 있지만, 본질적인 가치는 없다. 유의미하고 유용한 데이터가 되기 위해서는 '누가? 무엇을? 언제? 어디서?'와 같은 질문에 대한 답을 제공할 수 있는 정보가 되는 상황이 필요하다. 또한, 지식은 정보에 이론과 경험의 통합이 이루어져야 하기 때문에 '어떻게?'라는 질문에 답을 제공할 수 있어야 한다. 이론과 경험을 통합시키기 위해서는 많은 시행착오에 대한 과학적 접근이 필요하다. 궁극적으로 '왜?'라는 질문에 대답할 수 있어야 한다. 이를 학습함에 따라 유용한 일을 할 수 있는 경험과 역량에 대한 인식을 통해 이해하게 된다. 이 과정이 지속되면 어느 순간 철학적 탐구의 핵심인 통찰(Insight)을 얻게 되는데, 이것이 지혜다.

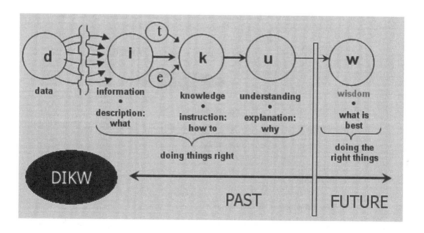

Path to Wisdom(출처: Wikipedia)

러셀 액코프의 분류[29]는 데이터·정보·지식·이해까지는 과거의 사실과 관련이 있기 때문에 어느 정도 노력 여하에 따라 얻을 수 있다고 여긴다. 새로운 비전이나 전략 수립과 통합되는 미래를 창조하기 위해서는 지혜가 필요하지만, 지혜를 얻는 것이 쉽지만은 않다. 다시 한 번 러셀 액코프의 분류를 자세히 볼 필요가 있다. 데이터는 가공되지 않은 원시(Raw) 데이터로 단순하게 존재하기 때문에 그 존재 자체로써는 의미가 없다. 사용 가능한지에 상관없이 모든 형태로 존재할 수 있다. 정보는 데이터 간의 관계 설정에 의해 의미가 부여된 데이터다. 많이 사용하는 관계형(Relational) 데이터베이스 속에 저장된 데이터들이 정보가 될 수 있다. 지식은 정보 간의 적절한 묶음으로 유용하게 사용할 수 있는 것이다. 이 지식은 유용한 의미를 제공하지만, 지식 자체가 더 많은 지식을 얻을 수 있도록 해주지는 않는다. 이해는 특정 사실을 인지하고 분석을 통해 얻을 수 있는 것으로 지식이 있는 상태에서 새로운 지식을 통합할 수 있는 상태다. 지식과 이해의 차이는 암기와 학습의 차이로 볼 수 있다. 이해력이 있는 사람은 현재 보유하고 있는 지식, 정보, 데이터를 기반으로 새로운 지식을 만들어낼 수 있다. 지혜는 철학적으로 매우 높은 경지를 가리키는 것으로 이전에 이해가 되지 않았던 부분에 대해 이해를 돕기 위해 필요하며, 그렇게 될 때 이해를 뛰어넘는 단계다. 앞의 4가지(데이터·정보·지식·이해)와 달리 옳고 그름이나 선

---

29   From Data to Wisdom, 러셀 액코프, Journal of Applies Systems
     Analysis, 1989

과 악 사이에서 판단하는 과정으로 쉽게 도달하기 어렵다. 혹자는 인
간만이 도달할 수 있고, 컴퓨터는 절대 가질 수 없는 능력이라고 표현
하기도 한다. 그 이유는 인간은 상상할 수 있고, 컴퓨터는 상상할 수
없기 때문이 아닐까 생각한다.

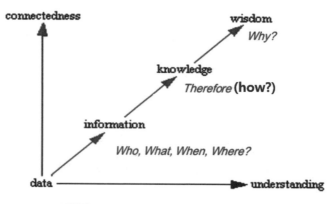

보완된 Data, Information, Knowledge, Wisdom

러셀 액코프의 'Path to wisdom'에 나타난 시퀀스가 복잡하다고
생각한 진 벨링거, 듀발 카스트로, 안토니 밀 등 세 사람은 'Data,
Information, Knowledge, Wisdom' 그림을 위와 같이 보완했다. 데
이터는 '미세먼지 농도가 나쁨 상태다.' 와 같이 다른 사안과 관계없이
사실 또는 공식 성명을 나타낸다. 정보는 '비가 오자 미세먼지 농도가
보통이 되었다.'와 같이 원인과 결과의 관계에 대한 이해를 구체화한다.
지식은 '비가 더 올 것이기 때문에 미세먼지 농도는 보통 수준이 될 것

이다.'와 같이 정보 간의 패턴을 나타내고, 앞으로 발생할 일에 대한 높은 수준의 예측 가능성을 제공한다. 그런데 이 글을 집에서 쓰고 있는 2018년 2월 27일 16시 50분 현재 경기도 용인시 수지구에 비가 오고 있는데, 강수량이 적어 미세먼지 농도는 나쁨으로 나오고 있다. 지식을 통한 예측이 반드시 일치하지는 않는다. 지혜는 '습도가 상당히 높고 기온이 떨어지면 대기가 습기를 유지할 수 없어 비가 더 올 것 같으니 미세먼지 농도가 좋음 수준이 될 것이다.'와 같이 지식의 범주 안에서 만들어진 근본 원칙만을 이해하는 데 그치지 않고 그 이상을 만들어내게 된다. 지혜는 '그것이 무엇이다.'라고 알고 있는 지식의 본질적인 근거가 되는 지식의 밑바탕에 깔려있는 체계라고 할 수 있다.

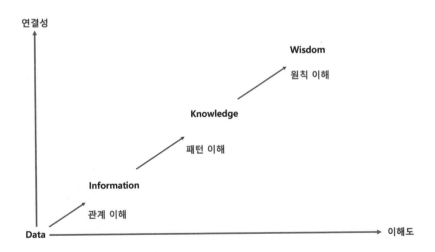

그런데 이 세 사람은 이해(Understanding)에 대한 부분을 간과한 것이 아닌가 하는 생각이 든다. 또, 나는 러셀 액코프의 정리와 다른 생

각을 갖고 있는데, 이해는 지식에서 지혜로 넘어가기 위한 것뿐만 아니라 각 단계에서 다음 단계로 넘어가기 위해서는 반드시 필요한 과정이라는 생각이다. 즉 이해는 각 단계에서 다음 단계로의 전환을 지원하기 위해 데이터들 사이의 관계(Relations), 정보 간의 패턴(Patterns), 지식 간의 원칙(Principles)을 이해(Understanding)하는 것이 중요하기 때문에, 이해는 별도의 단계가 아니라고 할 수 있다.

다음을 잘 생각해보세요.

상자가 있어요.
상자는 1m 너비, 0.9m 깊이, 1.8m 높이 입니다.
상자는 매우 무겁습니다.
상자 앞에는 문이 있습니다.
상자를 열면 음식이 들어 있습니다.
바깥 쪽보다 차갑습니다.
주방에 있습니다.
상자 안에 얼음이 들어있는 작은 수납 공간이 있습니다.
문을 열면 불이 들어옵니다.
이 상자를 움직이면 대개 그 밑에 많은 먼지가 있습니다.
잘 안쓰는 물건을 이 상자 위에 놓기도 합니다.

이것은 무엇일까요?

퀴즈

위에서 이야기한 'Box'는 무엇일까? 냉장고다. 독자들은 냉장고에 대한 정보와 지식을 이미 확보하고 있기 때문에, 이 문장들을 읽으면서 문장을 다 읽기 전의 어느 시점에서 냉장고에 관한 이야기라는 것을 눈치챈다. 대부분 이 문장들을 다 읽을 때까지 냉장고인지 모르는 독자들은 많지 않을 것이다. 또 문장의 순서를 바꿔도 결과는 마찬가지다. 이것은 어느 시점에서 무엇에 대한 설명인지 알았을 때 알고 있

는 정보와 지식을 통해 100% 확인하게 되기 때문이다. 그런데 각각의 문장들이 전해주는 정보나 지식 자체만으로는 아무것도 알 수 없다. 연결된 문장들 간의 관계와 패턴을 인식해야만 알 수 있다. 하지만 냉장고를 한 번도 본 적이 없는 사람은, 즉 냉장고에 대한 지식이 전무한 사람은 아무리 많은 정보와 지식을 전달해도 알지 못할 것이다.

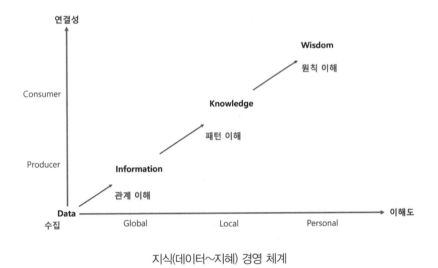

지식(데이터~지혜) 경영 체계

진 벨링거, 듀발 카스트로, 안토니 밀 등 세 사람이 그린 'Data, Information, Knowledge, Wisdom' 그림에서 데이터부터 지혜까지에 대해 Y축에 생산자(Producer)와 소비자(Consumer)로 구분을 하고, X축에는 이해에 대한 조직의 범위를 나타내서 지식 경영 체계를 이해할 필요가 있다. 지식 경영 체계에서 지식은 데이터 발생 및 수집부터 지혜의 획득까지 전 과정을 포함한다. 디지털 비즈니스 프로세스에서 생

산된 데이터를 수집하고, 저장하고, 처리하여 정보를 제공하는 영역을
담당하는 생산자는 IT 서비스 비즈니스 부서나 팀이다. 이렇게 제공된
정보를 활용하여 생산된 지식이나 지혜를 사용하는 소비자는 비즈니
스 부문의 부서나 팀이다. 그리고 데이터나 정보는 대부분 사실로써
구성되기 때문에 범용적으로 글로벌 표준을 나타내고, 지식으로 발전
하면서 특정 기업이나 조직에 더욱 의미가 있게 맞춰지는 로컬 표준을
나타내게 되며, 더욱 발전하여 개인들이 통찰을 통해 얻을 수 있는 지
혜로 나타난다.

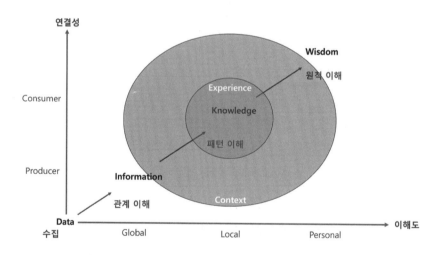

지식 경영 체계에서 맥락과 경험의 영역

지식 경영 체계 속에서 정보를 제공하기 위한 데이터 간의 관계 설
정, 지식을 제공하기 위한 정보 간의 특정 패턴 파악, 지식의 학습을
통해서 통찰하는 원칙들은 비즈니스를 위한 일정한 맥락(Context) 속에

서 관리할 수 있어야 한다. 특히 지식을 제공하기 위해 필요한 개인이 나 조직의 노하우는 특정 개인이나 조직만이 활용할 수 있거나 검증되 지 않은 채로 적용되는 경우가 많이 발생하는데, 노하우는 표준화할 수 있을 때 유의미하다. 또 많은 경우 서로 관련이 없는 단편적인 정보 와 지식이 난무하여 오히려 비즈니스에 혼란을 끼치거나 의사 결정을 지연시키기도 한다는 것을 명심해야 한다.

IT 서비스 비즈니스 담당자의 직무 역량

데이터의 수집부터 저장 및 처리를 담당하는 IT 서비스 비즈니스 부서는 데이터가 정보가 되는 과정을 담당하고 있기 때문에, 데이터를 전달하거나 평상 업무 수준의 루틴에 의한 정보 제공 서비스를 뛰어넘 는 비즈니스 목표 지향적인 서비스를 제공할 필요가 있다. 이 서비스는 단순한 정보 제공이 아니라 정보가 필요한 대상자에게 제공 정보의 중요성과 필요성 등을 알려줄 수 있는 과정이 필요한데, 이 과정에서 필요한 것이 바로 IT 서비스 비즈니스 담당자들의 직무 역량(Skills&Abilities)이다. 여기서 직무는 데이터 간의 다양한 관계를 찾아낼 수 있는 질문을 만들어내는 것이고, 역량은 질문에 대한 대답을 이해하기 쉽게 프리젠테이션할 수 있는 것을 의미한다(이것이 진정한 직무 역량이다). 이것을 통해 비즈니스 부서에서는 비즈니스를 위한 지식(Storytelling)을 만들어낼 수 있다. 이러한 과정을 통해 통찰력을 확보한 마켓메이븐에 의해서 확보된 정보와 지식을 평가할 수 있게 된다.

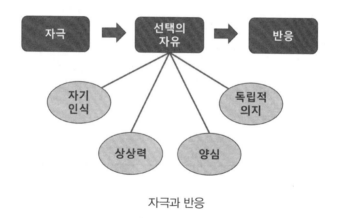

자극과 반응

이러한 과정은 충분한 의사소통이 필요하다. 의사소통은 기본적으로 자극에 의한 반응으로 이루어진다. 자극은 상대방으로 하여금 말하는 이가 원하는 반응을 유도하기 위한 것이고, 반응은 듣는 이가 말하는 이의 뜻을 파악하고 이해한 후 취하는 언행을 이야기한다. 자극과 반응은 서로 일치해야 올바른 의사소통이 이루어질 수 있다. 반응

은 사후(Reactive) 반응과 사전(Proactive) 반응으로 구분할 수 있다. 사후
반응은 기분·감정·상황 등 외부 영향에 의한 응답이지만, 사전 반응
은 응답자의 원칙과 원하는 결과를 얻고자 하는 의지에 따라 자유롭
게 선택할 수 있는 응답이다. 모든 인간은 자기 인식·창조적인 상상
력·양심·독립적 의지 등 4가지 기질을 가지고 있기 때문에 선택할 능
력과 변화할 수 있는 힘을 가지고 있다.

평창올림픽 쇼트트랙 남녀 계주 장면

　이 글을 쓰고 있을 때 평창올림픽 쇼트트랙 남자와 여자 계주에서
경기 중에 우리 선수가 넘어지는 상황이 발생했었다. 여자 경기는 최민
정 선수가 자기 순서가 아니었음에도 불구하고 넘어진 선수와 바로 터
치하여 경기를 이어나가 결국 1위로 골인했고, 남자 경기에서는 이러한
반응이 나오지 못했다. 이 글은 당연히 선수의 잘잘못을 이야기하기
위한 것이 아니니 오해 없기 바란다. 경기를 지켜보면서 문득 여자 선
수들의 경우 예기치 못한 상황이 발생했을 때(자극이 생성됐을 때)를 대
비한 훈련이 많았기 때문에 그런 반응이 나온 것이 아닌가 하는 생각
을 해보았다.

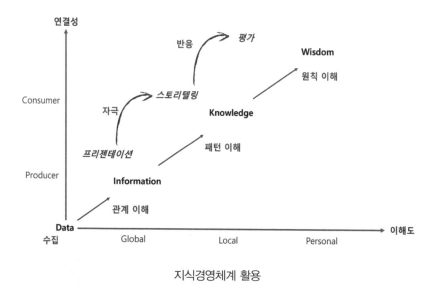

지식경영체계 활용

　이러한 자극과 반응의 관계를 지식경영체계에 포함시켜야 한다. 프레

젠테이션을 통해 자극을 발생시키고, 그에 따른 반응으로 비즈니스에

필요한 스토리텔링이 만들어져야 한다. 보통의 경우 IT 또는 디지털 비

즈니스 부서에서 하는 프레젠테이션은 주간 보고와 월간 보고(뒤에서 설

명할 통계, Metrics)가 주를 이룬다. 정기적인 보고이다 보니 프레젠테이션

이 아닌 과거에 발생했던 상황에 대한 보고 형태를 띤다. '이번 주(달)에

는 무슨 일을 얼마큼 했고, 다음 주(달)에는 얼마큼 할 것이다.'라는 형

태다. 지나간 일에 대한 상황 보고도 필요하지만, 앞에서 이야기했던 프

레젠테이션이 필요하다. 이 프레젠테이션이라는 자극을 통해 의도한 반

응을 이끌어내야 한다. 위키피디아에서는 프레젠테이션에 대해 "기업 등

의 환경에서는 프레젠테이션을 함으로써 계획안이 실제의 계획에 오를

수 있는지 아닌지가 결정된다."라고 설명하고 있다. 옥스포드 사전에서
는 "프레젠테이션은 청중에게 주제를 제시하는 과정이다. 그것은 일반
적으로 데모, 소개, 강의 또는 좋은 의지를 알리고, 설득하거나 새로운
아이디어나 제품을 발표하기 위한 연설이다[30]."라고 설명하고 있다.

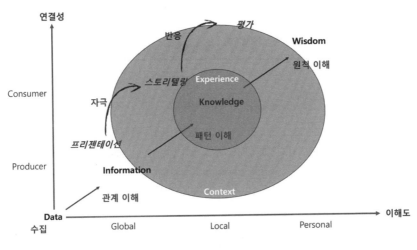

통합 지식 경영 체계 이미지

지금까지 이야기했던 것을 모두 표현하면 위 그림과 같다. 다소 복
잡하게 보일 수도 있지만, 하나하나씩 설명했던 것을 쫓아가다 보면 쉽
게 이해가 될 것이다.

---

30 A presentation is the process of presenting a topic to an audience. It
is typically a demonstration, introduction, lecture, or speech meant
to inform, persuade, or build good will or to present a new idea or
product

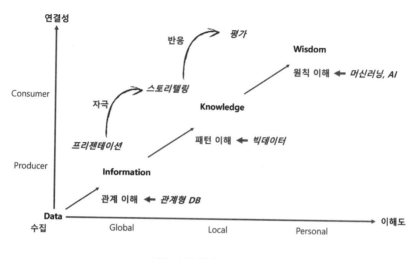

필요 솔루션의 개발 이유

이 그래프를 만들면서 깨달은 것이 하나 있다. 관계형 데이터베이스(Relational Database)가 나오게 된 것은 데이터와 정보를 연결하는 작업이 필요했기 때문에 개발된 솔루션이고, 빅데이터는 엄청난 데이터와 정보 속에서 특정 패턴을 찾아야 할 필요성에 의해 나온 개념과 기술이며, 빅데이터 기술을 통해 나온 패턴의 신뢰성을 높이기 위해 머신러닝과 딥 러닝 그리고 AI 기술이 나왔다고 생각하게 됐다. 즉 '필요에 의해 기술이 스스로 자가발전하고 있는 것이 아닌가?'라는 생각이 문득 들었다. 마치 기술이 살아 움직이며 자신의 영역을 확대시키고 있다는 생각이 들었다. 이것을 통찰이라고 하면 너무 건방진 것이 아닌가 조심스럽게 생각해본다. 실제로 저명한 미래학자 케빈 켈리는 이러한 현상을 정의하면서 기술들이 유기체처럼 서로 상호작용하는 세상을 'Technium'으로 표현하기도 했다.

　방법론의 다섯 번째 단계는 'Metrics'다. 이 단계에서는 지금까지 과정의 산출물과 산출물들을 활용하는 과정에서 올바르게 진행되고 있는지를 판단하기 위한 단계이다. 즉 목표를 달성할 수 있는지, 그 과정에 문제가 없는지를 밝히는 단계이다. 이 단계의 핵심은 "무엇으로 판단할 것인가?"라는 질문에 대답할 수 있어야 한다는 점이다. 지금까지 많은 경우 경영진의 감에 의한 판단이 많았다. 물론 경험 많은 경영진의 의사 결정이나 상황 판단 능력은 뛰어나다. 하지만 오늘날 같은 불확실성 시대에 감 또는 직관에 의한 의사 결정이나 상황 판단은 자칫 큰 위험을 불러올 수 있다. 우리는 바로 앞에서 자극과 반응에 관해 이야기했었다. 비즈니스에서 자극은 마케팅이고, 반응은 고객 행동의 변화다. 즉 '고객이 특정 방식으로 행동하도록 영향을 미치기 위해 내가 할 수 있는 것은 무엇인가?'와 '그런데 제대로 되고 있는가?'에 대한 대답을 알 수 있도록 측정할 수 있는 지표가 있어야 한다.

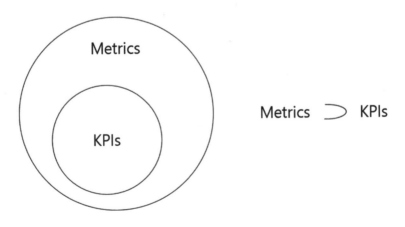

KPI와 Metrics 관계

그 지표가 바로 '메트릭스(metrics)'다. 메트릭스에 대해서는 많은 사람이 일정 데이터의 통계치 또는 주요 성과 지표인 KPI와 동일시하고 있다. 이것은 반만 맞고 반은 틀린 이야기다. KPI는 메트릭스이지만, 메트릭스는 KPI가 아니다. 수학 시간에 배웠던 부분집합의 관계이다. 메트릭스는 디지털 비즈니스 프로세스 컨설팅 결과물들이 올바르게 산출됐는지 뿐만 아니라 원하는 방향으로 가고 있는지를 알려주는 측정 지표다. 예를 들면 마케팅 시스템의 구축 목표는 기업이나 조직이 취하는 행동이 타깃 고객의 행동에 영향을 주는 시스템을 설계하고 운영하기 위함이다. 대부분의 디지털 비즈니스 프로세스 컨설팅은 원하는 마케팅 시스템을 만들기 위한 설계 산출물을 만들어낸다. 그런데 문제는 이런 산출물만을 만들고 컨설팅 프로젝트가 종료되는 데 있다. 아직 완성되지 않은 마케팅 시스템이 정말 원하는 결과를 나타낼지 무엇으로 판단할 수 있단 말인가? 또 설계가 잘 된 것인지는 무엇으로 판단할 것이며, 설령 제대로 된 설계와 원하는 마케팅시스템이 구축되었다고 해도 원하는 결과가 나올지에 대해서는 무엇으로 평가할 것인가? 이런 것을 측정하고 평가하는 것이 메트릭스다. 데이터에서 실질적인 정보를 얻기 위해서는 KPI(이하 '성과 지표'로 표현)와 메트릭스(이하 '측정 지표'로 표현) 간의 관계와 이를 사용하는 방법을 이해하는 것이 중요하다.

디지털 비즈니스 프로세스에서 측정 지표는 대부분 IT 시스템의 성능 또는 진행 상황을 측정하는 데 사용하는 계량 가능한 측정 항목만을 의미한다. 그렇기 때문에 측정 지표를 만들고 사용하는 범위가 IT 시스템의 운영 상황에서 데이터를 수집하고 모니터링하여 IT 시스템이 지원하는 메인 비즈니스의 중단을 예방하기 위한 소극적인 목표로 가져가는 것이 일반적이다. 데이터 소스도 메인 비즈니스와 직접적인 관계가 없는 IT 시스템의 가동률, 고객 요청 응답률, 장애 처리율 등과 같은 IT 시스템 운영과 관련된 일차원적인 측정 지표들이 대부분을 차지하고 있다. 이런 측정 지표들이 필요 없다는 것이 아니다. 측정 지표는 무수히 많은 지표로 구성되기 때문에, 하나하나의 측정 지표 자체로는 의미가 크지 않지만, 측정 지표에 데이터가 많이 쌓일수록, 또 측정 지표 간의 관계가 연관성이 높을수록 뚜렷한 의미를 포함하고 더 나아가 패턴을 나타낸다. 따라서 성과 지표는 많은 측정 지표와 연관되어있어야 한다. 예를 들면 마케팅 활동 결과를 측정하기 위한 측정 지표로 마케팅 활동 전후의 매출액 비교, 고객 수 증가율 등과 같은 측정 지표들은 비즈니스에 직접적인 영향을 미치는 측정 지표들이다. 이런 측정 지표들은 성과 지표로써 손색이 없다. 그런데 이런 성과 지표 데이터들이 나타나는 결과들의 이유를 알기 위해서는 매출액의 증감, 고객의 이탈 및 신규 가입 등의 측정 지표를 측정한 데이터들 간의 연관성을 파악할 수 있어야 한다. 이처럼 성과 지표와 측정 지표는 부모(Parent-Child) 관계를 형성한다.

IT 전략적 관점	Enterprise Mission Goals 기업의 미션과 목적을 반영한 IT 서비스의 제공 여부	Portfolio Analysis and Management 기존 서비스에 대한 평가 및 향후 개선사항에 대한 점검	Financial and investment performance 비용 효율적으로 사업의 가치 를 극대화	IT resource usage 정보자원이 기업에 활용되는 정도
IT 고객 관점	Customer Partnership and involvement 최적의 서비스 제공을 위해 필 요한 고객과 서비스제공자간 의 파트너쉽	Customer Satisfaction 제공 서비스에 대한 고객 만족 도	Business Process Support 제공서비스가 고객의 비즈니 스 계획 및 프로세스의 개선을 지원하는 정도	Preferred IT Supplier 고객이 선호하는 IT 서비스 공 급자
IT 내부 비즈니스 관점	Development and Enhancement 효율적인 시스템 개발 및 개선	Productivity and Performance 응답시간, 속도, 주기, 기능성, 납기준수, 대기시간, 성능관련 사항 등의 효율적인 서비스 전 달	Project and Problem Management 프로젝트 관리 및 문제해결	Enterprise Architecture Standards Compliance 정보기술 아키텍처 표준의 준 용
IT 혁신과 학습 관점	Workforce Competency and Development 인력의 전문성 및 적격성, 교육 및 훈련	Advanced Technology Use 최신 기술에 대한 활용도	Methodology Currency 방법론의 현행화 정도	Employee Satisfaction and Retention 직원의 만족도 및 보유

IT BSC 사례(출처: 미국 GAO, 1998)

IT BSC[31]가 IT 전략적 관점부터 IT 혁신과 학습 관점 지표 간의 관계가 Parent-Child 관계의 지표로 잘 나타나 있다. IT BSC는 경영 관점의 BSC가 IT 상황과 맞지 않아 IT 전략과 비즈니스 전략을 연계시키는 데 문제가 많이 발생하자, 1996년에 이를 극복하기 위해 벨기에 출신의 Wim Van Grembergen이 만들었고, 1998년 미국 회계감사기관인 GAO(Government Accountability Office)가 적용하면서 널리 퍼졌다. IT BSC는 IT 서비스 비즈니스 성과를 메인 비즈니스 성과와 연계시킬 수 있는 매우 유용한 도구로, 이미 많은 선진 기업에서 IT 서비스 비즈니스 성과를 나타내기 위한 방법으로 IT BSC를 활용하고 있다. 또한, IT ROI를 평가할 때 반드시 적용되어야 한다. 미국 GAO에서도

---

31 Balanced Score Card(균형 성과 지표). 1993년 하버드 비즈니스 스쿨의 로버트 카플란과 데이비드 노턴이 공동으로 제시한 비즈니스 성과 측정 방법으로, 현재 많은 기업에서 광범위하게 채택되고 있는 경영상의 개념이다. BSC는 KPI를 재무, 고객, 내부 업무 프로세스, 혁신과 학습 등 4개로 나누어 기업의 비전과 전략을 균형 있게 표현한다.

미국 내 공공기관의 IT 투자에 대한 평가 시 반드시 IT BSC의 반영을 권고하고 있다.

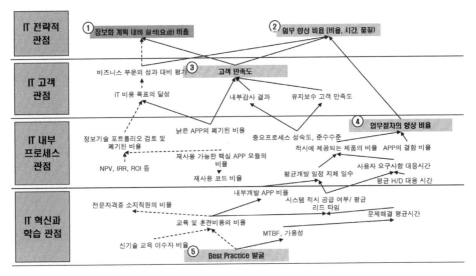

IT BSC 적용 사례

국내에서도 많은 기업과 조직에서 IT BSC를 적용하고 있다. 사례에서 보듯이 각 지표 간의 관계가 Parent-Child 관계를 형성하고 있다.

Black Man vs White Man의 줄다리기

여기서 Parent-Child 관계는 결과와 원인을 의미하는데, 이를 이해하기 위해 그림과 같이 Black Man과 White Man이 줄다리기 경기를 하면 누가 이길지 맞춰보기 바란다. 이 경기에서 승자를 맞추기 위해서는 약간의 논리적 사고가 필요하다. 가령, Black Man이 이겼다고 하면, "왜 그런 결과가 나왔을까?"에 대한 대답을 할 수 있어야 한다. 이 질문에 답을 하기 위해서는 2가지 방법이 있다.

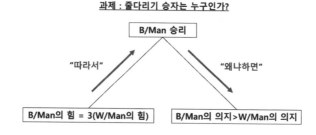

줄다리기 경기 승자

첫 번째는 'So what?'이다. 현재 가지고 있는 정보 중에서 과제에 대한 해답으로 '그래서 이것이다'를 추출하는 방법으로, 이 질문에는 '따라서', '~에 의해서', '그래서' 등에 어울리는 정보들이 나와야 한다. 두 번째는 'Why so?'다. 과제에 대한 해답을 검증하기 위해 '이것 때문에'를 추출하는 방법으로, 이 질문에는 '왜냐하면', '그 이유는' 등에 어울리는 정보들이 나와야 한다. 줄다리기 경기에서 "왜 Black Man이 이겼지(Why so)?"라는 질문에 "왜냐하면 Black Man의 의지가 White Man의 의지보다 강하고, Black Man의 힘이 White Man의 힘보다 3

배 강하기 때문에 Black Man이 이겼다."라고 대답할 수 있다. 반대의 경우에도 쉽게 생각할 수 있을 것이다. "누가 이길 것인가(So what)?"라는 질문에 "Black Man의 의지가 White Man의 의지보다 강하고, Black Man의 힘이 White Man의 힘보다 3배 강하다. 따라서 Black Man이 이길 것이다."라고 예상할 수 있다.

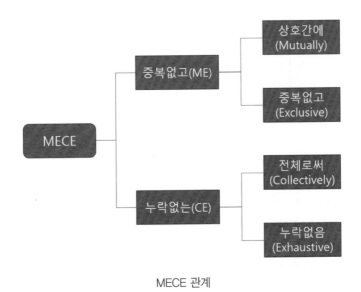

MECE 관계

이처럼 Parent-Child 관계는 어떤 결과(Parent)가 나오는 이유를 설명할 수 있는 원인(Child) 정보의 합으로 구성되어야 하고, 이 정보들의 합에는 누락과 중복(MECE[32])이 없어야 한다. 또한, 누락과 중복이 없는 정보들의 합에 의해서 결과를 예측할 수 있어야 한다. 따라서 성

---

32   MECE, Mutually Exclusive Collectively Exhaustive. 집합을 구성하는 항목
     들이 상호 배타적이면서 중복됨이 없는 상태를 의미

과 지표와 측정 지표는 MECE 관계를 형성해야 한다.

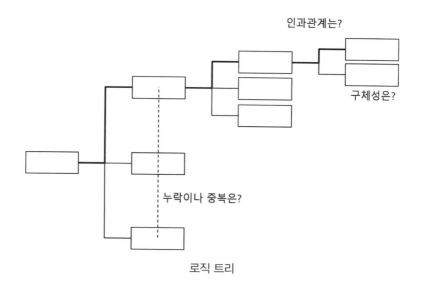

로직 트리

성과 지표와 측정 지표가 MECE적으로 완벽하게 구성되어 있다면 각 지표를 로직 트리(Logic Tree)로 표현할 수 있어야 한다. 맥킨지 컨설팅사에서 개념화하고 도구화해서 처음 사용한 로직 트리 기법은 표현이 간단하고 한눈에 파악할 수 있다는 장점이 있어 널리 사용되는 매우 유용한 기법이다. 로직 트리는 주요 과제의 원인이나 해결책을 MECE적 사고방식에 기초하여 논리적으로 분해하여 트리 모양으로 정리하는 방법으로, 중복이나 누락을 미연에 방지할 수 있고, 원인이나 해결책을 구체적으로 찾아낼 수 있으며, 각 내용 간의 인과 관계를 분명히 표현할 수 있는 장점이 있다. 하지만 안타깝게도 대부분의 사람들은 MECE 기법을 다 알고 있다고 말하지만, 아직까지 MECE 기법을 제대로 적용하는 조직이나 사람을 본 적은 없다.

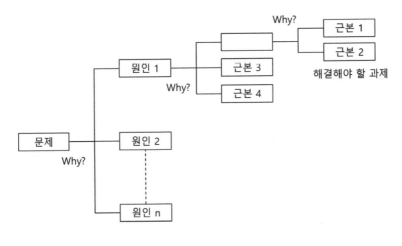

원인 찾기

로직 트리 기법을 사용하여 문제의 원인을 밝혀내기 위해서는 'Why?'를 계속 외쳐야 한다. 원인을 찾는 수준이 깊어야 문제를 해결할 수 있는 구체적인 행동이 나오기 때문이다.

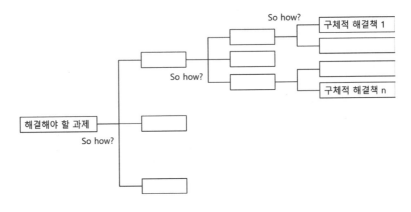

해결책의 구체화

그리고 원인을 뒤집으면 해결책이 되는데, 해결책을 구체화하기 위해서는 'So how?'를 반복해야 한다. 이렇게 해서 나온 각각의 해결책에 대한 우선순위 기준이 있어야 하며, 반드시 고객의 입장에서 생각해야 한다.

이제 MECE와 로직 트리를 활용하여 성과 지표와 측정 지표 간의 관계를 나타내야 한다. 비즈니스에 필요한 측정 지표(성과 지표를 포함한)의 개수는 많을수록 좋다. 그렇다고 성과 지표가 많으면 안 된다. 성과 지표는 보통 3개에서 5개 사이가 적당하다. 의욕을 앞세워서 성과 지표를 많이 운영하려는 곳이 있는데, 하나의 성과 지표에 수십 개의 측정 지표가 연결되기 때문에 너무 많은 성과 지표를 운영하게 되면 지표들 간의 연계가 너무 복잡해져 도리어 혼란만 가중시킬 뿐이다. 하나의 측정 지표는 다수의 성과 지표의 Child가 될 수 있고, 이때 각 성과 지표를 구성하는 측정 지표들의 가중치 조정이 필요할 경우 매우 복잡한 관계가 형성되어 관리하기 어려워진다. 그리고 성과 지표와 측정 지표의 관계를 대시보드를 통해 관리하는 것이 좋다. 복잡한 지표들 간의 관계뿐만 아니라 측정 지표의 데이터가 실시간으로 바뀌고 있는 상황에서 성과 지표를 위한 각 측정 지표의 가중치를 엑셀 스프레드시트나 수작업으로 관리할 수는 없기 때문이다. 또한, 모든 측정 지표는 앞에서 언급한 'SMARTER'의 기준에 부합해야 한다.

측정 지표 구성도

이렇게 성과 지표와 측정 지표 관계를 이해했다면, 이제는 많은 측정 지표 속에서 디지털 비즈니스 프로세스에 직접적인 영향을 미치는 성과 지표(성과 지표는 주요 성과 지표인 KPI임을 상기하라.)를 선정해야 한다. 성과 지표는 기업이나 조직이 주요 비즈니스 목표를 달성하는 방법을 효과적으로 보여주는 측정 지표 중 대표성을 띤 지표로, 성과 지표를 사용하여 목표 달성 여부를 평가한다. 성과 지표는 전사 차원에서 측정할 수 있고, 이를 위해 각 부서에서는 측정과 분석할 수 있는 측정 지표를 정의할 수 있어야 한다.

1.4 마켓메이븐 활동 결과물

방법론의 마지막 여섯 번째 단계는 'Change'다. 이 단계는 지금까지의 과정과 접근 방식에 비해 상당히 다르다. 디지털 비즈니스 프로세스 컨설팅 결과물을 적용하고, 운영하는 과정으로, 지속적인 변화가 발생하고 이에 따라 적극적이고 능동적으로 변화에 대응해야 하기 때문이다. 이를 위해 먼저 인간의 생각하는 방식에 대한 이해가 필요하다. 인간은 어떤 주제(Subject or Topic)를 대할 때, 의식적이든 무의식적이든 자신이 지금까지 살아온 경험에 비추어 그 주제에 의미를 부여하고, 지각한다. 지각한 순간 바로 무언가 하려는 의도를 갖게 된다. 디지털 비즈니스 프로세스 컨설팅도 예외는 아니다. 컨설팅 과정에서 컨설턴트는 컨설팅 주제에 집중하기 때문에 컨설팅 결과물을 활용하려는 컨설팅 대상인 의뢰인들에게 주의를 덜 기울이게 되고, 의뢰인들도 컨설턴트에게 의지하게 되면서 컨설팅 주제에 대해서는 소홀하게 된다. 이 과정에서 이루어지는 커뮤니케이션은 크게 2가지로 구분할 수 있다. 먼저, 엄마와 아기 사이에서 이루어지는 커뮤니케이션과 같이 대화가 필요 없이 주위의 정황(情況, Situation, 일의 사정과 상황)에 의해 이루어지는 커뮤니케이션이다. 아빠가 듣기에는 똑같은 아기의 울음소리 같지만, 항상 아기와 같이 있는 엄마는 아기가 원하는 것을 바로 알아차린다. 아기가 우는 정황에서 바로 맥락(Context)을 읽기 때문이다. 이런 일이 가능한 것은 아기와 항상 같이 있으면서 아기의 모든 것에 대해 관심을 갖고 많은(시행착오를 포함한) 훈련이 있었기에 가능하다. 아빠도 이런 커뮤니케이션을 할 수도 있겠지만, 결코 쉽지 않을 것이다. 두 번째 커뮤니케이션은 군대 신병에게 훈련을 시킬 때와 같이 모든 것을 상세하게 알려주는 방식이다. 저마다의 살아온 환경과 지식이 다른 신병들에게는 아주 구체적으로 상세하게 설명을 해야만 알아들을 수 있기 때문이다. 첫 번째 커뮤니케이션의 예를 들면, 나는 이발소에 가서 머리를 자를 때 "짧게 해주세요."라고 주문하면 이발사가 "예."라고 하면서 이발사 본인이 지각한 대로 머리를 다듬어준다. 두 번째 커뮤니케이션의 예는 독일이다. 독일에서는 "짧게 해주세요."라고 하면 "2mm로 할까요, 3mm로 할까요?"라고 되묻는다고 한다. '짧게'의 기준을 잡아주어야 하는 것이다. 얼마 전 TV 방송 『알쓸신잡』에서 독일에 관한 이야기가 언급됐었다. 한국에서는 보통 오랜만에 만나는 친구(아주 가깝지는 않지만, 그래도 많이 아는 친구)를 만나게 되면 "언제 밥 한번 먹자."라고 인사하며 헤어진다. 이때 '언제'를 굳이 정하지는 않는다. 같이 밥을 먹어도 되지만, 약속까지 하면서 먹을 필요는 없기 때문이다. 그냥 어색하지 않은 일종의 인사 말이다. 그런데 독일에서는 "언제 밥 한번 먹자."라고 하면, 상대방이 그 '언제'를 정하기 위해 질문을 하여 정확한 약속 날짜를 정한다고 한다.

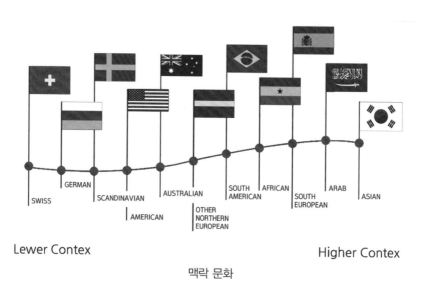

맥락 문화

전자의 문화를 고맥락 문화(High Context), 후자를 저맥락 문화(Low Context)라고 한다. 이런 분류에서 한국은 고맥락 문화, 독일은 저맥락 문화라고 할 수 있다. 여기서 맥락은 이벤트를 둘러싼 정보를 의미하며, 해당 이벤트의 궁극적인 의미와 관련 있다. 고맥락 문화에서는 의미를 전달하기 위해 관계의 친밀감, 엄격한 사회적 계층 구조 및 심층적인 문화 지식과 같은 요소를 사용하여 비언어적 의사소통에 크게 의존한다. 반면에 저맥락 문화에서는 단어 자체에 크게 의존하기 때문에 커뮤니케이션은 보다 직접적인 경향을 나타내어 상대방과의 관계는 빠르게 시작되고 끝나는 경향이 있으며, 계층구조는 좀 더 완화되어있다. 두 문화 중 어떤 문화도 다른 문화보다 더 나은 문화는 없기 때문에 커뮤니케이션 스타일은 단순히 우월보다는 차이를 나타낸다는 것에 유의해야 한다.

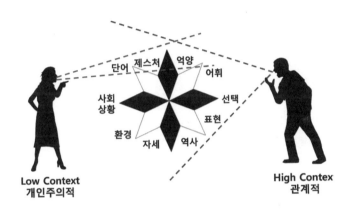

커뮤니케이션 방식

이런 문화의 차이에 대해서 문화적 커뮤니케이션 분야에서 세계적인 명성을 쌓고, 수많은 기업과 정부기관의 컨설턴트로 활약한 미국의 문화인류학자 에드워드 홀은 저서 『문화를 넘어서[33]』에서 고맥락 문화와 저맥락 문화로 구분하였고, "고맥락의 의사 소통은 간결하고 신속

---

33 에드워드 홀이 차례로 발표한 『침묵의 언어』(1959), 『숨겨진 차원』(1966), 『문화를 넘어서』(1976), 『생명의 춤』(1983)은 상호연관성을 지닌 연작으로, 문화에 관한 다층적이고 통합적인 논의를 전개하고 있다. 이 책은 한길사에서 발간된 에드워드 홀의 문화인류학 4부작 중 두 번째 저서로 『침묵의 언어』와 『숨겨진 차원』에서 논의된 내용을 깊이 있게 확장한 사례집이라고 할 수 있다.

하며 효율적이고 만족스럽지만, 프로그램화에 시간이 걸릴 수밖에 없다. 그 프로그램화가 제대로 되지 않으면 의사소통은 불완전하다. 고맥락의 소통 체계 속에서 자란 사람들은 대화자가 자신의 고민을 이미 알고 있어서 자신의 마음속에 있는 내용을 구체적으로 말하지 않아도 될 것이라고 기대한다. 따라서 발화자는 핵심을 빙빙 둘러 표현하며, 이 핵심 부분의 빈자리를 채워넣는 것은 대화자의 몫이 된다."라고 주장했다. 고맥락 문화와 저맥락 문화의 커뮤니케이션의 특징은 다음과 같다.

고맥락 문화의 특징

- 커뮤니케이션은 간접적이며, 과소 평가되는 경향이 있다.
- 대화 중 사람들은 질서 정연하고 직선적인 방식으로 차례로 이야기해야 한다.
- 불일치는 개인적으로 위험하기 때문에 작업을 계속 진행하려면 즉시 해결하거나 불일치로 인한 충돌을 피해야 한다.
- 구두 메시지는 간접적으로 여겨, 직접적으로 말하지 않고 에둘러 표현한다.
- 정확성이 중요하기 때문에 얼마나 잘 전달됐는지 파악하는 것이 필요하다.

저맥락 문화의 특징

■ 커뮤니케이션은 선형적이고 드라마틱하며, 정확하고 개방적인 경향
이 있다.

■ 단어는 매우 가치가 있기 때문에 거의 항상 사용된다.

■ 불일치는 개인적 의견이 아니기 때문에 즉시 해결할 필요가 없고,
해결책이 발견되면 이성적인 근거를 두는 경향이 있다.

■ 구두 메시지는 명확하고 직접적으로 단어가 문맥보다 더 가치 있다.

■ 속도가 중요하기 때문에 얼마나 효율적으로 무언가가 행해지는 것
이 중요하다.

정리해서 이야기하면, 고맥락 문화에서는 눈치와 직관 및 경험을
잘 살려 상대방 이야기의 속뜻을 잘 새겨서 적절하게 대처해야 하고,
저맥락 문화에서는 말이나 문자를 사용하여 솔직하고 직선적으로 정
확하게 의사표시를 해야 한다는 의미다.

고맥락 문화 사례(출처: yahoo)

고맥락 문화의 표본으로 꼽히는 일본에서는, 포털 사이트인 야후 재팬(Yahoo! JAPAN)이 2017년 올해의 유행어로 '손타쿠(そんたく, 忖度)'를 선정했다. 손타쿠는 '윗사람이 구체적으로 지시를 내리지는 않아도 아랫사람이 스스로 알아서 윗사람이 원하는 방향으로 행동한다'는 뜻이다. 일본 아베 총리와 부인 아키에 여사는 친구가 이사장으로 있는 가케 학원의 수의학부 신설 과정과 명예 교장을 맡았던 모리토모 학원의 국유지 헐값 매각 과정에서 각각 영향력을 행사했다는 의혹을 받고 있다. 이 과정에서 업무를 담당했던 공무원들이 아베 총리의 의사를 헤아려 '손타쿠'가 있었다는 의혹을 받고 있다. 모리토모 학원 이사장은 "국유지를 어떻게 헐값에 살 수 있었나?"라는 외신 기자의 질문에 "총리가 지시하지는 않아도 손타쿠가 있었을 것이다."라고 대답했고, 영어 통역사는 '손타쿠'를 '행간을 읽다(read between the lines).'라고 통역했다가, 바로 "영어에는 같은 뜻을 가진 단어가 없다."라고 하며 '손타쿠'라고 말하고 "상대방의 의중을 읽는 것"이라고 설명했다. 이 글을 쓰고 있는 2018년 3월 21일에도 TV에서 관련 뉴스가 보도되고 있다. 이 단어는 중국 고전인 『시경(詩經)』에 "다른 사람의 마음을 미리 헤아려서 안다(他人有心予忖度之)."에 나온다. 일본에서는 안 좋은 뜻으로 변질된 것 같다.

	저맥락 문화	고맥락 문화
국가	스위스, 미국, 독일, 영국, 노르웨이	한국, 이집트, 사우디, 프랑스, 이탈리아
사업 전망	경쟁적인	협력하는
직업 윤리	작업 지향적	관계 지향적
작업 스타일	개인주의적인	팀 지향적인
사원 욕구	개인의 성취	팀 성과
관계	많은, 루스, 단기적인	더 적은, 더 촘촘한, 장기적인
결정 과정	논리, 선형, 규칙 지향	직관적, 관계적
의사소통	비언어적 언어	언어에 비해 비언어적
계획적 시야	보다 명확하고, 서면으로, 형식적으로	보다 암묵적, 구두로, 비공식적으로
시간 감각	현재/미래 지향적	과거에 대한 깊은 존경
변경사항 보기	전통에 대한 변화	변화에 대한 전통
지식	명시적, 양심적	암묵적, 완전히 의식하지 않음
배움의 길	지식은 이전할 수 있다(수면 위)	지식은 상황적이다(수면 아래)

고맥락·저맥락 비교

이런 문화로 살펴보면 한국도 대표적인 고맥락 문화가 분명하다고 할 수 있다. 그러나 디지털 비즈니스 프로세스 컨설턴트는 저맥락 문화에 익숙하다. 디지털 비즈니스 프로세스 컨설팅 작업은 고맥락 문화 속에서 저맥락 문화 방식으로 진행되고 있기 때문이다. 이처럼 고맥락 문화와 저맥락 문화의 사람들이 협업을 할 때(컨설팅이 진행될 때) 정보 교환에 어려움이 발생한다. 이러한 문제는 디지털 비즈니스 프로세스 컨설팅 프로젝트의 방향, 범위, 품질 등에 관한 차이로 구분할 수 있는데, 고맥락 문화의 의뢰인들은 조직 내 모든 구성원과의 커뮤니케이션을 통해 모든 구성원에게 필요한 매우 구체적이고 광범위한 정보를 요구하는 반면, 저맥락 문화의 컨설턴트는 특정 소규모 그룹과의 커뮤니케이션으로 제한하고 필요한 정보만을 공유하기를 원하고, 단어 속에 숨겨진 뜻보다는 문자 그대로의 의미에 더 관심을 기울인다. 이런 상황

속에서 작성된 컨설팅 결과물들은 두 문화의 표현 방식이 섞여 있을 가능성이 매우 크다. 게다가 결과물을 이해하는 사람들도 고맥락이나 저맥락 중 하나의 문화에 속해 있기보다는 정황에 따라 두 문화를 오갈 것이다.

원시인의 경험으로 판단하는 현대인

이 문제를 해결하기 위해 제한된 디지털 비즈니스 프로세스 컨설팅 프로젝트 기간 내에 두 문화를 소개하고 이해시킬 시간과 방법은 현실적으로 없다. 그렇다면 이러한 문화적 차이를 극복할 수 있는 방법을 찾아야 한다. 나는 이 방법을 찾기 위해 디지털 비즈니스 영역을 벗어나 사람들의 심리에 대해 알 필요성을 느끼고, 2005년부터 2007년까지 해결 방향을 잡기 위해 그야말로 혼돈의 시간을 보내면서, 다양한 심리학 관련 서적을 읽던 중, 행동경제학 책을 자주 접하게 되었다. 그

중에서 반복적으로 등장하는 '대니엘 카네먼[34]'과 '리차드 테일러[35]'라는 대학자를 알게 되면서 행동경제학에 몰두하게 되었다. 그 결과 2008년부터 2014년까지 행동경제학과 진화심리학 관련 책을 집중적으로 읽으면서, 나름대로 쌓은 지식을 정리하기 위해 2015년 9월에 『원시인의 경험으로 판단하는 현대인』이라는 졸저를 출간하기도 했다. 나는 이런 활동을 통해 디지털 비즈니스 프로세스 컨설팅 결과가 컨설팅을 의뢰한 고객의 기대 수준과 차이가 발생하여 메인 비즈니스에 큰 도움을 주지 못하고 결국 또 하나의 IT 시스템 구축 컨설팅 프로젝트로 끝날 수밖에 없는 3가지 사실을 발견했다.

조직의 목표와 측정 지표

---

34 Daniel Kahneman. 사상 최초로 2002년 노벨경제학상을 수상한 천재 심리학자로, 고전 경제학의 프레임을 완전히 뒤집은 '행동경제학'의 창시자이며 대부이다. 심리학과 경제학의 경계를 허물고 인간을 사회 활동의 주체로 새롭게 정의한 독보적 지성인이다.

35 Richard Thaler. 행동경제학의 선구자이자 세계적인 베스트셀러 『넛지』의 저자로 제한적 합리성에 기반을 둔 경제학 분야인 행동경제학(Behavioral Economics)을 체계화시킨 것으로 유명하다. 2017년 노벨경제학상을 수상했다.

첫 번째는 컨설팅 결과의 반영과 지속적인 변화 관리를 위한 측정 지표의 운영에 대한 것이다. 디지털 비즈니스 프로세스 컨설팅은 컨설팅 산출물을 문서로 만드는 과정이 결코 아니다. 많은 경우 컨설팅의 종료를 컨설팅 산출물에 대한 검수 완료로 보는 시각이 많다. 이것은 대단히 잘못된 것이다. 컨설팅 산출물을 비즈니스에 적용하고, 제대로 원하는 목표를 향해 가고 있는지를 측정하고 평가하여, 목표를 얻을 수 있도록 끊임없이 조정해나갈 수 있는 여건을 컨설팅 대상 조직에 반영시킬 수 있어야 한다. 이를 위해 측정 지표를 활용하는 것이다. 나는 종종 "디지털 비즈니스 프로세스 컨설팅 프로젝트의 끝을 무엇으로 보아야 하느냐?"라는 질문에 "컨설팅 결과에 의해 비즈니스와 조직이 변화하는 모습을 측정할 수 있는 측정 지표가 만들어져 적용될 때."라고 대답하곤 한다. 그래서 디지털 비즈니스 프로세스 컨설팅 프로젝트의 최종 산출물을 의미 있는 '측정 지표'로 여긴다. 이를 위해 마켓메이븐이 꼭 필요하다. 마켓메이븐은 상대방이 정말 잘 되기를 진심으로 원하기 때문에 정말 잘 되고 있는지를 가늠할 수 있는 측정 지표를 반드시 만들고, 적용할 수 있도록 조언을 아끼지 않는다. 하지만 측정 지표를 만들고, 이를 적용하여 개선의 여지를 만드는 디지털 비즈니스 프로세스 컨설팅 프로젝트 수행 기록을 찾아보기는 쉽지 않다.

Needs · Wants · Demands의 차이

두 번째는 고객 니즈(Customer Needs)에 관한 것이다. 종종 'Needs(필요 또는 욕구)' · 'Wants(요구)' · 'Demands(수요)'를 구분하지 않고 사용하기도 하는데, 이들은 엄연히 다른 것이다. 'Needs'는 자기 충족 욕구, 심리적 욕구, 기본적 욕구에 의해 발생되고, 'Wants'는 이런 욕구에 문화적 요소나 개인 성향이 반영되고, 'Demands'는 실제로 실현 가능한 요소들에 의해 형성된다.

Needs · Demands · Wants · Supply의 관계

내가 강의할 때 관련 용어들을 쉽게 설명하기 위해 사용하는 문장
이 있다. 이 문장을 사용하면 많은 사람이 쉽게 이해한다는 느낌을 받
는다. 바로 "배가 고픈(Needs) 사람은 밥을 원하는데, 개인 성향에 따
라 음식의 종류(Wants)가 달라진다. 그리고 실제로 먹으려고 하는 음식
은 경제력(Demands)에 의해 정해진다. 또 원하는 음식을 제공하는 식
당(Supply)에 의해 영향을 받는다."라는 문장이다. 독자들도 각 용어의
정의와 용어들 간의 관계에 대해 이해했으리라 믿는다.

고객 Needs 수용 현황

용어 정의와 용어들 간의 관계가 이해되었다면, 다음에는 고객
Needs를 수용하는 방법에 대해서도 생각을 해야 한다. 대부분의 기업
이나 조직에서는 고객 Needs 충족을 위해 조직이 할 수 있는 범위 내
에서 경쟁사와 싸워 이기는 영역에 국한하려 한다. 고객 Needs가 충
족되지 못하는 광활한 미충족 영역(Unmet Needs)을 남겨두고 말이다.

디지털 비즈니스 프로세스 컨설턴트는 반드시 이 점을 유념해야 한다.

또 고객 Needs를 조사하고 분석하는 방식에 대해서도 주의를 기울여야 한다. 고객 Needs 조사는 매우 다양한 방식으로 진행되고 있는데, 그중에서 대표적으로 설문 조사와 식접적인 접촉을 통한 VOC(voice of Customer, 고객의 소리) 조사는 기본이고, 소셜 빅데이터를 활용하기도 한다. 부족할 경우에는 더욱 전문적이고, 과학적인 분석적 방법을 위해 전문가(?)를 동원하여 고객 Needs를 파악하려고 한다. 하지만 어떤 조사도 고객 Needs를 정확하게 조사하고 분석할 수는 없다. 그 이유는 아주 간단하다. 어떤 고객도 자기의 Needs를 명확하게 알지 못하고, 설령 일부 Needs를 알고 있다고 해도 그 Needs를 명확하게 설명하지 못하기 때문이다.

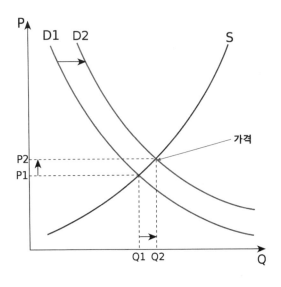

수요와 공급 곡선

특히 디지털 비즈니스 프로세스 컨설팅 프로젝트의 경우는 더 심해서 RFP(Request for Proposal, 제안 요청서)에 고객 Needs는 고사하고, Wants가 없는 경우도 있다. 따라서 고객 Needs를 조사하고 분석하는 것은 조사 방법론의 문제가 아니고, 고객이 Needs를 명확하게 하여 올바른 Wants를 정할 수 있도록 도와 '합리적' Demands를 만드는 과정이 선행되어야 한다. 여기서 '합리적'은 'rational'의 뜻을 가지고 있으며, 이 단어의 형용사 어미를 제거하면 'ratio'가 된다. 'ratio'는 '비율'을 뜻하고, 비율은 X축과 Y축의 관계로, 수요와 공급이 일치하는 것을 의미한다. 학창 시절에 배웠던 수요와 공급이 일치하는 점이 바로 가격(Price)이다. 디지털 비즈니스 프로세스 컨설팅 프로젝트는 유형적인 것보다 무형적인 요소가 많다 보니 이 합리적인 가격에 대해 크게 신경을 쓰지 않는다. 하지만 비즈니스에서 가격은, 그것도 수요와 공급이 만나는 합리적 가격은 정말 중요한 포인트가 아닌가? 이 점을 절대 간과해서는 안 된다.

세 번째는 변화 관리에 관한 것으로 임기응변 방식(event-driven)이 아닌 룰 기반(rule-based)의 '체계적 변화 관리'가 필요하다. 임기응변 방식은 예상하지 못한 위기 상황을 만났을 때 순간의 지혜나 경험을 통해 위기를 헤쳐나가는 것을 의미한다. 기업이나 조직에서 임기응변 능력이 뛰어난 사람은 각광을 받는다. 모든 것을 예측하기 힘들기 때문에 예기치 못한 상황에 닥쳤을 때 위기를 극복할 수 있는 임기응변 능력이 절실하게 요구되기 때문이다. 그러나 임기응변 능력은 일정한 규격을 갖춘 역량(Competency)이라기보다는 순간을 모면하는 비정형화된 기술로 표준화하여 전수하기 힘든 능력이다. 더구나 인간은 자신이 생각하는 것보다 무지하다[36]. 각 개인은 사기 자신이 합리적이라고 생가하지만, 그것은 환상에 불과하다. 이런 사실은 이미 행동경제학과 진화심리학 등을 통해 증명되었다. 인간의 결정은 대부분 이성적인 판단에 의한 것이라기보다는 감정이나 어림짐작(heuristic)으로 한다. 즉 인간은 호모 휴리스틱쿠스(Homo Heuristicus)[37]다. 이런 삶의 방식은 스스로 모든 것을 해결해야 하는 원시 시대에 맞는 방법이다. 그 시대에는 모든 것을 스스로 해결해야만 했기 때문이다. 그래서 경험과 노하우가 중요했다. 사실 인간은 스스로 생각하는 경우는 드물고, 각 개인이 아는 것은 매우 적다. 그럼에도 불구하고 안다고 착각한다. 지식의 착각 현상이 일어나 다른 사람의 지식도 자신의 것이라고 생각한다. 따라서 임기응변 해결책은 바람직한 것은 결코 아니다.

제대로 된 기업이나 조직에서는 위기의 순간에 임기응변 능력을 통해 해결한 후, 그 정황을 매뉴얼화 또는 백서로 만들어 모든 조직원에게 전파하여 향후 발생할 수 있는 유사 위험에 대처하도록 한다. 하지만 이러한 방식은 더 큰 위기를 불러올 수 있다. 준비되지 않은 상태에

---

36 『21세기를 위한 21가지 제언』, 유발 하라리, 김영사

37 『원시인의 경험으로 판단하는 현대인』, 권상국, 지식공감

서 발생한 위기 상황을 임기응변 능력으로만 해결할 수는 없기 때문이다. 임기응변 능력에 의한 해결은 시스템적이지 않고 개인의 역량에 의존하게 되어, 결국 원칙이 사라지고 편법이 늘게 되는 악순환을 초래한다. 따라서 적절한 측정 지표를 통해 임기응변 방식을 줄이고, 룰 기반 방식으로의 전환을 위해 시스템적으로 변화해야 한다. 즉, 올바른 프로세스가 적용되어야 한다.

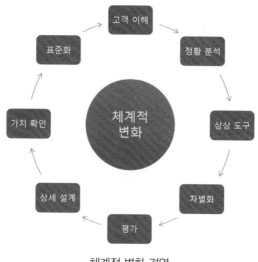

체계적 변화 경영

이렇게 측정 지표의 측정 데이터들에 의해서 비즈니스와 조직이 체계적 변화(Systematic Change)를 관리할 수 있는 상태가 디지털 비즈니스 프로세스 컨설팅 프로젝트의 종료 시점이다. 체계적 변화는 모두 8단계로 구성되어있다.

1단계 '고객 이해'
고객보다 고객을 더 많이 알아야 한다. 고객이 없으면 컨설턴트도 없다

이 단계는 고객 Needs·Wants·Demands뿐만 아니라 Supply 영역까지 이해하는 과정을 포함하고 있다. 고객은 수시로 변하기 때문에 고객에 대한 이해는 지속적으로 이루어지고, 그 결과가 반영되어야 한다.

고객 Needs 이해(출처: Medium, 일부 수정)

유명한 위의 그림은 1970년대에 처음 나와 프로젝트 카툰(Project Cartoon)으로 알려진 이 그림은 프로젝트 수행시 발생하는 문제점들을 표현한 것으로, 내가 신입사원 교육을 받을 때도 본 적이 있는 유명한 그림이다. 이 그림은 고객과 컨설턴트 모두의 문제를 잘 표현하고 있다.

독자들은 이 그림을 보고 고객이 원하는 것을 바로 알았을 것이다. 하지만 현실의 세계인 디지털 비즈니스 프로세스 컨설팅 프로젝트에서는 다음과 같은 일이 실제로 발생하고 있다.

① 고객이 원하는 것을 설명 할 때 항상 너무 많은 정보를 제공하고 과장한다.

② 프로젝트 책임자는 고객의 요구 사항을 수집하면서, 그것을 요약한다.

③ 프로젝트 팀원은 프로젝트 책임자의 요약 정보에 따라 수행한다.

④ 그 다음에는 프로그래머가 작성한다. 그러나 테스트 할 때는 하지 않는다.

⑤ 테스터가 개발팀에서 얻는 것은 끝 부분에 고리가 있는 밧줄 뿐이다.

⑥ 프로젝트를 수주하려는 영업 부서는 기능을 과장하는 경우가 많다.

⑦ 문서를 확인하려면 항상 찾을 수 있는 곳이 없다.

⑧ 운영 수준까지 개발은 어떻게든 진행되지만, 점점 이상함을 느끼기 시작한다.

⑨ 고객에게는 최고의 기능에 해당되는 비용이 청구된다.

⑩ 문제 발생시 해결하는 방법은 간단하고 '급진적'이다.

⑪ 마케팅 전략은 항상 최고급처럼 보인다.

⑫ 하지만, 고객이 진정으로 원하는 것은 단순한 타이어 그네일 뿐이다.

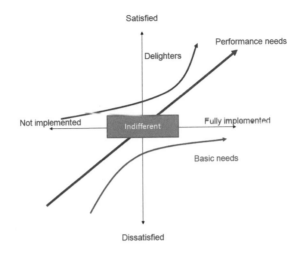

KANO Model (출처: Wikipedia)

실제 고객들은 Demands에 따라 제공된 상품이나 서비스에 대해 세세한 부분에 불만이 있어도, 전체적으로 만족하는 경우는 더 이상 불만을 나타내지 않는다. 이런 상황을 설명하기 위해 일본 도쿄대 카노 노리아키 교수는 제공된 상품이나 서비스의 품질에 대해 만족과 불만족에 해당하는 주관적 요소와 물리적 충족과 미충족이라는 객관적 요소를 고려하여 KANO 모델[38]을 만들어서 설명했다.

---

38 카노 노리아키가 1980년대 연구한 제품 개발에 관련된 상품 기획 이론으로, 상품을 기획할 때 각각의 구성 요소에 대해 소비자가 기대하는 것과 충족시키는 것 사이의 주관적 관계와 요구되는 사항의 만족, 불만족에 의한 객관적 관계를 설정하여 설명하고 있다.

KANO 모델

- 매력적인 품질요소(Delighters): 충족되는 경우 만족을 주지만 충족이 안 되더라도 크게 불만족이 없는 요소로 고객이 기대하지 않았거나 기대를 초과하는 경우 감동을 주지만, 고객이 모르거나 기대하지 않았기 때문에 충족이 되지 않아도 불만이 없다.
- 일차원적인 품질요소(Performance needs): 충족이 되면 만족하고 충족되지 않으면 불만을 나타낸다.
- 당연한 품질요소(Basic needs): 반드시 있어야만 만족한다.

KANO 모델을 잘 활용하기 위해서는 객관적 요소인 그래프 X축의 충족과 미충족 품질 요소에 대해 우선순위를 선정하는 과정이 필요하다. 디지털 비즈니스 컨설팅 프로젝트는 주어진 시간과 비용 범위 안에서 품질 수준을 정해야 하기 때문이다. 이때 유용한 것이 많이 사용되고 있는 AHP(Analytic Hierarchy Process)기법이다. 이 기법은 토마스 사애티 교수가 두뇌는 단계적 또는 위계적 분석과정을 활용한다는 사실에 착안하여 고안한 계산 모델로, 이것은 의사 결정의 전 과정을 다단계로 나눈 후 이를 단계별로 분석 해결함으로써 최종적인 의사 결정에 이르는 방법이다.

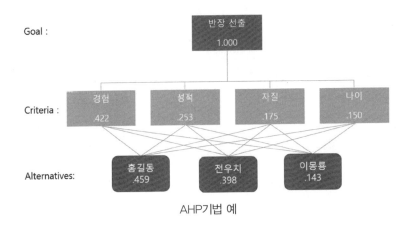

AHP기법 예

이 기법은 의사 결정의 전 과정을 여러 단계로 분리한 후 단계별로 분석하여 가중치를 부여함으로써 합리적인 의사 결정을 할 수 있게 하는 기법으로, 의사 결정 방법 중 가장 많이 사용되는 기법이다. 예를 들면 반장 선출을 위해서는 후보 자격 조건을 정해야 한다. 반장으로서 경험·성적·자질·나이 등의 필요조건을 선정하고, 각 조건의 가중치를 감안하여 우선순위를 부여하여, 각 조건에 해당하는 후보들의 데이터를 입력하면 된다. 이때 필요조건들의 우선순위를 비교할 때 경험·성적·자질·나이 등 4가지 조건을 동시에 비교하면 복잡하지만, 먼저 경험과 성적을 비교하고(경험 선택), 다음에는 경험과 자질을 비교하고(경험 선택), 마지막으로 경험과 나이를 비교하면 경험이 가장 가중치가 높은 것으로 선택된다. 이런 방식 때문에 쌍대 비교법이라고도 한다. AHP 기법은 전체 시스템을 구성하는 다양한 환경에 상호 영향을 미치는 부분들을 구조화하고, 각 부분이 전체 시스템에 미치는 영향을 측정하여 우선순위를 정할 수 있게 해준다. 눈치 빠른 독자라면 AHP 기법을 사용할 때 앞에서 언급했던 MECE와 로직 트리에 의해 분류하고, 'Why so?'와 'So what?' 관계를 활용해야 함을 기억할 것이다.

2단계 '정황 분석'
다양한 정황을 검증된 도구를 사용하여 분석하라

정황 분석을 할 때는 반드시 검증된 도구를 사용해야 한다. 아무리 좋은 도구라도 알려지지 않은 도구를 사용하게 되면 분석 결과에 대해 의문을 품게 되는 경우가 발생하게 되고, 분석 결과에 대해서도 선장거단(選長拒短, 선택을 할 때는 장점만 취하고, 거부할 때는 단점만 취함)하는 자세를 취하기 때문이다.

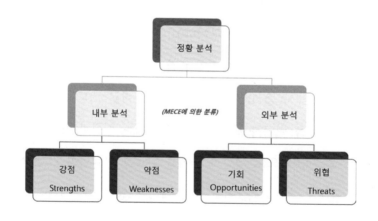

MECE에 의한 정황 분석 기준

기업이나 조직은 내부적으로 강점과 약점을 가지고 있고, 이들은 약간의 노력으로 변경될 수 있으며 통제할 수 있다. 반면에 외부적으로 존재하는 기회와 위협은 변경할 수 없으며 통제할 수 없다. MECE적으로 완벽한 이 분류 기준을 통해 정황 분석을 하는 것은 매우 유용하다. 정황 분석을 위해 많이 사용하는 도구로는 독자들도 잘 알고 있는 SWOT 분석이 있다. 너무나 유명한 도구이다 보니 오히려 신선도가 떨어져 SWOT 분석을 소홀히 하는 경우가 있는데, 내 경험으로는 SWOT 분석 보다 뛰어난 도구를 아직 발견하지 못했다. 내가 MBA 교육을 받을 때 약 20여 명의 교수들을 통해 강의를 들을 수 있었는데, 대부분의 교수가 이 방법을 활용하고 있었다. SWOT 분석 방법에 관한 내용은 인터넷상에서 다양한 포맷과 함께 쉽게 찾아볼 수 있기 때문에 여기에서는 설명하지 않겠다.

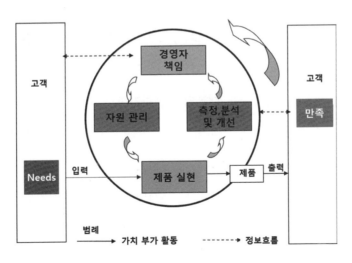

프로세스 모델(출처: ISO 9000, 일부 수정)

그리고 프로세스 모델링 작업이 필요하다. 이 작업을 통해 기업이나 조직의 정보시스템의 물리적 기능과 환경 및 상호작용하는 것을 밝힘으로써 문제를 해결하기 위한 해결책에 대한 합의를 이룰 수 있어, 비즈니스 지향적인 체계적 변화 관리를 할 수 있다. 이 작업은 이전에 보고되고 해결된 문제를 통해 기존 지식을 활용 있게 해주고, 문제를 재구성하여 기존과 완전히 다른 해결책을 마련할 수도 있다. 또한, 고객이 아직 인식하지 못했거나 해결할 수 없다고 생각하는 문제와 이야기하지 않은 문제도 발견해낼 수 있다. 프로세스 모델링을 하기 위한 가장 기본은 프로세스를 정의하는 것이고, 가장 잘 정의된 프로세스는 '문서화된 프로세스'다. 보통의 디지털 비즈니스 프로세스 정의서를 살펴보면 순서가 지정된 여러 단계가 시작부터 끝까지 표현되어 있다. 보기에는 그럴듯하다. 그러나 대부분 프로세스를 나타낸 것이 아니라 특정 사건(events)을 문서화한 것이 많다. 물론 특정 사건을 문서화할 필요도 있겠지만, 프로세스는 일회용이 아니고 반복적으로 수행되어야 할 프로시져(Procedure)들의 집합이다. 기업이 존재하는 한 프로세스는 수를 헤아릴 수 없을 만큼 반복되어야 하기 때문이다. 디지털 비즈니스 프로세스가 일관성 있게 유지되고 예측 가능하여 일관된 결과를 얻기 위해서는 문서화(특히 그래픽으로 표현)해야 한다. 이를 통해 직원을 교육할 수 있다. 텍스트로만 되어 있는 문서의 가독성이 떨어지는 것은 당연하다. 그래야만 프로세스를 수행하거나 감독하는 사람이 언제, 어디서 참여하든 품질과 일관성을 유지할 수 있다. 이렇게 잘 정의된 '문서화된 프로세스'를 도와주는 모델링 도구로 많은 BPM(Business Process Management) 솔루션들이 있다.

3단계 '상상 도구 활용'
상상을 하기 위해서는 코끼리 뼈가 필요하다

무언가를 '상상하다'라고 할 때 상상의 사전적 의미는 "이미 알고 있는 사실이나 관념을 재료로 하여 새로운 사실과 관념을 만드는 작용"이다. 상상은 한자로 표기할 때 '생각할 상(想)' 자와 '형상 상(像)' 자를 쓴다. 과거에는 像 자 대신에 코끼리 상(象) 자를 썼다고 한다[39].

코끼리 상(출처: 서울시립대 중국어문화학과)

고대 중국에는 기후가 따뜻해서 코끼리가 많이 살았는데, 기후와 서식지 등의 변화로 인해 코끼리들이 덥고 습한 남쪽으로 이동하여 더

---

39 '미루어 생각하다.'라는 뜻의 상상(想像)은 원래 '想象'으로 썼으니, 즉 코끼리를 생각한다는 뜻이었다. '모습'이나 '닮다'라는 뜻을 가진 '像'은 이후 코끼리 '象'에서 파생되어 나온 글자인데, 아직도 그 둘은 혼용되어 사용된다. (출처: 서울시립대학교 중국어문화학과 위키백과)

이상 중국에서는 코끼리를 볼 수가 없어, 코끼리에 관해 이야기할 때 코끼리 뼈를 보고 코끼리 모습을 생각했다고 한다. 이처럼 상상이라는 것은 아무것도 없는 상태에서 하는 것이 아니라, 코끼리 뼈(최소한의 사실이나 관념)를 가지고 하는 것이다. 그런데 코끼리를 보지 못한 상태에서 코끼리 뼈만 보고 코끼리 모습을 상상하니 저마다의 다양한 모습들이 나왔을 것이다[40]. 맹인무상(盲人無象)이라는 말도 있다. '장님 코끼리 만지기'라는 뜻이다. 그렇기 때문에 상상을 할 때는 이러한 혼란을 방지할 수 있는 장치가 필요하다. 즉 코끼리 뼈와 함께 올바르게 상상할 수 있는 도구가 필요한 것이다.

도구의 종류는 매우 다양한데, 이 중에서 실제 비즈니스에서 많이 활용되고 있는 것을 몇 가지 소개할까 한다.

상상 도구 1. 브레인스토밍(Brain storming)

이 글을 읽고 있는 거의 모든 사람이 알고 있는 방식이다. 창의적인 사고를 하고 특정한 문제 처리를 위해 복합적인 아이디어를 도출하기 위한 기법으로, 미국 광고회사 BBDO의 부사장 알렉스 오스본이 항상 부정적인 회의에 실망하여 1939년에 만들었다. 이 기법의 전제는 어떤 비판이나 부정적인 생각을 허용하지 않는 것이 핵심으로, 일상적인 사고 기법이 아니라 자유롭게 생각하도록 격려함으로써 다양하고 우수

---

40 『한비자』「해로」편. 세상 사람들은 살아있는 코끼리를 볼 기회가 좀처럼 없으므로, 죽은 코끼리의 뼈를 보고 코끼리 그림을 생각해내고, 살아있는 코끼리를 상상한다. 그리하여 사람들은 제 마음속에 그려진 코끼리를 진짜 코끼리라고 믿고 있는 것이다.

한 아이디어를 짧은 시간에 도출할 수 있지만, 현실적으로 위계질서가 있는 곳에서 잘 지켜지지 않는다.

상상 도구 2. 브레인 라이팅(Brain writing)

브레인스토밍과 같은 규칙인데 말 대신 글로 기록하여 아이디어를 제출하는 방식으로, 독일 프랑크푸르트 바텔연구소 과학자들이 만들었다. 이 기법은 아이디어 도출에 수동적인 입장을 보이는 경우 매우 유용하다. 방법은 소규모(5, 6명 정도) 그룹으로 나누어 약 5분 정도 자기 생각을 적어 옆으로 전달하면서 아이디어를 변형해나가면서 새로운 아이디어를 도출하는 방식이다. 나는 브레인스토밍보다 이 기법을 많이 사용한다.

상상 도구 3. 만달아트(Mandal-Art)

머릿속의 생각들은 일직선이 아니라 사방팔방으로 퍼져나간다는 논리를 응용하여 일본 디자이너 아마이즈미 히로아키가 개발한 Mnadal-Art 기법은 Mandal+la+art가 결합한 용어로 Mandal+la는 '목적을 달성한다'는 뜻이고, Mandal+la+Art는 '목적 달성 기술'이라는 뜻이다. 만달아트는 9개의 정사각형이 모여 구성되는데, 먼저 중앙의 정사각형 안에 목표를 적고 주위의 8개 정사각형 안에 그 목표 달성을 위해 필요한 것을 의무적으로 적는다. 의무적으로 적을 때 창의적인 생각이 나올 수 있다. 의무적으로 적은 8개를 또 다른 만달아트의 중앙에 놓고 다시 그 하위 8개를 채워나가는 것이다. SWOT 분석을 위한 강·약점 및 기회·위협을 분석 후 분석 결과인 각 요소에 대해 3×3 Matrix로 아이디어를 재도출하는 데 활용할 수도 있다.

오타니 쇼헤이가 하나마키히가시고교 1학년때 세운 목표 달성표

몸 관리	영양제 먹기	FSQ 90kg	인스텝 개선	몸통강화	축을 흔들리지 않기	각도를 만든다	공을 위에서 던진다	손목강화
유연성	몸 만들기	RSQ 130kg	릴리즈 포인트 안정	제구	불안정함을 없애기	힘 모으기	구위	하체 주도로
스태미너	가동역	식사 저녁7수저 (가득) 아침 3수저	하체강화	몸을 열지않기	멘탈 컨트롤 하기	볼을 앞에서 릴리즈	회전수 업	가동역
뚜렷한 목표,목적을 가진다	일희일비 하지않기	머리는 차갑게 심장은 뜨겁게	몸 만들기	제구	구위	축을 돌리기	하체강화	체중증가
핀치에 강하게	멘탈	분위기에 휩쓸리지 않기	멘탈	8구단 드래프트 1순위	스피드 160km/h	몸통강화	스피드 160km/h	어깨주위 강화
마음의 파도를 만들지말기	승리에 대한 집념	동료를 배려하는 마음	인간성	운	변화구	가동역	라이너 캐치볼	피칭을 늘리기
감성	사랑받는 사람	계획성	인사하기	쓰레기 줍기	부실 청소	카운트볼 늘리기	포크볼 완성	슬라이더의 구위
배려	인간성	감사	물건을 소중히 쓰자	운	심판분을 대하는 태도	늦게 낙차가 있는 커브	변화구	좌타자 결정구
예의	신뢰받는 사람	지속력	플러스 사고	응원받는 사람이 되자	책읽기	직구와 같은 폼으로 던지기	스트라이크에서 볼을 던지는 제구	거리를 이미지한다

(주) FSQ, RSQ는 근육 트레이닝용 머신 (출처) 스포츠닛폰

오타니 쇼헤이[41]가 고1 때 세운 목표 달성도

---

41 2015년 '프리미어12' 준결승전에서 한국 타자에게 위력을 보여주었던 일본 투수 오타니 쇼헤이는 초등학생 때 구속이 110km, 고등학생 때 160km 이상을 던졌다. 현재 미국 메이저리그 LA 에인절스 소속이다.

상상 도구 4. 마인드 맵핑(Mind Mapping)

특정 주제에 관한 여러 가지 생각을 그림으로 연계하여 아이디어를 도출하는 기법으로 1983년 토니 부잔이 개발했다. 이 기법은 커다란 전지나 화이트보드를 사용하여 주제를 중앙에 이미지로 표시하고, 큰 가지 또는 하위 가지들은 상위 항목과 연관되는 키워드를 포함하여 표시한다. 이때 키워드는 읽기 쉬워야 하고 추후 지속적인 가지들의 확장에 연결될 수 있어야 한다.

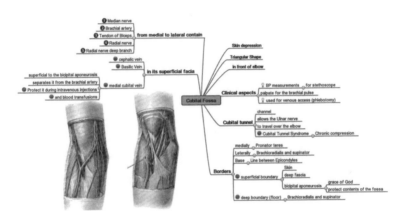

마인드 매핑 예(출처: Wikipedia)

상상 도구 5. ASIT

스스로 주어와 목적어를 명확하게 만든 '문장'을 놓고 주어 대신에 주변 사물들을 대입하면서 '어떻게 실행에 옮길 수 있을까?', '어떻게 하면 이것을 가능하도록 만들 수 있을까?'라고 사고하는 과정에서 독특한 아이디어를 도출하는 기법으로, 트리즈(TRIZ, 창의적 문제 해결 방법론)의 40가지 원리 중 가장 많이 활용되는 것을 다섯 가지로 정리해서 누구나 쉽게 최적의 문제 해결책을 찾을 수 있도록 이스라엘의 로니 호로위츠 연구팀이 만들었다. 다섯 가지 원리는 용도 변경·복제·분할·제거·대칭 파괴를 말한다. 이때 만들어지는 '문장'은 종종 엉뚱할 때가 있는데, 이 '문장'이 고정관념의 벽을 넘을 수 있게 한다.

상상 도구 6. SCAMPER

브레인스토밍 기법을 만든 오스본이 기존 아이디어에 대한 변화를 주기 위해 특정 주제에 대해 이미 알고 있는 아이디어를 카드에 적고, 이 카드를 하나씩 꺼내면서 체크 리스트(SCAMPER: Substitute, Combine, Adapt, Modify, Put to other uses, Eliminate, Rearrange)를 활용하여 대안 또는 파생되는 아이디어를 도출하는 기법으로 'Osborn's Check List'라고도 한다. 나는 개인적으로 이 방법을 가장 선호하는데, 실제로 내 책상 위에는 SCAMPER라는 글자가 적혀있다.

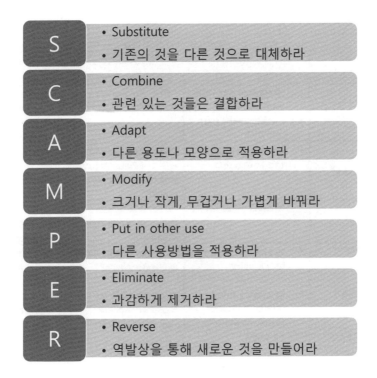

SCAMPER 모델

　　SCAMPER 기법은 새로운 비즈니스 모델을 설계하거나 신제품 또는
신규 서비스를 개발할 때, 그리고 기존 제품 또는 서비스에 새로운 기
능을 추가하려고 할 때 사용하기에 매우 유용하다. SCMAPER는 7가
지 영역에 대해 적절한 질문을 함으로써 새로운 아이디어를 도출한다.

Techniques		Meaning	Examples of idea-spurring questions	Sample questions for story-writing/creative reading of a story
S	"Substitute"	• to replace one thing with another • to change the parts	*"What can you use instead?"*	*"How would the story develop if the main character was replaced by another one?"*
C	"Combine"	• to add/put more things together	*"How can you combine different things or parts to make something more useful?"*	*"What would the new story be like if we put together characters from different stories?"*
A	"Adapt"	• to meet other needs	*"What will happen if the item is used in a different situation?"*	*"What would the story be like if the character had a different intention?"*
M	"Modify"	• to change the look/quality	*"Can you change the item to another shape?"*	*"What would happen if the prince was not handsome?"*
	"Magnify"	• to make a thing bigger, heavier, faster, or more frequent	*"Can you make the item bigger or stronger?"*	*"What would happen if the character was turned into a giant?"*
	"Minify"	• to make a thing smaller, lighter, slower, less frequent	*"Can you make the item smaller or less frequent?"*	*"What would happen if the character was turned into a small insect?"*
P	"Put to Other Uses"	• to use a thing in other ways	*"How can you use the item in a new way?"*	*"What would happen if the character used his magical power differently?"*
E	"Eliminate"	• to take away a characteristic, part or whole	*"What can be omitted or removed to make the item more environmentally friendly or convenient to use?"*	*"What would happen if one of the characters was removed from the story?"*
R	"Reverse"	• to turn a thing around • to change to the opposite	*"Can you do the opposite?"*	*"What would happen if the baddie of the story became a good guy?"*
	"Rearrange"	• to change the order	*"Can you change the order of items?"*	*"What would happen if the order of events in the story was changed?"*

SCAMPER 사용 예(출처: SCAMPER, Eberle, B., 1971)

이 기법을 잘 활용하기 위해서는 먼저 해결하려는 문제나 개발하려는 아이디어를 명확하게 정의할 수 있어야 한다. 그다음에 7가지 질문을 통해 아이디어를 도출하고, 도출된 아이디어의 분석을 통해 실행 가능한 것을 찾으면 된다. SCAMPER 사용 예는 인터넷에서 얼마든지 찾을 수 있다.

4단계 '차별화'
아이디어(개념) 형성한다는 것은 경쟁사와 차별화하는 것이다

경쟁사 또는 경쟁 제품과 비교에서 우위를 점하기 위해서는 무언가 자사만의 특이점이 존재해야 한다. 기존의 특이점을 강화하거나 새로운 특이점을 추가하는 것을 'Generate concept'이라고 한다. 국내에서는 'concept'를 '개념'으로 해석한다. 교육학용어사전에 따르면 개념을 '사고나 판단의 결과로서 형성된 여러 생각의 공통된 요소를 추상화하여 종합한 보편적인 관념'이라고 정의하고 있다. 이 때문에 개념을 형성할 때 형이상학적인 표현과 실천하기 모호한 실행 계획이 수립되곤 한다. 하지만 철학사전에 따르면 '인간은 개념을 사용해 사물과 그 과정의 본질적 특징들을 포착하며, 일반적인 사물에 대해 생각할 수 있게 되고, 나아가 법칙 또한 발견할 수 있다'고 한다. 3단계에서 다양한 도구를 사용하여 창출한 아이디어가 곧 개념이다. 3단계에서 창출된 아이디어가 형이상학적인 개념으로만 존재하는 것이 아니고, 경쟁사 또는 경쟁 제품과 '차별화'할 수 있는 요소로써 작용해야 한다. '차별화'는 특정 제품이 경쟁사 제품으로부터 구별되는 중요한 근거를 갖는 것으로 고객의 선호에 알맞고, 시장 점유율의 확보나 확대를 꾀하는 정책을 의미한다.

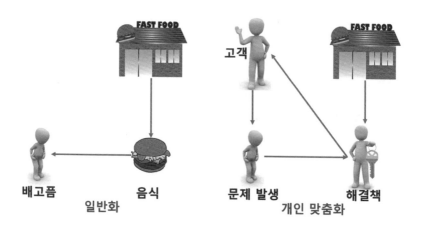

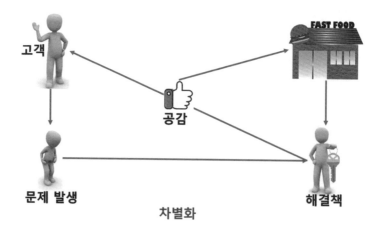

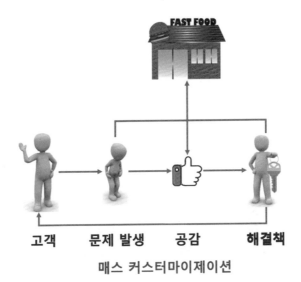

매스 커스터마이제이션

차별화 전략

　'체계적 변화'를 위한 8단계의 작업 중 4단계인 '차별화'가 가장 핵심적인 단계다. 이전의 3단계는 '차별화'를 위한 준비 단계이고, 이후의 4단계는 '차별화'를 검증하는 단계다.

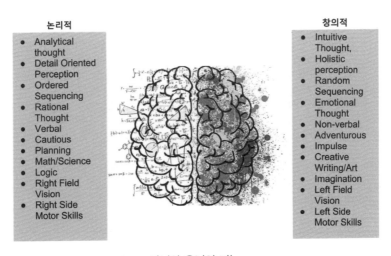

좌뇌와 우뇌의 기능

따라서 아이디어를 형성할 때 논리적이면서 과학적 활동을 담당하는 좌뇌와 창조적이고 심리적인 활동을 담당하는 우뇌를 총동원한 전뇌적 사고를 해야 한다. 하지만 훈련이 안 되어있으면 쉬운 작업이 아니기 때문에 3단계에서 소개했던 도구들을 활용하는 것이다.

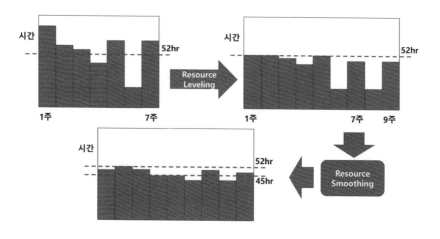

리소스 레벨링과 리소스 스무딩

기업이나 조직에서 이 단계 작업 중 많이 실수하는 부분이 있다. 리소스 레벨링(Resource Leveling) 또는 리소스 스무딩(Resource Smoothing)[42]을 '차별화'와 혼동해서 사용할 때다. 리소스 레벨링은 프로젝트 수행 시 가용한 자원을 최적화하기 위해 리소스를 평준화하는 것이고, 리소스 스무딩은 이렇게 평준화한 자원 범위 내에서 특정 자원을 초과하지 않는 것이다.

---

42 리소스 스무딩 기술은 PMBOK: Guide Fifth Edition의 새로운 항목이다.

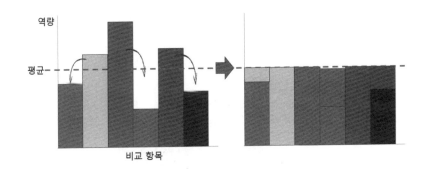

잘못된 차별화

그런데 '차별화'를 위해 경쟁사와 시장 현황을 조사하고, 평균값을 비교하게 된다. 이때 경쟁사나 시장의 평균값보다 낮은 항목을 끌어 올리기 위해 자사의 경쟁 항목, 즉 차별화 항목에 투입된 자원을 리소스 레벨링 개념에 맞춰 감소하거나 제거한다. 이렇게 되면 차별화 항목이 없어져 경쟁력을 잃게 되는 것이다. 차별화 항목은 더욱 강화하여 최고의 경쟁력으로 확대해야 한다. 이것이 '차별화'의 핵심이다.

5단계 '평가'
평가를 통해 최고의 개념을 선택하라

도출된 개념들을 종합하여 평가를 통해 최고의 개념을 선택해야 한다. 개념 평가를 통한 의사 결정은 프로세스 설계 및 변경에 중요하며 본질적인 것이다. 종종 개념 평가 없는 빠른 의사 결정은 도출된 모든 대안에 대해 처음부터 다시 살펴보게 되는 경우가 있다. 개념 평가 방법은 다트를 던지는 것과 같이 직관에 의한 것부터 다수결의 원칙, 그

리고 수준과 리스크를 감안한 수학적 원리를 계산하는 방법 등 다양
한 것이 있다.

Description		Standard Ratcheting Screwdriver	Back Trigger	Hand/Electric Power	Bit Magazine	Front Trigger	T-Handle
Sketch							
Criteria	Weight	Datum	Design 1	Design 2	Design 3	Design 4	Design 5
Durable	2	0	-	-	-	-	-
Portable	1	0	0	0	+	0	0
Affordable	2	0	-	--	0	-	-
Aesthetics	1	0	+	+	+	+	+
Easy to Use	3	0	+	++	+	++	++
+		0	4	7	5	7	7
0		9	1	1	2	1	1
-		0	4	6	2	4	4
Net Score		0	0	1	3	3	3

Pugh Chart 사용 예(출처: https://wiki.ece.cmu.edu/)

여러 방법 중 실제 현장에서 가장 많이 쓰이는 방법은 이름은 생
소하지만, 여러분도 많이 사용해봤던 것으로 'Pugh Chart' 또는
'Pugh concept Evaluation'이라고 불리는 방법이다. 이 방법이 많이
쓰이는 이유는 여러 개념(또는 대안)을 평가하기 위한 객관적인 기준의
다양하고 포괄적인 데이터 리스트를 나열하여 비교할 수 있기 때문이
며, 그 결과를 한눈에 바로 확인할 수 있다는 장점이 있다. 또 Pugh
Chart는 미리 설정된 기준을 통해 개념들을 비교하여 유용한 해결책
을 마련하기도 하지만 다른 개념들을 혼합하거나 변형된 형태의 최적
한 개념을 선택할 수도 있다. 이 사례 또한 인터넷상에 다양한 사례가

있고, 사용법 설명 내용까지 유튜브에 있으니 사용법에 대해서는 생략하겠다.

6단계 '상세 설계'
프로세스 구성 요소를 정의하고, 수행 역할과 책임을 명확하게 하라

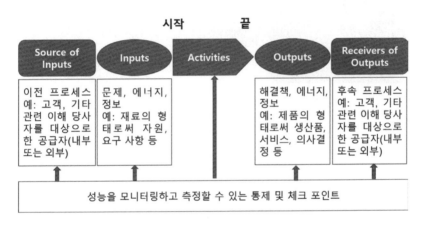

프로세스 구성

프로세스는 입력(Inputs)을 사용하여 의도한 결과(Outputs)를 제공하는 상호 연관된 또는 상호작용하는 활동의 집합이고, 이 활동들이 프로세스로 관리될 때 일관되고 예측 가능한 결과가 달성된다. 이렇게 의도한 결과를 달성하기 위해서는 프로세스와 상호작용하는 주위 구성 요소들의 명확한 정의와 관리가 필요하다.

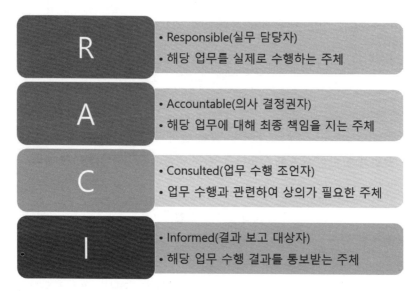

RACI 차트

신규 프로세스와 재설계된 프로세스의 성공 여부는 전적으로 RACI 차트[43]의 작성 및 운영에 달려있다. 많은 프로세스 설계 작업에서 각 공정과 관련있는 절차들(Procedures)의 흐름(flow)을 구성하는 것에는 관심을 갖고, 잘 진행하고 있는 편이지만, 구성되는 프로세스상의 관련된 팀이나 개인 간 업무에 대한 역할과 책임 및 권한을 명확하게 설정하고 문서화하는 곳은 많지 않다. 프로세스는 누가, 어떤 일을 왜 하는지를 명확하게 규정함으로써, 각 해당 프로세스 관련 조직원들 간의 유기적 협력체계를 구축할 수 있어 효과적이고 효율적인 업무 수행을 가능하게 한다.

---

43 RACI Chart. Responsible, Accountable, Consulted, Informed의 앞 글자를 딴 것으로 업무 프로세스상의 역할, 책임, 권한 등을 명시한 표다

작성 원칙
1. 한 업무에 대해 R과 A는 반드시 존재해야 한다
2. 한 업무에 대해 A는 한 주체에게만 할당할 수 있다
3. 한 업무에 대해 C와 I가 반드시 존재할 필요는 없다
4. R/A와 C/I는 한 주체에게 동시에 할당될 수 있다

	수행 주체 1	수행 주체 2	---	수행 주체 n	원칙
업무 A	A	C	I	-	1 위배 : R 부재
업무 B	A	R	A	I	2 위배 : A 중복
업무 C	R	A	-	-	3 예시
업무 D	R/A	-	C/I	-	4 예시

사용 사례

RACI 차트의 장점은 간단함에 있다. 단순하게 왼쪽에 업무 목록과 맨 윗줄에 주요 관계자(이름 또는 역할)를 표시하고, 둘이 만나는 교차점에 역할(R·A·C·I)을 지정하면 된다. 매우 단순하기 때문에 작성하기 쉽다. 이때 반드시 역할과 책임에 대해 관련 당사자들과 논의와 합의가 필요하다. 단순한 방식이지만 명확성과 효율성 측면에서 큰 장점이 있다. 주의할 점으로 역할 할당에 대한 유일하고 엄격한 규칙은 각 작업에 하나의 책임 있는 역할만을 할당해야 한다는 것이다. 이를 통해 각 업무에 대해 누구에게 책임이 있는지에 대한 토론의 의견 차이(대부분 프로세스 혼란의 근원)를 밝히고 선명도를 향상시킬 수 있다. RACI 차트에서 C(consulted)는 까다로운 역할로 업무를 성공적으로 수행하는 데 필요한 중요한 지식, 경험 또는 정보를 갖고 있음을 의미하지만, 실제로 작업을 수행하지는 않는다. 책임과 협의를 명확하게 구분해야 한다.

객관식 문항		
20 **Qustion** 정보보호의 중요성이 강조되면서 CISO가 법규에 명시되는 등 정보보호 패러다임 변화에 따른 최고경영층의 역할 및 책임 정의 그리고 합당한 권한 부여의 필요성이 있습니다. 이를 위해 RACI 차트를 통해 금융보안 거버넌스 핵심 플레이어들의 역할 및 책임을 정의 합니다. 다음 중 RACI 차트와 관련 없는 것은 무엇입니까?		
1) 수행 책임(Responsible) 2) 변화 관리(Chageable) 3) 수행결과를 보고(Informed) 4) 최종 책임(Accountable)	**정 답**	
해 설 업무별로 누가 실제 수행 책임(Responsible)을 지는지, 누가 해당 업무에 대해 최종 책임(Accountable)을 지는지, 업무수행과 관련하여 협업·협의(Consulted)가 필요한 주체는 누구인지, 그리고 해당 업무 수행결과를 보고(Informed)받는 주체는 누구인지를 명확히 해야 합니다.		

2015년 금융보안원에서 추진한 '금융정보보호 거버넌스'의 확산을 위해 2016년부터 모든 금융권 임원들을 대상으로 교육을 실시했다. 이때 나에게 교육자료 작성 요청이 와서 교육자료와 함께, 교육 후 실시되는 시험을 위한 문제 출제를 했었다. 위 그림은 그 당시 RACI에 대한 이해도를 묻는 시험 문제다. 여러분도 풀어보기 바란다. RACI 차트는 단순하지만, 커뮤니케이션 도구로써 역할과 책임을 명확하게 하기 위한 수행 주체들 간의 토론을 통해 오해나 몰랐던 부분에 대해 서로 이해할 수 있어 프로세스 구축과 운영을 가능하게 해준다. 또 업무 수행 결과에 대한 평가의 기준으로 활용할 수 있고, 수행 주체는 평가 결과를 수용하는 자료로 활용할 수 있다. 그리고 책임과 권한을 프로세스 구성원들에게 권한 이양을 실현함으로써 실질적인 의사 결정 단계를 축소하는 효과를 가져온다.

7단계 '가치 합의'
성과 평가를 위한 주요 성과 지표와 측정 지표를 선정하라

성과는 경쟁사와의 비교 우위가 아니라 설계된 프로세스의 출력
(Outputs)으로 의도한 결과를 나타내는 것이기 때문에 합리적(수요와 공
급이 일치하는 지점)으로 정한 목표가 기준이 된다. 성과의 관점도 특정
부분의 목표 달성을 위한 단순한 결과 취합이 아니라 관련 부문 간의
유기적 통합 관점으로 보아야 하기 때문에 목표 달성 과정 및 여부를
확인할 수 있는 측정 지표(Indicators)를 운영하여야 한다.

목표 달성 과정과 여부를 위한 측정 지표 운영

측정 지표는 성과 지표 결과값을 보증하는 지표들로 구성(Parent-

Child 관계)되어야 하고, 지표들 간의 관계와 데이터 측정 방법 및 결과에 대해 이해 당사자들 간의 합의가 반드시 필요하며 문서화되어 있어야 한다. 또 하나 주의할 점은 기업이나 조직은 모두 비용을 사용하여 수익 또는 공공의 이익을 내기 위한 활동을 한다는 점이다. 수익에서 비용을 뺀 이익의 크기를 크게 하는 것을 최우선 목표로 하기 때문에 성과 지표로써 비용·수익·이익 관련한 항목을 주요 성과 지표로 선정하고, 각 항목에 관련된 많은 측정 지표를 만들어 해당 부서나 개인에게 배포하여 운영한다. 그런데 이런 방식에는 많은 문제가 있다. 이익은 비용과 수익이 정해지면 결정되기 때문에 이익이 목표가 될 수 없다. 그럼에도 오히려 이익을 목표로 잡고 성과 지표와 측정 지표를 운영하기 때문에 문제가 생긴다.

이익 목표가 정해진 경우
1. 비용과 수익을 동시에 증가시켜 이익 목표를 달성하는 경우
2. 비용과 수익을 동시에 감소시켜 이익 목표를 달성하는 경우
3. 비용과 수익의 조정을 통해 이익 목표를 달성하는 경우

이상 3가지에 해당하는 관련 부서나 개인은 전사적인 차원이 아니라 특정 부서나 개인적인 차원의 이익 목표 달성을 위한 측정 지표를 만들게 되고, 이를 관리해야 할 부서에서는 이러한 측정 지표 데이터를 취합하여 운영하게 된다. 이렇게 구성된 측정 지표들은 저마다의 속성들이 다를 수밖에 없기 때문에 측정하는 방법도 다르다. 결국, 측

정 데이터를 신뢰할 수 없게 된다. 마치 펜로즈 삼각형을 보고 있는 것과 같은 일이 발생한다. 따라서 측정 지표를 구성하기 전에 올바른 성과 지표, 즉 주요 성과 지표(KPI)를 선정해야 한다. 주요 성과 지표는 전사적인 차원의 목표 달성에 중요한 요소의 목표 달성도를 나타내는 지표이기 때문에 운영적 요소의 목표 달성도에 해당하는 지표들은 과감하게 제거해야 한다. 즉 전사적 차원의 목표 달성에 핵심적인 요소들로 한정해야 하고, 반드시 정량화할 수 있어야 한다.

또 하나 중요한 점으로 주요 성과 지표는 높은 수준의 성과 지표이기 때문에 목표 달성도를 확인할 수 있는 로직 트리형식으로 구성하는 것이 좋다.

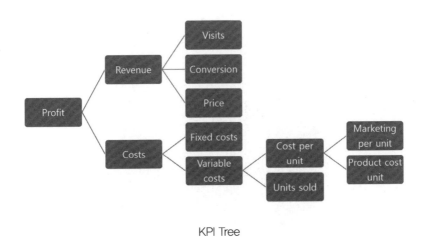

KPI Tree

이렇게 KPI Tree를 작성하면 목표를 달성하기 위한 주요 성과 지표 구성을 쉽게 할 수 있고, 한눈에 파악할 수 있는 장점도 있다. 구성 방법은 앞에서 언급했던 MECE와 로직 트리 기법을 활용하면 된다. 주요 성과 지표는 특정 대상 및 그 대상과 관련된 목표를 다루어야 하고, 관리 수준을 염두에 두고 작성해야 한다. 주요 성과 지표는 상세한 보고서가 아니기 때문에 관리 수준이 높을수록 세부 정보가 줄어든다. 이것이 의미하는 바는 특정 관리자에게는 중요한 주요 성과 지표가 특정 조직 수준의 관리자에게는 중요하지 않거나 관련이 없을 수도 있고, 너무 많은 정보를 포함할 수도 있다는 점이다. KPI 트리에서 특정 수준의 성공에 중요한 요소를 파악하기 위해 하나의 대상(Parent)마다 최소한 2개 이상의 목표(Child)를 결정해야 한다. 이러한 목표들이 서로 균형을 이루어 주요 성과 지표가 명확해지면 의사 결정이 쉽다.

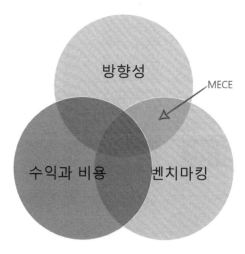

주요 성과 지표 유형

또 주요 성과 지표는 하나의 유사한 유형으로만 구성되어서는 안

되는데, 전사 차원의 모든 이해 당사자는 서로 다른 필요를 가지고 있기 때문이다. 주요 성과 지표 유형은 비용, 수익과 관련 주요 성과 지표와 방향성을 나타내는 주요 성과 지표, 그리고 벤치마킹과 같이 비교를 통한 주요 성과 지표 등과 같이 크게 3가지로 표현할 수 있다. 이렇게 만들어진 KPI 트리는 각 대상의 측정값이 어떻게 나왔는지 쉽게 설명할 수 있어야 하고, 각 유형 간의 MECE적 요소를 고려해야 하는데, 그렇지 못할 때는 KPI 트리 구성이 잘못되었을 경우가 확실하다. 좋은 주요 성과 지표 및 측정 지표는 의사 결정에 적절하고 유용해야 하며, 발견하고자 하는 것을 대표할 수 있어야 하고, 해석하기 쉬워야 한다. 그리고 변화에 민감하게 반응하고, 비용 효율적으로 측정할 수 있어야 하며, 각 지표 관련자에게 쉽게 전달할 수 있어야 한다.

8단계 '표준화'
지금까지의 프로세스를 표준화하라

지금까지 새로 설계되거나 재구성된 프로세스는 모든 조직원에게 내재화되어야 한다. 내재화란 기존과 다른 프로세스에 대한 신뢰와 함께 그 프로세스를 충분하게 학습하여 비즈니스에 적용할 수 있는 상태를 의미한다. 이를 위해서는 프로세스가 표준화되어야 하는데, 표준화는 프로세스 내의 모든 구성 요소가 순차적으로 일관성 있게 움직일 때 가능해진다.

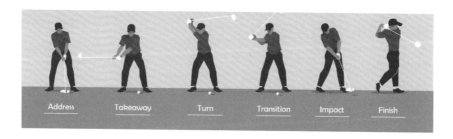

골프 스윙

마치 골프 스윙을 하는 것처럼 말이다. 즉 프로세스를 구성하는 모든 프로시저를 수행하는 해당 담당자 활동(Activities)의 순서(Sequence)가 정해져 있어야 한다.

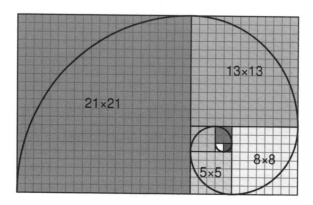

Fibonacci Sequence

시퀀스는 수학에서 반복이 허용되는 요소(Object)의 집합인 수열로, 각 요소의 순서가 중요하다. 피보나치 수열(Fibonacci Sequence)처럼 각 요소의 위치와 기능(또는 연산 방법)은 정해져 있다.

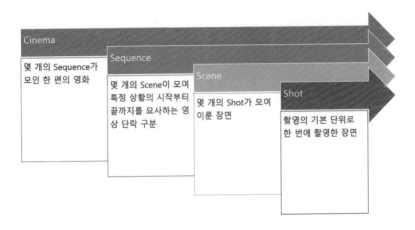

영화 용어로서의 시퀀스

시퀀스는 영화 용어로도 쓰이고 있다. 시퀀스는 일반적으로 영화 전문 용어로써 '각 쇼트(Shot)가 연결된 신(Scene)들의 연속을 서사 단위로 분절(Segment)하기 위한 것'이라는 뜻이다. 쉽게 이야기해서 책으로 비유하면 시퀀스는 책의 각 장(Chapter)이라고 할 수 있다. 책 속에서 각 장은 뚜렷한 시작과 중간, 결말을 포함하여 완전히 독립적인 기능을 한다. 시퀀스도 그렇다. 책이 몇 개의 장으로 구성되어 있듯이 영화도 몇 개의 시퀀스로 구성되어있다.

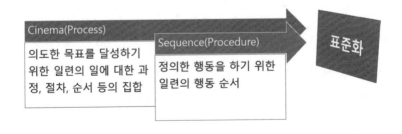

영화와 프로세스 매핑

나는 프로세스와 표준화를 이야기할 때 시퀀스 개념을 활용한다. 프로세스를 한 편의 영화(Cinema)로 생각하면 프로세스를 구성하는 프로시저는 시퀀스와 대비할 수 있다. 프로세스는 앞에서 언급한대로, 의도한 목표를 달성하기 위한 과정(Procedure)들의 집합이다. 과정에 해당되는 것은 시퀀스다. 목표를 달성하기 위해서는 여러 과정이 내재화되고 표준화되어야 한다.

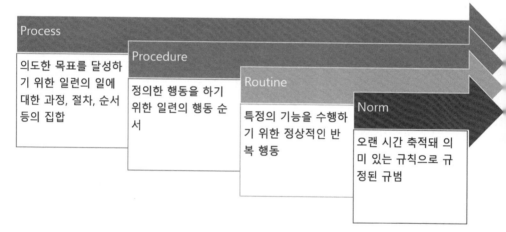

프로세스 수행 과정

주의할 점은 앞에서 시퀀스 개념을 설명할 때 피보나치 수열을 예로 들면서, 수열(Sequence)은 각 요소의 위치와 기능이 정해져 있다고 했던 것을 잊지 말아야 한다는 점이다. 마찬가지로 시퀀스에 해당하는 프로시저도 어떤 행동을 수행하기 위한 일련의 작업 순서들로 구성된다. 여기서 작업 순서는 프로시저가 바뀌지 않는 한 반복되는 것으로 우리가 이야기하는 루틴(Routine)이라고 볼 수 있다. 기업이나 조직에서 정상적인 반복 작업이 지속적으로 수행되고 축적되면 비공식적이지만 일정한 규칙이 생기게 되고 정상적인 업무 수행을 위한 규범(Norm)으로 자리 잡게 된다.

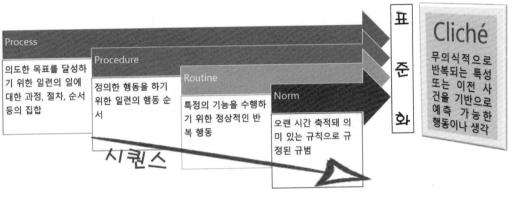

프로세스 표준화

이런 과정을 거칠 때 프로세스 표준화가 이루어졌다고 할 수 있다. 즉 프로세스 목표 달성을 위해 프로시저가 정의된 순서대로 수행되고, 조직 내에서 일종의 규범처럼 여겨져 클리셰(cliché)될 때가 프로세스 표준화의 완성이라고 할 수 있다. 클리셰는 진부한 표현이나 뻔한 결과를 뜻하는 부정적인 단어로 많이 알려있지만, 프랑스에서 인쇄할 때 사용하는 연판을 뜻하는 단어였다. 영화나 문학과 같은 장르에서는 같은 표현이나 이전에 많이 보았기 때문에 결과 예측이 가능한 것 등을 지칭하지만, 프로세스에서는 너무나 익숙하고 반복적이어서 다음에 발생할 이벤트를 충분히 예상할 수 있는 것을 의미한다고 볼 수 있다. 즉 오랜 시간 동안 반복(Routine)되고 축적되어 의미 있는 규칙으로 굳어진

규범(Norm)을 통해 무의식적으로 반복하거나 예측할 수 있는 상태를 클리셰라 하고, 프로세스가 표준화됐다고 볼 수 있다.

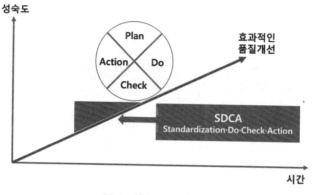

PDCA와 SDCA 관계

이런 수준의 프로세스 표준화가 이루어지면 품질관리의 아버지라고 불리는 에드워드 데밍[44]이 주창한 프로세스 혁신을 위한 PDCA(Plan–Do–Check–Action)의 기본 전제 조건인 SDCA(Standard–Do–Check–Action)가 완성된 것이다.

---

44   Edwards Deming. 1900-1986. 예일대에서 수학과 물리학 전공한 미국의 통계 학자다. PDCA 방법론을 만들었고, 그에 의한 TQC 개념은 일본에 소개되어 일본 제 품이 품질경쟁력을 갖추도록 한 일등 공신이다, 지금도 일본에서는 '데밍상'을 노벨상 다음의 영예로 여긴다.

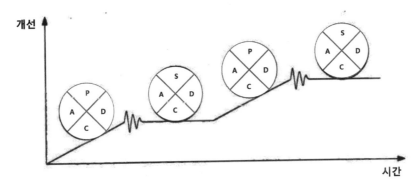

개선을 위한 PDCA와 유지를 위한 SDCA

PDCA 사이클은 지속적인 프로세스 개선을 위한 것이고, SDCA 사이클은 개선된 프로세스를 유지시키기 위한 것이다.

방법론 특허증

지금까지 소개한 디지털 비즈니스 컨설팅 방법론(CK2 Methodology)

은 공식적으로 검증을 받은 것은 아니지만(공식적으로 검증받는 방법도 없음), 방법론 중에 주요 성과 지표 선정 방법과 시스템을 구축하는 방법은 각각 특허 등록을 취득했고, 현재는 방법론 전체에 대해 특허 등록을 준비 중에 있다. 이 방법론은 금융·제조·공공·의료 등 여러 산업과 다양한 정보시스템 구축을 위해 성공적으로 적용되었다. 그리고 CK2-Service라는 한국형 IT 거버넌스 솔루션을 개발할 때도 적용했다.

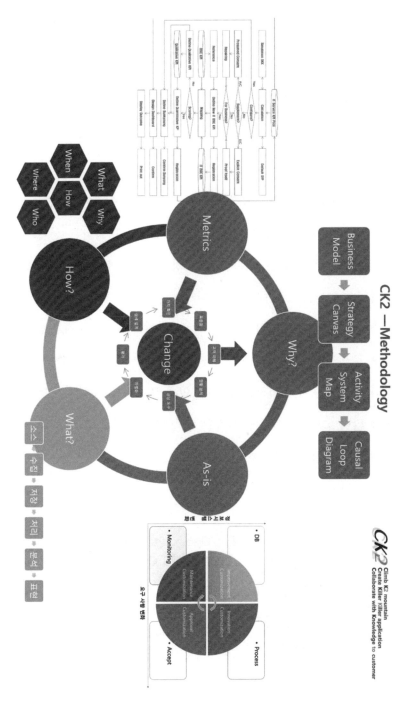

CK2 Methodology 전체 이미지

　　디지털 비즈니스 프로세스 컨설팅 방법론을 적용할 때 많은 컨설턴트이 2가지 실수를 범하는 것을 발견할 수 있다. 그중에 하나가 방법론을 외워서 적용하려고 한다. 방법론은 외우는 것이 아니라 방법론에 대한 개념을 이해해야 한다. 특히 디지털 비즈니스 프로세스 컨설팅은 현실적으로 매우 다양한 상황을 감안하고 수시로 변경되는 고객의 요구 사항을 반영할 수밖에 없기 때문에 적용하는 방법론에 대한 개념을 이해하지 못하면 실패할 가능성이 매우 크다. 변화하는 상황과 요구 사항을 즉각 반영하는 애자일(Agile) 방법론을 말할 필요도 없다. 또 하나 실수하는 것은 고객과의 커뮤니케이션에서 고객의 심리를 활용하지 못하는 데 있다. 명확한 정답이 없는 상태에서 미래를 예측해서 만드는 프로세스에 대한 호불호가 존재할 수밖에 없는 상황이기 때문에 인간의 감정이나 무의식적인 언행에 의해 컨설팅의 방향이 틀어지는 경우가 많다. 그렇기 때문에 전자인 방법론의 개념에 대한 이해는 독자들의 노력에 달려있다고 하면, 후자인 인간 심리에 대한 것은 약간의 관심만 있어도 극복이 가능하다.

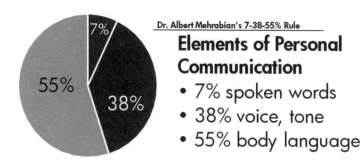

맬러비언의 법칙(출처: zetawiki)

커뮤니케이션은 대부분 언어에 의해 진행되지만, 실제로 상대방에게 메시지를 전달했을 때 언어에 의한 반응보다 비언어에 더 민감하게 반응한다고 한다. 미국 UCLA대학의 심리학자 알버트 맬라비언은 "전달하고자 하는 메시지의 7%만이 고르고 고른 단어를 통해 전달되고, 38%는 목소리의 톤에 의해 의해서, 그리고 나머지 55%는 몸짓, 특히 표정을 통해 전달된다."라고 연구 결과를 발표했다. 전달하는 메시지의 97%가 비언어에 의해 전달되는 셈이다. 이렇듯 비언어적 의사소통에는 여러 가지가 있고, 국가나 지역마다 문화적 차이가 있겠지만, 7가지 형태로 구분할 수 있다.

7가지 형태

- 음색: 중저음의 목소리를 듣기 좋다고 느낀다.
- 호흡: 복식 호흡을 통해 성대와 목에 힘을 빼고 말하는 것이 좋다.
- 발음: 말을 빨리할 경우 발음이 좋지 않을 수 있다.
- 표정: 진지하고 당당한 표정으로 말하는 것이 좋다.
- 시선: 상대방과 눈을 마주치지 않으면 자신감이 없어 보인다.
- 제스처: 움직임이 없는 자세보다는 적당한 제스처가 필요하다.
- 스킨십: 적당한 스킨십은 친근함을 유발한다.

크게 어려운 내용이 없기 때문에 평상시 활용하는 데 별문제가 없을 것이다. 디지털 비즈니스 프로세스는 명확한 법전 같은 것이 아니기 때문에 여러 무형적인 것을 다룰 수밖에 없어 커뮤니케이션상에서 많은 의견 충돌이 발생할 수 있다. 이때 의견 충돌을 의견 교환 또는 의견 합의로 전환시키기 위해 꼭 필요한 스킬이라고 하겠다. 디지털 비즈니스 생태계에서 살아남기 위해 많은 시행착오를 겪고, 이를 극복하기 위한 여러분의 노력에 경의를 표한다. 하지만 이 시대에 필요한 인력은 직무역량을 갖춘 인재다. 여러분이 진정으로 IT를 넘어 DT로 도약하기 위해서는 진정한 마켓메이븐이 되어야 한다.

2

디지털 비지니스 모델 이해하기

2.1 비즈니스 모델

──────────── 우리는 지금부터 '디지털 비즈니스 프로세스 전문가'가 되기 위한 기나긴 여정을 떠날 것이다. 나는 이 주제와 관련되어 약 30년 동안 업무를 수행해왔고, 지금도 수행 중에 있다. 또한, 18여 년 넘게 이 주제에 대해 여러 민간 기업과 공공 기관에서 강의를 진행하고 있다. 그런데 아이러니하게 디지털 비즈니스 프로세스 전문가 양성을 위한 강의를 하면서도 정작 디지털 비즈니스를 명확하게 정의해본 적이 없다. 총체적으로는 설명할 수 있어도 일반적으로 얘기되는 비즈니스와 디지털 비즈니스를 명확히 구분하는데 항상 어려움을 느낀다. 더 구체적으로 얘기하면 비즈니스가 형성되기 위해서는 비즈니스 모델을 표현할 수 있어야 하는데, 일반 비즈니스와 달리 디지털 비즈니스는 뚜렷한 비즈니스 모델을 표현하기가 쉽지 않다. 비즈니스 모델에 대해 사전의 정의에 따르면, 비즈니스 모델이란 '어떤 제품이나 서비스를 어떻게 소비자에게 제공하고, 어떻게 마케팅하며, 어떻게 돈을 벌 것인가 하는 계획 또는 사업 아

이디어'라고 정의한다. 이 정의를 풀어서 해석하면, '기업이 고객에게 제공하는 핵심가치를 만들기 위해 필요한 핵심자원을 활용하여, 수익 창출이 가능한 수익 구조를 관리할 수 있는 프로세스를 구축 및 운영하는 것이다.'라고 말할 수 있다.

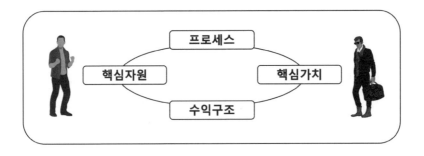

기본적인 비즈니스 모델 개념도

이렇게 시장에서 소비자와 판매자가 직접 만나서 핵심가치에 해당하는 제품이나 서비스에 대한 보상으로 양자 간에 합의된 재화를 제공하면 비즈니스는 성사되는 것이다. 하지만 현실 세계에서의 비즈니스는 이렇게 단순하지 않다. 판매자는 보다 높은 수익을 위해 핵심자원에 해당하는 원자재나 노동력을 가장 저렴하게 투입해서 가장 수익이 높을 때 판매하기를 원할 것이다. 우리가 흔히 얘기하는 ROI[1]를 계산하게 된다. 이런 비즈니스 활동을 최적화하여 각 기업의 목적에 맞는 모델을 비즈니스 모델이라고 한다. 이해를 돕기 위해 요즘 의류업계에서

---

1   ROI(Return on Investment), 투자자본 수익률=순이익/총비용

유행하는 SPA^2 비즈니스 모델을 살펴보자.

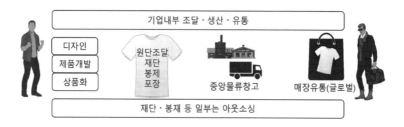

SPA 비즈니스 모델

일반 의류업체가 제품의 컨셉, 브랜딩, 디자인 등 제품의 기획만을 수행하고 제단, 봉제, 포장 등의 생산 활동은 OEM 방식으로 진행하는데 반해 SPA 업체들은 자체 인력과 시설을 확보하고 기획부터 유통, 판매까지의 모든 비즈니스 프로세스를 직접 관리한다. 일종의 비즈니스 플랫폼을 운영하고 있다. 의류업계 종사자가 아니더라도 위 그림의 비즈니스 모델을 이해하는 데 별 어려움이 없을 것이다.

---

2   SPA, Special retailer's shop(소매점포) Private(자체상표) Apparel(의류)

2.2 디지털 비즈니스 모델

───────────── 이에 반해 IT 비즈니스 모델을 작성하려고 하면 무엇부터 시작을 해야 하는지 곤란함을 느낀다. 그 이유는 비즈니스 모델이라는 것이 기업이 어떻게 수익을 창출하는지를 보여주는 것이기 때문이다. IT가 비즈니스에 접목되어 사용한 지 몇십 년이 흘렀으나, IT는 항상 비즈니스를 위한 보조 수단의 역할만을 담당해왔다. 메인 비즈니스[3]를 지원하는 서브 역할이다 보니 비즈니스 결과로 나오는 직접적인 ROI 계산을 할 필요가 없었다. 메인 비즈니스에 종속되어 메인 비즈니스 결과에 따라 성과가 정해졌기 때문이다. 더구나 IT 비즈니스는 많은 비즈니스 모델이 생기고 난 후에 비즈니스 모델의 일부분을 지원하는, 소위 'OO 정보관리 시스템'이라는 이름으로 불리며 단위 업무를 관리해주는 용도로 많이 사용되었다. 여기서 '관리'라는 단어에 주목할 필요가 있다. 우리는 평상

───────────────

3   기업 고유의 비즈니스, 예를 들면 은행은 금융 비즈니스가 메인 비즈니스이고, IT는
     금융 비즈니스를 지원하는 서브 비즈니스가 된다.

시 자주 쓰게 되는 관리라는 말을 대할 때 예상치 못한 사고가 발생하지 않도록 현 상태를 유지하기 위해 운영한다는 뜻으로 많이 사용한다. IT 시스템을 운영할 때 특히 더 그렇다.

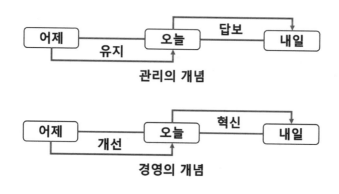

관리와 경영의 차이

위 그림에서 보듯이 관리라는 말은 management를 번역한 것이다. 관리는 어떤 일의 사무를 맡아 처리함을 이르는 말로써, 어제 수행했던 업무를 오늘도 가능하게 해주는 유지의 성격이 강하다. 결국, 내일도 오늘의 상태를 답보하게 된다. 하지만 management의 사전적 의미는 사업체나 조직을 경영하는 것을 뜻한다. 경영이라는 것은 기업이나 사업 따위를 관리하고 운영하는 것을 말한다. 기업의 대표가 기업을 management할 때 경영을 하지, 관리를 하지는 않는다. 따라서 어제의 문제점을 발견해내고 개선해서 오늘에 반영하고, 더 나아가 내일을 혁신하게 된다. 기업의 대표가 혁신을 부르짖는 이유이기도 하다. 기

업 내 대부분의 비즈니스 조직은 기업 대표의 혁신 드라이브 정책에
귀 기울이지만, 유독 IT 비즈니스를 담당하는 조직에서는 혁신보다 관
리에 더 치우치는 경향을 나타낸다. 일종의 직업의식이랄 수 있는데,
운영하는 IT 시스템의 예기치 못한 돌발상황으로 곤란했던 적이 한두
번이 아니었기 때문이다. 기업 내에서도 IT에 의한 비즈니스의 혁신보
다는 비즈니스를 위한 IT의 지원을 더 원했기 때문이기도 하다.

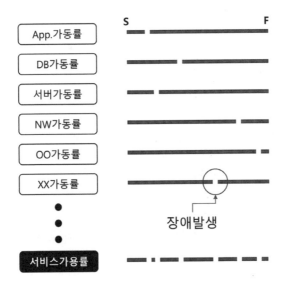

가동률[4]과 가용률[5]

이런 일이 반복되다 보니 IT 비즈니스 성과를 평가할 때도 장애 발

---

4   가동률(operating ratio), 생산 설비가 가동될 수 있는 최대 시간과 실제로 가동한
      시간의 비율
5   가용률(availability ratio), 정상적인 유지보수 시간, 백업 시간, 서비스 가능 시간
      대 고장 시간 전체에 대한 총 서비스 시간의 비율

생 여부 및 장애에 따른 손실을 최우선으로 관리하게 되었고, 이 결과로 많은 기업이나 조직에서 IT 비즈니스의 성과는 '가동률'을 높이는 데 만족하게 되어 무조건 '24×365[6]'를 지향하고, 마치 일종의 구호처럼 사용하고 있다. 이로 인해 장애에 대한 안전장치로 비즈니스 요구 사항과 관계없는 과잉 운영을 위한 인력과 비용이 투입되고 있는 경우가 대부분이다.

이렇듯 IT 비즈니스는 IT를 활용한 자체적 비즈니스 모델이 없고 메인 비즈니스를 보조하는 수단으로 여겨져, 메인 비즈니스의 중단 없는 업무 연속성과 메인 비즈니스 모델을 보다 활성화 시키는 정도의 역할을 수행하게 되었다. 하지만 컴퓨터가 최초에 개발될 때는 뚜렷한 IT 비즈니스 목적을 가지고 있었다. 2014년 개봉한 영화 『이미테이션 게임』[7]에서는 독일의 암호를 해독하기 위해 영화 속 주인공(엘런 튜링)이 오늘날 컴퓨터의 베이스라고 하는 '튜링 머신[8]'을 개발하는 과정을 보여주고 있다. 1944년 봄, 영국은 이 기계를 통해 독일의 암호 생성기 에니그마[9]로 만들어진 해독 불가능한 암호를 해독하여, 그해 6월 6일 2

---

6   1년 365일, 하루 24시간 가동을 의미

7   『The imitation game』, 24시간 마다 바뀌는 독일의 해독 불가한 암호를 풀고 1,400만 명의 목숨을 구한 천재 수학자인 엘런 튜링을 그린 영화, 베네딕트 컴버배치 주연

8   콜로서스(Colossus), 2차대전 중인 1939년 영국에서는 독일의 암호를 풀기 위해 과학자들이 모여 연구를 하였고, 엘런 튜링의 제안에 따라 1943년에 진공관을 이용해 만든 암호 해독기. 최초의 연산 컴퓨터로 1초에 5,000단어를 조사

9   에니그마(Enigma), 1918년 독일의 엔지니어인 아르투어 세르비우스(Arthur Scherbius)가 발명. 1920년대 초반에는 상업적인 목적으로 이용되다가 이후 군사

차대전을 연합국의 승리로 이끈 노르망디 상륙작전을 감행했다. 엘런 튜링이 최초로 개발한 이 기계를 활용한 IT 비즈니스 성과는 실로 엄청난 것이었다. 수많은 목숨을 살리기 위한 목적을 가지고 암호 해독이라는 명확한 목표를 수행하기 위해 프로그래밍이라는 구체적 수단을 실행했기 때문에 가능한 일이었다.

애플의 로고 변천사

이런 엘런 튜링의 위대한 업적을 기리기 위해 애플의 창업자 스티브 잡스와 워니악은 회사의 로고로 위의 그림처럼 한 입 베어진 상태의 사과로 정했는데, 그 이유는 엘런 튜링이 동성애자라는 이유로 국가에서 정신병자로 몰아갔고, 병원에서 강제 투약까지 당해 스스로 독이 든 사과를 먹고 자살한 것을 추모하기 위해서라고 한다.

이처럼 IT 비즈니스 성과가 나오는 이유는 매우 간단하다. 뚜렷한 IT 비즈니스 모델이 있기 때문이다. 먼저 암호 해독 작업 과정을 살펴

적 목적으로도 활용. 평이한 문장을 이해할 수 없는 글자 배열로 바꾸어 2,200만 개의 암호 조합을 만들어내는 암호 생성기로 나치의 암호 생산을 담당

보자. 독일의 에니그마를 통해 나오는 암호를 해독하기 위한 작업을 거쳐 암호가 담고 있는 유의미한 메시지를 밝혀내는 것이다. 암호를 해독하는 사람들의 업무는 여기까지다.

암호 해독 작업

그런데 암호를 수집하고 해독하는 이유는 무엇일까? 전쟁에서 사람의 목숨을 살리고, 궁극적으로 전쟁에서 승리하기 위함이다. 결국, 암호를 해독하는 것은 전쟁의 한 일부분으로 전쟁에서 승리라는 성과가 있을 때 비로소 의미를 가진다.

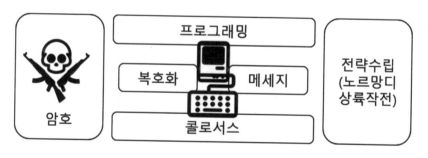

암호 해독 비즈니스

암호 해독 작업을 전쟁과 동떨어진 별도의 작업으로 수행하는 것이 아니라 전쟁에 승리하기 위한 작업의 일부로 보는 것이다. 즉, 암호 해독을 통해 나온 메시지를 전쟁에 이기기 위한 전략 수립에 반영시켜야 한다. 암호 해독을 하는 이유가 여기에 있기 때문이다. 여기에서 전쟁이라는 단어를 메인 비즈니스로 바꾸고 암호 해독 작업을 IT 비즈니스로바꿔보자. 메인 비즈니스의 성과가 있을 때 IT 비즈니스의 성과도 의미가 있는 것이다. 결국, IT 비즈니스도 메인 비즈니스의 일부분이다.

그렇다면 비즈니스 모델을 그릴 수 있듯이 IT 비즈니스 모델도 그릴수 있을 것이다. 앞에서 살펴보았듯이 비즈니스 모델은 기업이 고객에게 제공하는 '핵심가치'를 만드는 데 필요한 '핵심자원'을 가지고, 수익창출을 위한 '수익 구조'를 관리하는 '프로세스'를 구축 및 운영하는 것을 나타내는 것이다. IT 비즈니스에서 핵심가치, 핵신자원, 수익 구조와 프로세스는 무엇일까? 먼저 핵심가치를 살펴보자. 핵심가치는 기업에서 제공하는 상품이나 서비스를 말한다. 판매자가 구매자에게 의미있는 상품이나 서비스를 제공하면서 구매자로부터 가치를 인정받는 것이다. IT 비즈니스에서 판매자와 구매자는 IT 서비스 제공자와 IT 서비스를 사용하여 메인 비즈니스를 수행하는 IT 서비스 수혜자다.

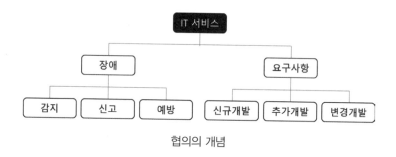

협의의 개념

IT 서비스 제공자의 역할을 협의의 개념으로 보면 IT 서비스 연속성을 위한 장애 예방 및 조치 활동과 IT 서비스 수혜자들의 요구 사항을 해결하는 활동을 의미한다. 이런 활동의 결과는 메인 비즈니스에 종속되어있기 때문에 비즈니스의 목적인 수익을 계량화하기 어렵다. 많은 기업과 조직에서 IT 부문에 엄청난 투자를 하고도 눈에 보이는 투자 효과를 나타내지 못하고 있는 주된 이유다. 이런 기업의 특징은 IT 비즈니스 성과를 평가할 때 사용하는 성과 지표가 앞에서도 지적했던 가동률 위주의 지표를 사용한다. 이런 지표들로 IT 비즈니스에 의한 수익을 계량화하는 경우는 거의 찾아보기 힘들다.

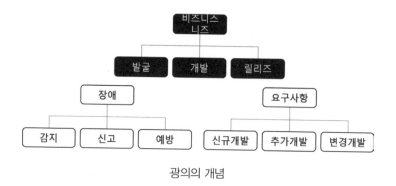

광의의 개념

IT 비즈니스가 비즈니스에 종속되지 않기 위해서는, 비즈니스 니즈를 발굴하는 활동이 있어야 한다. 즉, 진정한 의미의 인시던트 관리[10]를 수행해야 한다.

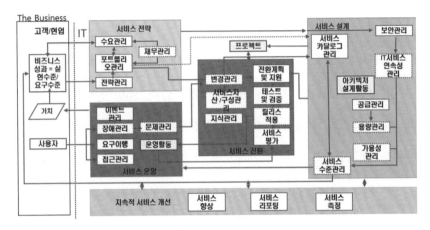

ITIL v3.0 개념도(2019년 초 ITIL v4.0이 발표되었다)

인시던트 관리를 정의한 ITIL[11]에 의하면 IT 비즈니스 성과로 메인 비즈니스에 전달되는 것은 정량적으로 나타낼 수 있는 정보화 효과와 정량적으로 표현하기 어려운 정보화 가치다. 즉, 인시던트는 장애와 사고뿐만 아니라, 비즈니스 부문의 요구 사항까지 포함하고 있는데, 여기에서 장애와 요구 사항을 광의의 개념으로 풀어보면, 비즈니스 니즈까지 포함할 수 있다. 비즈니스 부문에서 별도의 요구 사항이 없었다 하

---

10   Incident Management, 정상적인 서비스를 방해하는 또는 방해할 수 있는 모든 이벤트를 의미. 광의의 개념으로 보면 요구 사항 이외에 비즈니스 니즈(Needs)도 포함

11   ITIL(IT Infrastructure Library), 영국에서 태동한 IT 서비스를 지원, 구축, 관리하는 프레임워크. 효과적인 IT 서비스 관리를 위한 일종의 교본으로 철저한 현업 중심, 비즈니스 중심의 IT를 강조

더라도 IT 비즈니스 부문에서 사전에 비즈니스 니즈를 발굴하고 개발하여 반영시키는 것이다. 또한, 아직 장애가 발생한 상황이 아니더라도 장애 예방을 위한 조치가 사전에 취해져야 한다. IT 비즈니스 부문이 이런 업무를 수행할 때 IT 비즈니스의 핵심가치가 만들어지는 것이다.

두 번째는 핵심자원이다. IT 비즈니스에서 핵심자원은 현재 운영되고 있는 IT 인프라와 운영에 필요한 모든 HW, SW, 인력, 문서 등이다. IT 서비스를 수행하는 데 관계된 모든 것이라고 할 수 있다. 핵심자원도 광의의 개념으로 접근해보면 예측 가능한 신기술을 포함한다. IT 비즈니스 종사자들은 신기술에 대한 접근으로 단지 신기술에 대한 기능만을 취급하는 경우가 대부분이다. 메인 비즈니스 부문에서는 신기술을 활용한 수익 창출에 관심을 갖고, 신기술의 개념과 등장 배경 및 의미 등을 이해하려고 하는 반면에, IT 비즈니스 부문에서는 또 하나의 새로운 정보시스템 구축에만 관심을 가지는 경우가 많다. 그러다 보니 비즈니스 니즈를 발굴하는 역량이 메인 비즈니스 부문보다 현저하게 떨어지게 되고, 나아가서는 IT 비즈니스 무용론까지 나오게 됐다. 즉, 핵심자원이라는 것은 눈에 보이는 인프라 중심뿐만 아니라 새롭게 등장하는 신기술에 대한 이해도 포함해야 한다.

세 번째는 IT 비즈니스의 수익구조다. 인터넷 버블 시대 이전에 각광 받던 IT 비즈니스 부문이 그 이후 투자 절감의 대상이 되는 이유가 여기에 있다. 컴퓨터가 처음 발명되었을 때는 분명 IT 비즈니스만의 뚜렷한 비즈니스 목적과 목표가 있었으나, 컴퓨터가 점점 업무에 밀접하게 연계되기 시작하면서 컴퓨터 고유의 비즈니스보다는 컴퓨터 기능만을 활용하는 업무에 종속되기 시작됐고, 결국에는 메인 비즈니스이 업무 자동화 기능 정도로 폄하되기까지 했다. IT 비즈니스가 혁신의 도구로 사용되는 것이 아니라 현재 업무를 보다 편하게 자동화해주는, 말 그대로 컴퓨터[12] 역할을 수행하게 된 것이다. 이를 극복하여 IT 비즈니스 원래의 본분을 지키기 위해서는 IT 비즈니스 모델의 구성 요소로써 수익 구조는 매우 중요하다. IT 비즈니스 성과가 기업 비즈니스 성과인 수익을 창출하거나 수익 창출에 기여한 정도가 반드시 정량적으로 표현되어야 한다.

네 번째는 프로세스다. IT 비즈니스의 핵심가치와 핵심자원을 통한 수익 구조를 관리할 수 있는 것이 프로세스다. 이 프로세스는 IT 비즈니스뿐만이 아니라 메인 비즈니스 전반을 관리하기도 한다. 프로세스는 입력과 출력, 자원 활용, 모니터링, 태스크로 구성된다. 원하는 목표를 나타내는 출력은 사전에 정의되어 있는 입력을 받아들여 정의된 태스크에 의해 생산된다. 이때 태스크를 수행하기 위해 할당된 자원을 사용 가능해야 하며, 이렇게 정의된 절차가 수행되고 있는지 모니터링

---

12 컴퓨터, 전자회로를 이용한 고속의 자동 계산기. 숫자 계산, 자동 제어, 데이터 처리, 사무 관리, 언어나 영상 정보처리 따위에 광범위하게 이용

할 수 있어야 한다. 프로세스 개념은 매우 중요하기 때문에 이 장의 마
지막에서 상세히 다룰 것이다.

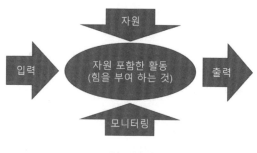

프로세스의 구성

IT 비즈니스는 기업이나 조직의 일반 업무에 매우 제한적으로 컴퓨
터가 활용되면서부터 시작하여, 1990년대 이후 컴퓨터와 웹 기술의 대
중화로 IT 비즈니스의 업무 활용 폭이 확대되었다. 인터넷 버블 시대
이후 산업 전반에 IT라는 용어가 파급되어 IT 기술의 대중화가 가속화
되었으나, 아직까지 IT를 업무의 보조 수단으로 활용하는 정도를 크게
벗어나지는 못했다. 하지만 이때부터 전사적인 관점에서 IT를 활용하
여 기업의 의사 결정에 한 축을 담당하기 시작한 때이기도 하다. 2000
년대 중반 이후에는 IT 서비스를 중심으로 하는 상품 및 서비스가 나
오기 시작하면서 'IT 비즈니스 모델'이라는 개념이 인식되기 시작했다.
이후에는 많은 비즈니스 모델의 프로세스에 IT 비즈니스가 접목되면서
IT 비즈니스 모델[13]이 더욱더 중요한 개념으로 자리 잡아 갔다. 그리고

---

13   미국 프라이스라인의 '역경매'와 아마존의 '원클릭 서비스'가 비즈니스 모델의 대표적

마침내 2010년 전후에 '디지털 비즈니스'로 진화하였다.

즉, IT 비즈니스 모델을 중심으로 하여 기업이나 조직의 경쟁력 향상을 목적으로, IT 비즈니스가 담당히는 역할을 과거의 생산성 향상에만 두지 않고, 새로운 비즈니스 가치 창출 및 글로벌 비즈니스로 확대하고 있다. 경쟁력 향상 부문을 보면 직접 IT에 관련된 제품이나 서비스를 판매하지는 않지만, IT 비즈니스를 전략적으로 도입하여 생산성 향상을 극대화하고, 이를 무기로 삼아 경쟁력 우위를 점하는 곳이 많다. 이런 곳에서 새로운 온라인 상거래를 만들어 새로운 비즈니스 가치를 창출한다. 이런 소식들은 거의 매일 뉴스에 소개가 되고 있다. 또 새로운 온라인 상거래는 기존 상거래의 많은 제약 요소들을 제거하여 IT 비즈니스를 통한 글로벌 비즈니스를 가능하게 했다. 글로벌 비즈니스를 위해 극복하기 어려웠던 비용, 인력, 시간과 공간에 대한 전통적 제약 요소를 변화시켰다.

인 예로, 인터넷 기업들이 사업 아이디어 자체를 특허 출원하기 시작하면서 알려진 용어이다. 즉 어떤 제품이나 서비스를 어떠한 방법으로 소비자에게 편리하게 제공할 것이며, 어떠한 마케팅 방법을 이용해 얼마만큼의 돈을 벌어들이겠다는 일련의 계획을 말한다. 아이디어 자체가 특허 대상이 된다는 점에서 시장의 주목을 받았는데, 실제로는 다른 업체의 모방을 미리 차단하기 위한 목적으로 많은 인터넷 기업이 이 비즈니스 모델의 특허 출원에 열을 올리게 되는 결과가 되었다. 그러나 2000년 현재 인터넷 주식의 열기가 거품화하면서 비즈니스 모델 역시 단순한 아이디어 차원을 뛰어넘어 수익성과 기술력을 중시하는 쪽으로 방향을 전환, 사업 아이디어에 대한 일시적인 투자 붐에 만족하기보다는 장기적인 이익을 어떻게 낼 것인가 하는 데 관심이 집중되고 있는 추세이다(출처: 두산백과).

전통적 가치사슬모델

이에 따라 전통적으로 사용되어 오던 가치사슬모델[14]의 변화가 필요하다. IT 비즈니스가 백오피스[15] 관점뿐만 아니라 메인 비즈니스 전반에 걸쳐 IT 비즈니스가 핵심요소로써 활용되고 있기 때문이다. 가치사슬모델에서 정의한 모든 주요 활동들이 IT 비즈니스를 토대로 실행되고 있다는 것을 뜻한다. 이것은 오늘날의 기업과 조직들이 가치사슬모델과 새로운 IT 비즈니스 역할의 융합에 대해 인식을 새롭게 해야 한다는 것을 의미한다. 더군다나 메인 비즈니스 모델 자체가 디지털 비즈니스인 경우에는 IT 비즈니스를 주요 활동과 지원 활동으로 분리하여 설명하기 어렵다. 예를 들면 아마존 같은 경우 가치 사슬을 구성하는 주요 활동과 지원 활동 모두 디지털 비즈니스를 기반으로 한다. 디지털

---

14   Value Chain, 기업의 영리 및 비영리 관점에서 궁극적인 목적을 달성하기 위한 주요
      활동과 지원 활동들의 구성. 마이클 포터, 하버드 경영대학원 교수,

15   BackOffice, 부문 시스템에서부터 기간 시스템(backbone system)까지 기업의
      정보시스템에 필요한 서비스를 제공

비즈니스가 기반인 구글, 네이버 같은 곳은 주요 활동과 지원 활동을
구분하는 것 자체가 의미 없다.

따라서 IT 비즈니스가 기업이나 조지의 경쟁력 향상과 구조화에 강
력한 영향을 미치는 새로운 가치사슬모델이 필요하다. IT 비즈니스가
메인 비즈니스 프로세스에 전사적 차원으로 융합되어있는 부분과 IT
비즈니스를 주요 활동에 포함시켜야 한다. IT 비즈니스로 인해 전통적
가치사슬모델의 주요 활동이 변화하였기 때문이다.

변화 중에 대표적인 것이 두 명의 스위스 학자인 산드라 반데바르와
후안 라다의 연구에서 최초로 정의된 서비타이제이션[16]이다. 서비타이
제이션은 제조업이 경쟁 우위 및 주력 산업 내 제품에 대한 새로운 수
요 창출을 목적으로 '서비스를 결합'하여 고객 충성도를 높임으로써 제
조업의 지속 경쟁력을 확보하고자 하는 전략이다. 이것은 기업이 제품
또는 서비스만을 제공하는 비즈니스 수행 단계, 서비스와 제품을 결합
하여 복합적으로 제공하는 단계, 제품과 서비스뿐만 아니라 고객 교
육, 원격 지원 시스템을 포함한 지원 활동, 고객의 문제를 해결하는 노
하우와 같은 지식 및 고객의 셀프 서비스가 하나의 패키지로 제공되는
단계로 구분한다.

---

16 「Servitization, servitization of business」, Vandermerwe & Rada, 1988.
    기존 제품을 통합 신규 서비스화 혹은 기존 서비스를 통한 신규 제품화와 같은 제품과
    서비스의 융합을 의미

서비타이제이션의 구성

또는 제조업 관점에서 제품 또는 제품의 기능을 서비스화하여 자원의 효율성을 극대화하는 제품과 서비스가 결합된 새로운 형태의 비즈니스로, 제품과 서비스의 결합인 제품 서비타이제이션(Product Servitization)과 서비스 강화를 위해 제품을 부가하거나 서비스 제공업자가 관련 제품을 출시하여 서비스를 강화하고 서비스 표준화, 서비스 프로세스화, 서비스 자동화를 통해 서비스가 대량 생산되는 제조업화를 의미하는 서비스의 상품화(Service Productization)로 구분한다. 이처럼 제품을 구매할 때 부가 서비스 형태로 제공되던 서비스를 제품과 융합된 핵심 서비스로 여기기 시작했고, 제조업과 서비스업의 산업 간 경계가 모호해지고 있다. 그래서 제품 자체의 완성도가 높아야 함은 물론이고, 서비스 측면의 완성도까지 높인 제품과 서비스의 융합에 대한 접근 전략이 필요하다.

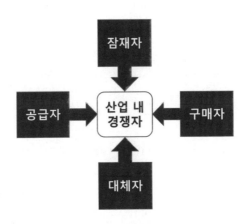

5 Force 분석 모델

비즈니스 환경에 대한 분식도 필요하다. 이때 기업의 경쟁 우위 확보 전략을 수립하기 위해 많이 사용되는 5 포스 분석 모델[17]을 사용하면 편리하다. 첫 번째, 산업 내의 직접적인 기존 경쟁자다. 수익 구조에 가장 많은 영향을 미치기 때문에 기업들이 가장 민감하게 대응하는 경쟁자다. 두 번째는 공급자의 협상력 및 경쟁자로의 전환이다. 세 번째는 구매자의 협상력 및 글로벌 경쟁자들의 참여다. 온라인에 의한 글로벌 경쟁자의 참여가 쉬워졌기 때문이다. 네 번째는 기존 경쟁 시장에 진입 장벽이 낮아짐에 따른 신규 또는 잠재적 경쟁자들이다. 마지막으로 새로운 제품 및 서비스의 출현에 따른 대체재에 의한 경쟁자다. 대체재의 출현은 수익 구조를 악화시키기 때문에 지속적인 경쟁 우위를 위해 차별화를 꾀해야 한다. 최근에는 대체재에 반대되는 개념으로 보

---

17 「5 Force Analysis Model」, 마이클 포터, 하버드 경영대학원 교수, 1990

완재를 포함하여 분석하기도 한다.

SWOT 전략(출처: Wikipedia)

이런 분석 내용을 바탕으로 SWOT 분석을 통해 제품 및 서비스에 대한 시장 환경의 기회와 위협 요인 및 기업의 장점과 약점을 분석하여 IT 비즈니스와 접목하여 기업과 조직의 전체적인 IT 비즈니스 모델을 수립해야 한다.

2.3 IT 비즈니스 플랫폼

—————————— 기차를 이용하여 여행을 가기 위해서는 미리 정해진 기차 시간과 운임, 기차역을 참고로 출발지와 목적지, 그리고 시간과 운임을 결정한다. 만약에 미리 정해진 기차 시간, 운임, 기차역 등의 정보가 없다면 어떤 일이 발생할까? 기차를 이용할 때마다 여행자와 기차 서비스 제공자 간에 시간, 장소, 가격 등을 협상해야 한다. 이때 기차 서비스 제공자가 여행자들이 많이 이용하는 장소와 시간에 대한 정보를 기반으로 일정한 기준 정보를 제시한다면, 매번 발생하는 복잡하고 다양한 요구에 대한 협상 과정들을 빠르게 해결할 수 있을 것이다. 과거에는 이런 협상을 잘할 수 있는 노하우를 바탕으로 비즈니스 모델을 만든다면 꽤 좋은 사업 아이템(경매 비즈니스가 이와 비슷하다.)이 될 수 있었을 것이다. 하지만 기차를 이용하는 사람들의 다양한 요구를 모두 협상에 의해 해결한다는 것은 불가능한 일이다. 경우의 수가 너무 많기 때문이다. 비즈니스 모델은 기업이나 조직이 제품이나 서비스를 어떤 방법으로 제공하

여 수익을 창출할 것인가에 대한 구체적인 계획이다. 여행자나 기차 서비스 제공자에게 모든 경우의 수에 대한 협상을 줄여줄 수 있다면 협상에 필요한 많은 시간과 노력을 절감할 수 있다. 즉, 양자 모두 수익 구조가 좋아지는 비즈니스 모델이 만들어진다.

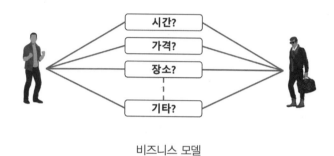

비즈니스 모델

그런데 기차 서비스 제공자에 의해 제공되는 기차 서비스의 수와는 비교할 수 없을 정도로 많은 여행자의 요구 사항을 모두 협상에 의해 정할 수는 없기 때문에, 서로 다른 이해 당사자 집단이 공통으로 합의된 기준에 따라 경제적 가치를 창출하는 기반 시스템이 필요하다. 즉, 기차 서비스와 관련된 모든 이해 당사자는 미리 정해진 운행 시간, 탑승 장소, 운임 등으로 구성된 기차 서비스 '플랫폼[18]'을 요구하게 됐다.

---

18 「플랫폼 비즈니스 모델」, Cusumano&Gawer, 플랫폼이 가치 창출과 이익 실현의 중심인 비즈니스 모델, 2002

기차 서비스 플랫폼

이를 통해 이해당사자들이 기차 여행에 필요한 시간, 장소, 운임 등을 매번 협상해야 하는 번거로움에서 벗어날 수 있다. 기차 서비스 플랫폼은 기차 서비스 비즈니스 모델이 운영되는 기반 시스템으로 비즈니스 모델의 목적이 구현되는 토대로 '비즈니스 플랫폼'이라고 정의할 수 있다.

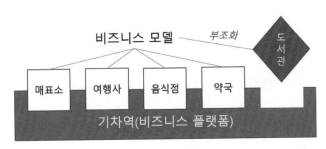

비즈니스 플랫폼

비즈니스 플랫폼은 비즈니스와 관련된 이해 당사자들이 제공하는 제품과 서비스 및 이에 따른 정보가 하나로 묶여야만 가치를 나타낼 수 있다. 그래서 플랫폼은 필요한 정보를 수집, 저장, 처리하는 플랫폼을 운영하여 직간접 판매 및 서비스를 제공함으로써 수익을 창출하는 플랫폼 운영자, 제품과 서비스 등의 가치를 제공하는 참여자, 플랫폼을 통해 판매자가 제공하는 가치에 대가를 지불하는 소비자로 구성된다.

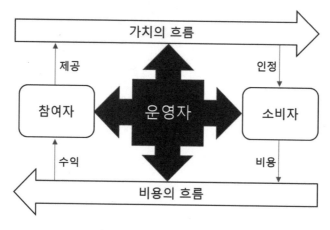

비즈니스 플랫폼의 구성 요소

이렇게 구성된 비즈니스 플랫폼은 플랫폼에 연결된 네트워크 수와 질에 따라 그 가치가 달라진다. 연결된 네트워크의 주체가 플랫폼의 가치를 인정하고 자발적 동기부여에 의해 참여와 확산이 진행될수록 플랫폼이 기하급수적으로 확대되는 선순환 구조를 갖고 있다.

종류	제품 플랫폼	고객 플랫폼	거래 플랫폼
정의	다양한 최종 제품을 생산하는 데 활용하는 공통 부분	기업이 목표로 하는 핵심 고객 집단	외부 공급자와 거래 관계를 맺는 인프라
활용 목적	비용절감 (추가적인 모델 개발 및 생산 비용의 하락)	수익 증대 (판매품목 다양화로 매출 증대)	산업 주도 (고개 고차화, 협력관계를 통한 세력 확장)

비즈니스 플랫폼의 종류

비즈니스 플랫폼은 크게 제품 플랫폼, 고객 플랫폼, 거래 플랫폼으로 구분[19]할 수 있다. 그렇다면 이런 비즈니스 플랫폼 중에서 IT 비즈니스 플랫폼은 어느 종류의 플랫폼에 가까울까? 눈치 빠른 독자들은 앞에서 다뤘던 마이클 포터의 가치 사슬에서 IT 비즈니스를 주요 활동과 지원 활동으로 구분하는 것이 별 의미가 없다는 것을 기억할 것이다. 이것은 IT 비즈니스가 기존 비즈니스와 별개의 비즈니스로 구분할 수 없음을 뜻한다. 기존의 비즈니스와 신규 비즈니스 등 모든 비즈니스에 IT 비즈니스가 포함되어있기 때문이다.

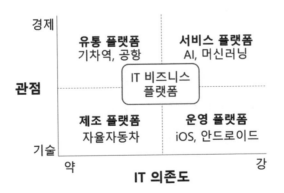

IT 비즈니스 플랫폼의 위치

19 『성장의 화두 플랫폼』, 『SERI 경영노트』, 2010

비즈니스 플랫폼을 고려할 때 IT 비즈니스 플랫폼을 일반 비즈니스 플랫폼과 별개로 생각해서는 안 된다. 그렇다면 비즈니스 플랫폼을 기술적 관점과 경제적 관점을 한 축으로 하고, IT 의존도에 따라 의존도 강과 의존도 약으로 한 축을 형성하여 구분해보자. 여기서 IT 의존도는 구글, 네이버 같은 기업은 IT 의존도 강으로, 상대적으로 IT 의존도가 약한 전통적 산업인 제조, 유통업 등의 생산성 향상과 비용 효율성을 강조하는 산업군은 IT 의존도 약으로 구분한다. 예를 들면 가전제품을 생산하는 제조업은 제품 종류별로 생산 라인이 설치되어있던 것을 몇 개의 플랫폼으로 구성하여 부품 표준화와 모듈 조합 등의 방식으로 생산성 효율을 꾀하고 있다. 물론 이때에도 많은 부분을 IT에 의존하지만, 상대적인 관점에서 IT 의존도를 분류한 것이다. IT 비즈니스 플랫폼은 당연히 IT 의존도에 상관없이 IT 비즈니스를 활용하는 곳이라면 모두 포함한다. 즉, IT 비즈니스를 매개로 하는 각 비즈니스 간의 융·복합이 일어날 때 IT 비즈니스 플랫폼의 역할은 매우 중요해지고 커진다. 이렇게 비즈니스 간의 융·복합을 가능하게 하는 IT 비즈니스 플랫폼은 4차 산업혁명 시대의 한가운데를 차지하고 있다. 이것이 기존의 메인 비즈니스를 지원하는 서브 역할이 아닌 메인 비즈니스의 중심에 서서 IT 비즈니스 역할에 대한 관점을 새롭게 해야 함을 의미한다고 할 수 있다. 이미 세상은 디지털 비즈니스 생태계를 이루고 있기 때문이다.

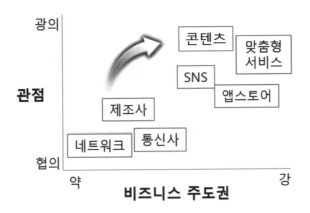

플랫폼 업체의 주도권 이동

여기서 주의할 점은 IT 비즈니스 플랫폼을 협의의 개념으로 해석해서 일종의 오픈 마켓용 앱이나 네트워크 또는 통신사 위주의 플랫폼으로 생각하면 안 된다는 점이다. 몇 년 전만 하더라도 제조사나 통신사들이 스마트폰을 통해 서비스와 콘텐츠의 유통 환경을 거의 일방적으로 주도했으나, 지금은 알고리즘이나 소프트웨어를 중심으로 하는 서비스 플랫폼 업체로 비즈니스 주도권이 옮겨왔다. IT 비즈니스도 제조를 중심으로 하는 구조에서 보조 역할을 담당했으나, 이제는 소프트웨어와 서비스 알고리즘을 토대로 메인 비즈니스의 중심으로 다가가고 있다. 디지털 비즈니스로 진화하고 있다고 말할 수 있다. 이제부터는 IT 비즈니스라는 용어가 아니라 디지털 비즈니스라는 용어로 대체 해야 한다. 즉, 지금까지 메인 비즈니스의 보조로써 IT가 아닌, 메인 비즈니스를 리드할 수 있는 DT(Digital Technology)로 도약해야 한다. 이러한 변화를 가능하게 한 것이 디지털 비즈니스 플랫폼의 확산에 있다. 디지

털 비즈니스 플랫폼을 중심으로 한 서비스 플랫폼은 다양한 산업 간
의 융·복합을 가능하게 하여 기존 비즈니스와 차별화되는 새로운 비
즈니스를 창출해내고 있다.

여기에 발맞춰 플랫폼 자체를 제공하는 구글, 네이버 등이 중심이
되는 새로운 디지털 비즈니스 생태계가 형성되고 있다. 이 글을 쓰고
있는 이 순간에도 연일 디지털 비즈니스 생태계의 변화를 알리는 뉴스
가 계속 나오고 있다. 그 뉴스 중 하나가 구글과 페이스북 같은 강력한
서비스 플랫폼을 제공하고 있는 업체들의 동향[20]이다.

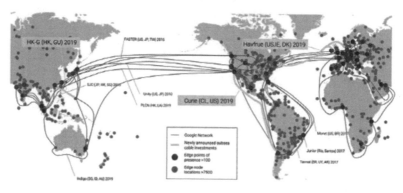

구글 네트워크(출처: google)

구글이 구축할 새로운 해저 케이블 3개를 보여주는 그림으로, 구글
의 인터넷망이 칠레, 아시아 태평양과 대서양 전역으로 확장되고 있다.

---

20 〈구글·페이스북 자체망 구축하며 통신사와 망 통제권 경쟁〉, 경향신문, 2018.01.17

이 소식에 따르면 구글·페이스북·아마존·마이크로소프트와 같은 글로벌 IT 기업(이제는 디지털 기업이라고 불러도 좋을 듯하다.)들이 망 투자를 확대하면서 전통적 망 사업자인 통신사와 망 통제권을 놓고 혈전이 벌어질 조짐이다. 구글은 자사 블로그에서 "인프라 개선을 위해 지난 3년간 300억 달러를 투자했다."라며 "클라우드 서비스에 최선을 다하기 위해 새 해저케이블 3개와 5곳의 데이터 센터를 추가하기로 했다."라고 밝혔다. 물론 이러한 소식은 어제오늘 얘기는 아니다. 이미 2015년에도 구글과 페이스북은 제3세계의 신흥국을 지원하기 하기 위해 무선인터넷 확장 사업을 추진하고 있다고 발표했다. 구글은 룬 프로젝트[21]를, 페이스북은 internet.org[22] 사업을 통해 이들 지역에 무료 인터넷을 제공하여 통신망 구축이 어려운 곳에서도 소통이 가능하고 지식을 공유할 수 있도록 하겠다고 하면서, 이 사업은 인도적 차원에서 이루어지는 것이라고 말했다. 하지만 비즈니스 관점에서는 디지털 비즈니스 시장에서 주도권을 선점하기 위해 네트워크부터 서비스까지 비즈니스 플랫폼 전체를 통합하려는 전략으로 볼 수 있다. 이런 현상은 단지 글로벌 디지털 기업들만의 지향점이 아니다. 향후 모든 분야에서 어떤 특정 기능을 강조하는 제품보다는 관련 서비스 전체를 아우르는 플랫폼스러운 제품을 만들 것이다. 예를 들면, 자율주행자 개발이 한창인 자동차 제조업에서도 자율주행이 가능한 기술 중심의 개발보다 자율주행 관

21　Project Loon, 공중에 공유기 역할을 하는 열기구를 띄워 3G 수준의 인터넷을 보급
22　Internet.org, 인터넷 지원이 되지 않는 지역에 인터넷 접속 환경을 제공하는 비영리 단체

련 제품과 서비스를 융합된 플랫폼 자체를 개발하는 데 중점을 둘 것 이다. 더 나아가 자동차 소유와 운용의 개념도 클라우드 개념과 같이 MaaS(Mobility as a Service)가 등장할 것도 기대할 수 있다.

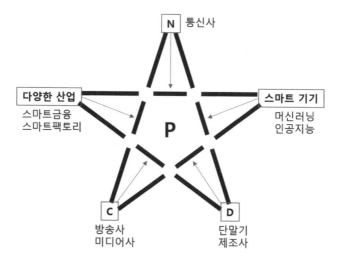

플랫폼 중심의 CPND 생태계 변화

이처럼 디지털 비즈니스 플랫폼 기업들이 자체 통신망을 확보하려 는 이유는 엄청난 온라인 광고 수익을 얻고, 통신사에 막대한 비용 을 지불하면서도 수동적인 자세를 취할 수밖에 없던 비즈니스 환경 을 극복할 수 있기 때문이다. 또한, 자체망을 확보한 플랫폼 기업들은 구속 조건 없이 대용량 트래픽을 지원할 수 있고, 그에 따른 모니터링 활동도 정교해져 해킹 여부도 정확하게 파악할 수 있다. 이런 변화는 CPND 생태계의 변화를 가져온다. 서비스 플랫폼을 중심으로 통신망 과 데이터 센터 등 인프라의 확충뿐만 아니라, 콘텐츠를 생산 및 유통하고 있는 방송사와 미디어사들, 자체 서비스만을 제공하는 영역에서 별도 투자 없이 서비스 영역을 확대하려는 단말기 제조사들, 기존의 폐쇄적인 망에 의한 서비스를 제공하던 네트워크와 통신사들, 그리고 스마트기기와 다양한 산업군들이 플랫폼을 중심으로 매우 빠르게 이합집산하고 있다.

이렇게 디지털 비즈니스 플랫폼을 중심으로 새로운 비즈니스 생태계가 형성되고 있는 상황에서 다시 한 번 디지털 비즈니스 플랫폼에 대한 인식을 명확하게 할 필요가 있다. 플랫폼이란 각각의 플랫폼 참여자들이 얻고자 하는 가치를 정해진 룰에 의해서 주고받을 수 있는 공간으로 참여자들의 상호작용이 많을수록 플랫폼 스스로 확대 재생산된다. 기차역(플랫폼)에는 여행자와 운영자 외에도 많은 상가가 형성되는 것처럼 말이다. 디지털 비즈니스 플랫폼도 예외는 아니다. 디지털 비즈니스 플랫폼도 IT 도입 초창기에 비해서 많은 변화가 있었다. 디지털 비즈니스 플랫폼은 기본적으로 하드웨어·소프트웨어 플랫폼과 서비스 플랫폼으로 구성되고, 이 플랫폼의 참여자는 하드웨어 운영자·소프트웨어 개발자와 IT 서비스 제공자·수혜자다.

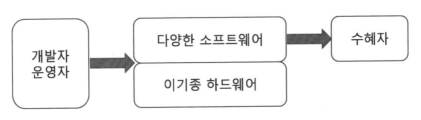

IT 도입 초창기의 IT 비즈니스

IT 도입 초창기에는 플랫폼 개념이 없었다. IT 비즈니스의 업무 연속성이 중요했기 때문에 이기종 하드웨어들에서 구동할 수 있는 애플리케이션 개발을 가능하게 하기 위한 것이 주된 역할로, 이기종 하드웨어에서 저마다 작동하는 소프트웨어를 연동하여 비즈니스를 지원하는 역할이었다.

정보시스템 구축을 위한 개발 플랫폼

1990년대 후반에 들어서 이기종 하드웨어에 구속받지 않는 다양한 애플리케이션들을 서로 연계하여 작동할 수 있는 정보시스템을 구축 및 운영하기 위해서 OS 기반의 개발 환경 등의 용어가 사용되었다. IT 비즈니스의 주요 역할은 업무 연속성의 보장과 메인 비즈니스의 요구 사항을 해결하여 생산성 향상과 업무 자동화를 최우선 목표로 설정되었다. 특정 비즈니스를 지원하는 정보관리 시스템을 구축하고 운영하는 것이 최우선 과제였기 때문에 서비스 수혜자에게는 수혜자의 요구 사항보다는 IT 기술 위주의 정보시스템을 통해서 나오는 서비스가 일방적으로 전달되는 시기였다. 제대로 된 IT 비즈니스의 정의와 역할 및 인식이 부족했던 시기였다.

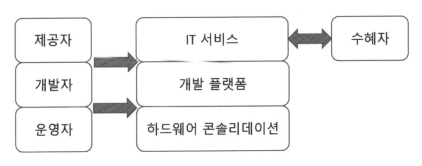

IT 서비스 측면의 IT 서비스 플랫폼

2000년대 초반부터 IT 서비스의 중요성이 부각되기 시작하면서 IT 비즈니스가 IT 서비스 플랫폼의 변화를 추구하기 시작했다. 이를 위해 가장 먼저 시도한 전략이 하드웨어 콘솔리데이션[23]이었다. 하드웨어 콘솔리데이션은 하나 이상의 하드웨어 응용 프로그램 또는 사용자 인스턴스를 수용하기 위해 여러 하드웨어를 사용하는 것을 말한다. 특히 기업이나 조직에서는 서버스 콘솔리데이션 전략을 많이 활용하는데, 이것은 서버 콘솔리데이션을 통해 서버의 컴퓨팅 리소스를 여러 응용 프로그램과 서비스 간에 동시 공유가 가능하기 때문이다. IT 서비스 플랫폼을 구성할 때 제일 먼저 수행하는 것이 서버 콘솔리데이션으로 필요한 서버 수를 줄이는 비용 절감 방법으로 사용된다. 또한, SI 사업을 주로 하는 대형 SI 기업을 IT 서비스 기업으로 부르기 시작했고, SI

---

23   Consolidation, 한 컨테이너에 한 제품만 싣지 않고 여러 제품을 모아 운송하는 통합·합병을 의미

사업 후 구축된 정보시스템을 운영하기 위한 사업의 명칭도 IT 아웃소싱 사업에서 IT 서비스 사업으로 바꿔 부르기 시작했다. 이때부터 기능 위주의 IT 도입 초창기의 모습을 탈피하면서 진정한 의미의 IT 비즈니스를 인식하고, IT 거버넌스[24] 개념이 도입되기 시작했다.

하드웨어 콘솔리데이션이 가능하기 위해서는 소프트웨어 개발 환경의 변화도 필요했다. 이전까지만 해도 CPU와 OS 등의 실행 환경이 다른 이기종 하드웨어의 사용으로 각 환경에서 개발된 응용 프로그램을 통합하여 사용하는 것은 거의 불가능했거나, 다양한 응용 프로그램들을 연계하기 하기 위해 많은 노력과 시간이 필요했다. 하지만 마이크로소프트의 윈도우 보급 확대와 브라우저의 보급 및 Java 개발 환경이 난관을 극복할 수 있게 해주었다. 이를 계기로 개발 플랫폼이라는 용어가 본격적으로 사용되기 시작했다. 개발하기 쉬운 여러 가지 환경을 제공할 수 있게 되었다는 의미다.

IT 비즈니스 플랫폼 생태계

---

24   IT Governance, IT 자원과 정보, 조직을 기업의 경영 전략 및 목표와 연계해 경쟁 우위를 확보할 수 있도록 하는 의사 결정 및 책임에 관한 프레임워크(IT 용어사전)

이런 변화는 웹 서비스의 등장을 이끌어냈고, 서비스 플랫폼이라는 용어도 등장하기 시작했다. 특히 서비스 플랫폼이라는 용어는 스마트폰의 기하급수적인 보급으로 페이스북, 트위터 등의 SNS 문화가 형성되면서 더 이상 IT 비즈니스 영역만의 전문 용어가 아니라 모든 사람이 사용하는 용어가 되었다. 개발자들은 이런 분위기에 발맞춰 독자적인 앱과 웹을 만들 때 다양한 SNS와 연동될 수 있도록 개방형 정책을 수용하였고, 서비스 플랫폼은 여러 서비스가 다른 서비스와의 연동을 쉽게 하고, 필요한 기능의 사용을 쉽게 해주는 인터넷 기반의 플랫폼으로 진화했다.

이런 변화는 2008년 스티브 잡스가 애플 제품으로 구성된 애플 생태계를 만들면서 더욱 고도화되었다. 스티브 잡스는 PC 성능 급의 모바일 기기인 아이폰에 앱스토어[25]를 탑재하면서 앱 판매자와 구매자들이 가치를 주고받을 수 있는 플랫폼을 구성하고, 이 플랫폼을 관리할 수 있는 플랫폼의 운영 정책과 지원 조직 등을 만들어 스스로 유지될 수 있는 애플 앱스토어 생태계를 만들었다. 2008년 출시된 아이폰3G는 3G망을 이용하여, 앱스토어를 통해 필요한 앱을 다운로드하는 것을 가능하게 했다. 이전의 아이폰이 전화 기능에 인터넷 기능을 추가한 단순한 기능에서 벗어나 사용자마다 필요한 환경을 구성해서 쓸 수

---

25 애플리케이션 스토어(Application Store)의 준말로 모바일 기기에 탑재할 수 있는 다양한 응용 프로그램을 판매하는 온라인상의 콘텐츠 장터

있게 했다. 아이폰3G가 출시된 첫 주에 백만 대가 판매됐고, 그해에 약 1만 개의 응용 프로그램이 앱스토어에 올라오면서 애플 앱스토어 생태계를 강화시켰다. 다음 해인 2009년에는 85,000개의 응용 프로그램과 약 2조 번의 다운로드가 발생했다.

여기서 앱스토어는 완벽한 IT 비즈니스 플랫폼(디지털 비즈니스 플랫폼의 시발점으로 볼 수 있다.)이라고 할 수 있다. 앱스토어에서는 IT 비즈니스의 핵심가치인 콘텐츠(응용 프로그램)를 사고팔면서 수익이 발생하고, 이를 위해 콘텐츠 관리·판매 관리·결제 관리 등이 가능한 프로세스 관리 시스템들이 운영되고 있다. 이러한 관리 시스템들은 자체로 하나의 IT 비즈니스 플랫폼을 구성하면서도 다른 애플 제품 및 IT 비즈니스 플랫폼과 연동되어 보다 큰 IT 비즈니스 플랫폼으로 강화되는 선순환 구조를 형성한다. 또한, 모든 플랫폼이 iOS라는 개발 및 운영 플랫폼과 연동되어 있어 애플만의 독특한 수직적 구조인 거대한 IT 비즈니스 플랫폼 생태계를 형성하였고, 더욱 발전하여 디지털 비즈니스 플랫폼으로 발전하였다.

이렇듯 어느 특정 플랫폼이 독립적이면서 폐쇄적인 생태계가 아니라, 나의 비즈니스를 위해 다른 비즈니스를 이용하거나 나의 비즈니스를 다른 비즈니스가 이용할 수 있도록 조성된 환경을 디지털 비즈니스 플랫폼이라고 정의할 수 있고, 우리는 언제부터인가 디지털 비즈니스 플랫폼을 구성하기 위한 노력을 하고 있다. 이때 주의할 점은 일반적으로 디지털 비즈니스와 관련된 서비스들이 온라인을 중심으로 서비스되기 때문에 단순하게 IT 서비스 플랫폼을 디지털 비즈니스 플랫폼과 혼동할 수 있다. 디지털 비즈니스 플랫폼은 말 그내로 디지털 비즈니스가 가능한 환경을 뜻한다. 아직 충분하게 이해가 안 되는 독자들은 앞에서 설명한 비즈니스 모델과 IT 비즈니스 모델 부분을 다시 한 번 살펴보기를 강력하게 권고한다. 어떤 유형의 비즈니스 플랫폼이라도 하더라도 비즈니스 플랫폼은 수익을 창출하기 위한 비즈니스 수단일 때 의미가 있다.

비즈니스 수단으로서의 디지털 비즈니스 플랫폼에는 2가지 유형이 있을 수 있다. 첫 번째는 구글 검색기·페이스북·유튜브 등과 같이 비즈니스 모델이 훌륭하여 성공한 비즈니스 모델 자체가 플랫폼화 되는 경우가 바로 그것이다. 비즈니스가 잘 되기 때문에 많은 이해 당사자와 CPND 생태계가 성공한 비즈니스 모델에 합류하게 되어, 보다 강화된 비즈니스 모델로 확장되면서 자연스럽게 디지털 비즈니스 플랫폼을 형성하게 된다. 이렇게 형성된 디지털 비즈니스 플랫폼은 전통적인 비즈니스 모델에서는 볼 수 없었던 실험적인 성격의 비즈니스 모델이 성공한 경우가 대다수를 차지하고 있다.

두 번째는 많은 참여자가 모일 것을 예상해서 만든 비즈니스 모델에 기반해서 만들어지는 플랫폼이다. 아마존 웹 서비스[26]가 대표적으로, 플랫폼의 진가가 알려지는 순간 엄청난 수의 참여자들이 모여들어 강력한 플랫폼을 구성하고, 참여자들의 수가 많아질수록 새로운 비즈니스 모델이 계속 만들어진다. 새롭게 만들어진 비즈니스는 기존의 전통적 기반의 비즈니스를 빠르게 잠식해가면서, 더욱 비즈니스 영역을 넓혀간다. 디지털 비즈니스를 기반으로 커버하는 비즈니스 영역이 넓어지면 넓어질수록 더욱더 강력한 디지털 비즈니스 플랫폼으로 확대된다.

이처럼 2가지 유형의 플랫폼은 서로 다른 성격을 가지고 있기 때문에 디지털 비즈니스 플랫폼을 추구할 때 주의해야 한다. 대부분의 디지털 비즈니스 플랫폼은 첫 번째 유형처럼 훌륭한 비즈니스 모델로 시작해서 플랫폼화 되는 경우가 많다. 하지만 많은 기업과 조직에서 디지털 비즈니스 플랫폼을 활용하기 위해 추진하는 과정을 보면 플랫폼을 먼저 정의하고, 구축하려고 한다. 그러다 보니 디지털 비즈니스 모델을 정의하기 쉬운 클라우드 서비스 모델을 플랫폼으로 혼동하여 클라우드 센터를 만들기 위해 많은 시간과 노력을 들이지만, 실제로 성과를 달성하는 곳을 찾아보기는 쉽지 않다. 클라우드 센터와 같은 개념은 인프라 비즈니스로 두 번째 유형에 속하는 것이다. 두 번째 유형의 플

---

26 AWS(Amazon Web Service), 네이버 클라우드나 구글 드라이브는 일반 소비자가 대상이지만, AWS의 주요 고객은 개발자, 엔지니어 등 IT 관계자이며, AWS가 제공하는 서비스는 '인프라'임

랫폼은 인프라도 중요하지만 '킬러 앱[27] 또는 킬러 서비스'를 반드시 확보하고 있어야 한다. 플랫폼에 참여자들은 화려한 인프라보다는 수익을 낼 수 있는 킬러 앱과 서비스가 있는 인프라를 원하기 때문이다.

IT 비즈니스 플랫폼에 대해서 마지막 사족을 붙이고자 한다. 많은 IT 기업이 디지털 비즈니스 플랫폼을 선점하기 위해 개발 지원 도구와 운영 도구인 OS 플랫폼에 관심이 많고, 새로운 OS 플랫폼을 만들기 위해서 많은 투자를 하고 있다. 하지만 성공했다는 소식은 거의 없다. 특정한 하드웨어에서만 운영되는 OS 플랫폼은 요즘과 같은 디지털 비즈니스 생태계에서는 의미가 없다. 디지털 비즈니스 플랫폼에서는 소프트웨어도 중요하지만, 특정 OS 플랫폼에 독립적인 범용적 하드웨어를 기반으로 해야 하기 때문이다.

이제 IT 비즈니스(디지털 비즈니스와 달리 전통적인 IT 운영 서비스)는 메인 비즈니스의 지원을 넘어서 모든 비즈니스 분야에 없어서는 안 될 존재가 되었다. 하지만, 지금까지 IT 비즈니스 플랫폼에 의한 성공 사례는 우리와 동떨어져 있는 환경의 구글, 아마존 등과 같은 거대 기업의 클라우드 서비스 플랫폼 이외에는 찾아보기 쉽지 않다. 최근 들어 IT 비즈니스 플랫폼을 자체적으로 구축하기보다 이미 검증된 클라우드 서

---

27 킬러 애플리케이션 (Killer Application)의 준말로, 출시되자마자 다른 경쟁 제품을 몰아내고 시장을 완전히 재편할 정도로 각광을 받으면서 많은 수익을 올리는 상품이나 서비스들

비스 플랫폼을 활용하는 사례가 많이 나타나고 있다. 이제는 기업 단위의 자체 IT 비즈니스 플랫폼을 구축하고 운영하는 단계를 넘어 디지털 비즈니스 생태계와 융·복합하여 차별화된 디지털 비즈니스를 창출하고, 거기에 걸맞은 디지털 비즈니스 플랫폼을 활용하는 세상에 들어와 있다.

2.4 디지털 비즈니스 프로세스

_____ 새로운 서비스나 신제품 개발을 위한 생산시스템인 디지털 비즈니스 플랫폼은 특정 비즈니스에 특화된 것이 아니기 때문에 범용적으로 활용할 수 있는 하드웨어 및 소프트웨어 기술과 핵심 기술을 표준화·모듈화[28]·공용화할 수 있어야 하고, 이를 통해 개방형 혁신 활동을 가능하게 하는 기술이다. 이 기술을 운영하거나 활용하기 위해서는 일정한 규율을 정해야 한다. 달리 표현하면, 가치 있는 제품이나 서비스를 생산·유통·공유할 수 있도록 현재 비즈니스와 새로운 비즈니스 개발을 지원하는 물리적 장치와 프로세스를 따라야 한다.

하지만 IT 서비스를 담당하고 있는 개발자들은 이런 프로세스보다 시스템을 구축하고 운영하는 데 더 치중한다. 즉, 메인 비즈니스를 수

---

28 모듈화, 자동차 조립 공정에서 개별 부품들을 차체에 직접 장착하지 않고 몇 개의 관련된 부품들을 하나의 덩어리로 생산해 장착하는 기술방식(한경 경제 용어사전)

행하는 현업 사용자들의 요구 사항을 비즈니스적으로 파악하기보다는
자신의 기술을 충분히(?) 발휘할 수 있는 '요구 사항 명세서'로 만들어
구현하기를 좋아한다. 이들은 대부분 특정 조직만을 위한 단위 시스템
구현에 익숙해져 있기 때문에 기존 시스템의 변경 요구나 새로운 기능
추가 요구는 이들에게 그리 어려운 일이 아니다. 기존에 알고 있던 지
식과 업무 노하우를 통해 충분히 해결할 수 있기 때문이다. 이들에게
는 IT 서비스 시스템에 장애가 발생하지 않는 것이 최우선 과제로 현
재 상태의 유지가 가장 중요하다. 이들은 또한 동물적인 감각도 뛰어나
자기 영역을 지키기 위해 애쓰기 때문에 자기 영역을 침범하는 상황이
벌어지는 것을 용납하지 않는다. 반대로 자신의 영역이 아닌 곳에는 관
심도 갖지 않는다. 스스로 사일로 조직[29]에 갇혀 지낸다. 이런 조직 사
회가 가장 싫어하는 것이 혁신이다. 혁신이 일어나게 되면 지금까지 자
신과 조직을 존재할 수 있게 해주었던 노하우가 더 이상 가치를 인정받
지 못한다는 것을 잘 알고 있다. 그리고 혁신에는 필연적으로 따라오는
것이 프로세스 혁신이다. 지금까지는 과거 선배로부터 어렵게(?) 전수받
은 노하우와 동물적 감각을 바탕으로 여러 가지 문제점들에 대해 임기
응변으로 대처할 수 있었지만, 디지털 비즈니스 플랫폼 프로세스상에
서는 이 같은 행위는 더 이상 용납이 되지 않는다. 디지털 비즈니스 플
랫폼 운영 정책을 지켜야 하기 때문이다.

---

29 사일로(Silo) 조직, 조직 부서들이 서로 다른 부서와 담을 쌓고 내부 이익만을 추구하
    는 현상을 일컫는 말. 곡식 및 사료를 저장해두는 굴뚝 모양의 창고인 사일로(silo)에
    빗대어 조직 장벽과 부서 이기주의를 의미

이 장 첫머리에서 디지털 비즈니스 플랫폼은 표준화·모듈화·공용화를 통한 개방형 혁신 기술이라고 언급했다. 디지털 비즈니스 플랫폼이 운영되기 위해서는 참여자들의 합의에 의해 만들어진 운영 프로세스가 필요하다. 이 프로세스가 다양한 비즈니스와 참여자들 간의 상호 의사소통을 가능하게 한다. 반대로 디지털 비즈니스 플랫폼을 활용하기 위해서는 이 프로세스를 이해하고 지킬 수 있는 직무 역량(Skills & Abilities)이 필요하다. 직무는 '무엇인가 잘할 수 있는 능력'을, 역량은 '무언가를 수행하는 수단이나 기술의 소유'를 의미한다. 이 직무 역량을 확보하기 위해서는 비즈니스에 대한 이해가 선행되어야 한다. 비즈니스에 대한 이해 없이 바로 디지털 비즈니스 플랫폼을 운영하거나 활용할 수는 없다. 비즈니스에 대한 이해를 통해 비즈니스 프로세스를 구축하고 운영할 수 있기 때문이다.

이해를 돕기 위해 온라인 쇼핑몰 플랫폼을 예로 들어보자. 이 플랫폼에는 다양한 콘텐츠와 이를 주고받는 많은 판매자와 구매자가 모여 있다. 이 플랫폼을 운영하는 기업의 주 수익원은 거래 수수료이기 때문에 거래가 많아야 수익이 높아진다. 거래 수수료는 당연히 거래 성공률이 높을수록 수익률도 향상된다. 플랫폼 운영 기업은 거래 성공률을 높이기 위해 최선을 다할 것이다. 거래 성공률은 구매자들이 어떤 과정을 거쳐서 구매하는지 알아야만 높일 수 있다. 이를 위해 잠재 구매자가 가치 있는 제품이 있다는 것을 인식해서 최종적으로 구매하게 되는 전 과정을 파악하려는 시도는 오래전부터 있어왔다.

소비자가 범주, 제품 또는 브랜드에 대해 인지하게 됨(일반적으로 광고를 통해)

Attention

인식하는 단계

소비자가 브랜드 혜택과 생활에 어떻게 부합하는지를 알게 돼 관심을 갖게 됨

Interest

소비자는 브랜드에 대한 호감도를 형성하게 됨

Desire

영향을 받는 단계

소비자는 구매 의도를 형성하고, 주변에 상점을 찾거나 구매를 할 수 있게 됨

Action

행동하는 단계

AIDA Model(출처: businesstopia)

가장 많이 사용되는 방법으로는 1898년 세인트 엘모 루이스가 고안한 AIDA 모델[30]과 이를 기반으로 해서 1924년 윌리엄 타운센드가 고안한 구매 깔때기 모델[31]이 있다. 이 모델은 계속 진화하여 오늘날에는 다음 그림과 같은 모형으로 발전하였는데, 이것이 유명한 마케팅 깔때기(Marketing Funnel) 모델이다. 이 모델은 입구가 크고 출구가 좁은 깔

---

30   E. St. Elmo Lewis는 브랜드 또는 제품이 소비자의 관심을 끌었던 순간부터 구매 시점까지 이른 과정을 AIDA(Awareness, Interest, Desire, Action) 모델로 표현

31   William W. Townsend는 AIDA 모델을 기반으로 Purchase Funnel 모델을 만듦

때기 모양처럼, 다양한 마케팅 활동을 통해 많은 잠재 구매자를 끌어 모은다 해도 실제 구매로 이어지지는 않는 것에 따른 이유를 파악하기 위해 깔때기 안에서 벌어지는 변화를 파악하기 위해 고안된 모델이다.

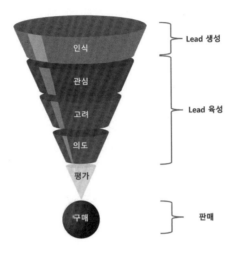

Marketing Funnel 모형

이 모델을 이해하기 위해 먼저 용어 정의부터 시작할 필요가 있다.

마케팅 깔때기의 각 단계

■ 인식(Awareness): 인식은 마케팅 깔때기의 최상위 단계이다. 잠재 고객은 마케팅 캠페인 및 소비자 조사 등에 의해 이 단계로 끌어들 여 정보를 수집하고 리드(Lead)를 리드 관리 시스템으로 끌어오고 깔때기를 내려가는 과정에서 리드 생성이 이루어진다.

■ 관심 분야(Interest): 리드가 생성되면 회사, 제품 및 제공되는 유용한 정보와 연구에 대한 관심 분야로 이동한다. 마케팅 담당자는 전자 메일, 업계 및 브랜드, 뉴스레터 등을 대상으로 보다 많은 콘텐츠를 통해 리드를 양성할 수 있다.

■ 고려(Consideration): 고려 단계에서는 리드가 마케팅이 필요한 자격을 갖춘 리드로 변경되어 잠재 고객으로 간주된다. 마케팅 담당자는 자동화된 이메일 캠페인을 통해 잠재 고객에게 제품 및 제공에 대한 추가 정보를 제공하고 대상 콘텐츠, 사례 연구, 무료 평가판 등을 통해 잠재 고객을 지속해서 육성할 수 있다.

■ 의도(Intent): 의도 단계에 도달하기 위해 잠재 고객은 브랜드 제품을 구매하는 데 관심이 있음을 입증해야 한다. 설문 조사, 제품 데모 또는 상품이 전자 상거래 웹 사이트의 장바구니에 있는 경우에 발생할 수 있다. 이것은 마케터들이 '왜 그들의 제품이 구매자에게 최고의 선택인가?'에 대한 강력한 근거를 제시할 수 있는 기회다.

■ 평가(Evaluation): 평가 단계에서 구매자는 브랜드 제품 또는 서비스를 구매할지에 대한 최종 결정을 내린다. 일반적으로 마케팅 및 영업은 긴밀하게 협력하여 의사 결정 과정을 촉진하고 구매자에게 자신의 브랜드 제품이 최고의 선택임을 확신시킨다.

■ 구입(Purchase): 잠재 고객이 구매하여 고객으로 전환하기로 결정한 마케팅 깔때기의 마지막 단계다. 판매로 이어져 구매 거래를 처리하는 곳이다. 구매자가 긍정적인 경험을 한 경우 추천으로 이어

져 프로세스가 다시 시작된다.

　고객의 구매 과정은 인식에서 출발하여 구매를 완료하게 되면 종료된다. 이 과정을 마케터가 작업하는 입장에서는 세 구간으로 나눌 수 있다.

마케팅 깔때기 작업 구간

■ 리드 생성(Lead Generation): 고객은 마케팅 및 광고 캠페인, 소비자 조사 등을 통해 제품에 대해 알게 된다. 고객으로부터 어떤 형태로 정보를 수집함으로써 인식하게 된다. 이러한 정보 수집 프로세스를 리드 생성이라고 하며, 리드 관리 시스템에서 정보를 사용하기 위해 시스템을 개발한다.

■ 리드 육성(Lead Nurture): 잠재 고객이 제품을 알게 되면, 제품 구매에 관한 관심을 불러일으키기 위해 마케팅 담당자는 경쟁 제품보다 자사 제품을 더 많이 고려하도록 해야 한다. 여기에는 마케팅 담당자가 여러 다른 채널을 활용하고 홍보 전략을 개선하기 위해 제휴사와 파트너가 포함된다.

■ 판매(Sales): 마지막 구간으로 마케터의 노력과 고객의 구매 여정이 결실을 맺는다.

마케팅 깔때기의 입구는 출구에 비해 상당히 크다. 깔때기 입구에 아무리 잠재 구매자가 많다고 해도 구매를 완료하고 깔때기 출구로 나오는 실제 구매자는 많지 않다. 그래서 깔때기 입구부터 작업을 해야 한다. 온라인 쇼핑몰에 '이런 물건이 있다.'라고 잠재 구매자들에게 알려야 한다. 알리는 방법은 여러 가지가 있겠지만 어떤 방법이 가장 효과적인지는 알 수가 없다. 이 과정에서 기업들은 큰 비용을 들여 광고를 한다. 잠재 구매자들이 관심을 보이는 제품이 무엇인지 '인식'하지도 못한 상태에서 제품을 팔기 위한 광고는 효과가 작을 수밖에 없다. 잠재 구매자가 제품을 인식할 수 있는 방법을 찾아야 한다. 이때 잠재 구매자들이 인터넷 검색을 할 때마다 관심 분야에 대한 정보를 얻어 제품과 연계시킬 수 있다면 큰 도움이 된다.

이런 것을 가능하게 하는 것 중의 하나가 빅데이터를 활용하는 것이다. 하지만 많은 기업과 조직에서 빅데이터에 대한 접근 방법을 보면 실망을 금치 못한다. 대부분이 빅데이터를 활용하는 이유는 불분명한 채로 빅데이터 시스템을 구축하는 데에만 신경을 쓰고 있다. 심지어는 데이터 수집조차 못 하는 곳이 많다. 그러면서 실패의 원인을 빅데이터 전문가의 부재로 몰아간다. 원래 빅데이터 전문가는 존재하지 않았고, 존재할 수도 없다. 빅데이터 전문가는 기업과 조직 내에 있는 인력을 양성해서 활용해야 한다. 간혹 빅데이터 활용도 못 하고 있는 곳에서 머신 러닝에 관심을 보이는 곳도 있다. 머신 러닝은 빅데이터를 기반으로 활용할 때 의미가 있다. 이런 일이 반복적으로 발생하는 이유는 앞에서도 언급했던 것처럼 IT 비즈니스 또는 디지털 비즈니스를 아직도 시스템 구축 및 운영이라고 생각하는 데 그 이유가 있다.

잠재 구매자에게 제품을 인식시키는 데 성공했다면, 이제는 잠재 구매자의 '관심 분야'에 대한 리드를 생성해야 한다. 리드 생성을 위해서는 제품과 관련된 유용한 정보를 제공하여야 하는데, 제품에 대한 직접적인 정보도 중요하지만, 간접적인 정보가 더 많은 흥미를 이끌어 낼 수 있다. SNS 등을 통해 제품과 관련 있는 추천이나 긍정적 리뷰에 잠재 구매자를 노출시키는 것은 좋은 방법이다. 실제 조사 결과에서도 친구나 지인의 추천이 큰 효과가 있다고 밝혀졌다. 이 글을 쓰면서 잠시 인터넷에서 '지인 추천'을 찾아보았더니 모든 분야의 업종, 매장 등에 대해서 불특정 다수에게 추천을 해달라는 글이 엄청나게 많았다.

이제는 진정한 의미의 잠재 구매자를 가려내는 일이 필요하다. 리드를 통해 유의미한 잠재 구매자를 구분할 수 있게 되는 '고려' 단계에서는 추가 정보 제공을 통해 잠재 구매자로 하여금 제품의 필요성을 느끼게 해야 한다. 이 단계는 플랫폼 운영자가 직접 관여할 수 없다. 다만, 유의미한 잠재 구매자가 많은 곳을 선택할 수 있다면 판매할 수 있는 확률을 훨씬 높일 수 있다. 예를 들면 홍대 앞이나 가로수 길에 있는 점포는 임대료가 비싸도 점포를 구하기가 쉽지 않다(이 내용은 2018

년 1월에 썼는데, 같은 해 12월에 임대료가 너무 올라 점포 공실률이 매우 높다고 한다). 판매로 이어질 수 있는 유의미한 잠재 구매자가 자의에 의해서 스스로 찾아오기 때문에 비싼 임대료를 상쇄하고도 남는 수익을 낼 수 있는 곳이다. 즉, 비용이 드는 리드 생성과 리드 육성 단계를 획기적으로 줄일 수 있다. 이미 고려 단계에 들어선 잠재 구매자의 구매 성공률은 매우 높기 때문이다. 디지털 비즈니스 측면에서는 이런 핫플레이스를 찾을 때 빅데이터를 기반으로 한 머신 러닝에 의해 추천받을 수 있을 것이다.

잠재 구매자가 제품에 대한 필요성을 확실히 느꼈다고 여겨지면 그 이후 취하는 행동에 대한 정보를 해석해야 한다. 잠재 구매자가 인터넷 쇼핑을 하면서 위시리스트[32]에 제품을 담은 '의도'를 파악하여, 담은 제품이 최고의 선택이었을 알려주어야 한다. 선택한 제품과 연관된 다른 제품을 추천하거나, 그 제품의 올바른 사용법을 추천하는 것이다.

이런 방법들을 통해 잠재 구매자가 선택한 제품에 대해 스스로 '평가'할 수 있도록 도와야 한다. 절대로 잠재 구매자의 자유 구매 의사를 훼손할 수 있는 강요나 과대 포장은 금물이다. 모든 역량을 동원해서 잠재 구매자의 의사 결정 과정을 촉진시키고 선택한 제품이 최고의 선택이었음을 확신시켜야 한다.

---

32   Wish list, 원하는 상품을 목록으로 만들어놓은 것을 의미

이제 잠재 구매자가 '구매'를 하여 모든 구매 과정을 마친다. 그런데 이 과정에서 구매는 마지막 과정이 아니라 새로운 구매 과정의 시작임을 알아야 한다. 구매자가 구매한 제품에 대해 긍정적인 경험을 할 수 있도록 지원해야 하고, 더 나아가 지인들에게도 추천할 수 있도록 하여 새로운 구매 과정을 창출해야 한다. 인터넷상에서 제품을 검색해보면 연관 검색어, 연관 제품이 노출되는 것도 그 일환이다.

지금까지 인터넷 쇼핑몰 플랫폼을 통한 비즈니스 흐름을 살펴보았다. 인터넷 쇼핑몰 비즈니스가 막연히 판매할 제품을 올려놓으면 구매자가 알아서 구매하는 것이 아니다. 살펴본 바와 같이 인터넷 쇼핑몰 비즈니스를 알아야만 구매 성공률을 높일 수 있는 것이다.

앞에서 디지털 비즈니스 플랫폼 운영에 필요한 참여자들 간의 합의된 운영 프로세스가 있어야 하고, 운영 프로세스를 지킬 수 있는 직무 역량이 필요하다고 했다. 이런 직무 역량을 갖추기 위해서는 비즈니스 이해가 선행되어야 한다고 했다. 비즈니스 이해를 위해서는 공통으로 사용되는 언어에 의해 정의할 수 있어야 한다. 여기에는 많은 이해 당사자가 참여하고 있기 때문에 비즈니스의 차별화된 핵심 전략을 모두 이해할 수 있는 방법으로 표현할 필요가 있다. 디지털 비즈니스 플랫폼은 특정인의 전유물이 아니기 때문이다. 인터넷 쇼핑몰 비즈니스를 이해하기 위해 마케팅 깔때기를 이용하는 것처럼, 디지털 비즈니스에 대한 이해를 높이기 위해서도 체계적이고 검증된 모델을 활용하는 것이 필요하다. 즉, 디지털 비즈니스 맥락을 쉽게 파악할 수 있는 도구가 필요하다.

그럼, 쉽게 사용할 수 있는 비즈니스 모델 도구를 만들어보자(시중에 나와있는 범용적인 모델을 사용할 수도 있지만, 나한테 맞는 비즈니스 모델을 만들 필요가 있다). 즉 'Model as a Business(하나의 비즈니스로써 의미 있는 모델)'가 필요하다. 비즈니스 모델의 기본 구성 요소는 이 장의 첫 페이지에 나오는 핵심가치, 핵심자원, 수익 구조, 프로세스다. 기본 비즈니스 모델에서 생산된 핵심가치가 필요한 고객이 반드시 존재해야 하기 때문에 핵심가치가 필요한 고객을 추가하고, 수익 구조가 가치를 생산하는 데 드는 비용과 가치를 판매해서 생긴 이익으로 구분해보자.

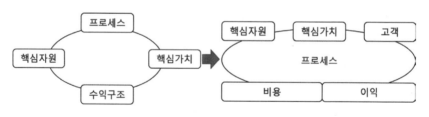

기본 비즈니스 모델의 변형

이제 핵심자원을 활용한 가치 생산 프로세스와 생산된 가치를 고객에게 판매하는 프로세스, 이런 일련의 과정을 통해 발생하는 비용 및 수익을 관리하는 재무 프로세스로 프로세스를 구분해보자.

기본 비즈니스 모델이 프로세스 구분

자체 생산과 협력 생산을 위한 협력자, 가치와 고객 사이를 이어주는 관계를 추가하자.

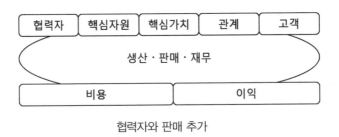

협력자와 판매 추가

여기에는 자체 생산 및 협력 생산을 위한 나의 핵심활동이 필요할 것이고, 관계를 맺은 고객에게 가치를 전달해주는 유통이 필요하다. 이 단계에서 프로세스는 9개의 블록에 스며든다.

핵심활동과 유통 추가

이렇게 기본 비즈니스 모델을 이해하기 쉽게 보완하면 9개의 블록으로 구성할 수 있다. 나는 이 모형을 뒤에서 설명할 '프로세스 구성 모형'과 같이 사용하면서 '비즈니스 이해 모형'이라고 부른다. 실제 컨설팅 사업을 위해 특정 비즈니스를 이해할 때 항상 이 모형을 활용한다. 이 모형을 이용하여 비즈니스를 구성하는 9개 블록을 정의하고 각 블록 간의 연결 고리와 연결 방법만 표현하면 전체 비즈니스 모델을 가시화할 수 있고, 컨설턴트로서 고객에게 설명하기도 쉽다.

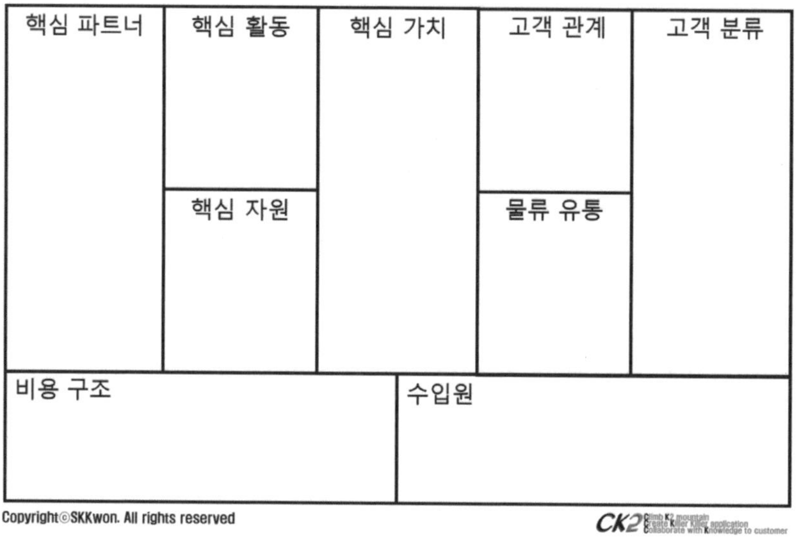

핵심 파트너
핵심 활동
핵심 가치
고객 관계
고객 분류
핵심 자원
물류 유통
비용 구조
수입원
Copyright©SKKwon. All rights reserved
CK2

비즈니스 이해 모형

아래 그림은 과학기술정보통신부에서 주관하는 SW 인재 양성을 위한 프로그램인 'SW 마에스트로 과정[33]'에서 내가 멘토로 활동하며

33 SW Maestro 과정, 정부가 2010년 2월에 마련한 '소프트웨어 강국 도약 전략' 가운데 최고 인재 양성 정책의 일환으로, 최우수 SW 인재를 발굴하여 체계적이고 파격적인 지원을 통해 SW 산업 발전에 기여하기 위해 기획된 정부 지원 사업. 100여 명을

학생들[34]과 같이 실제로 새로운 비즈니스 모델을 설계할 때 작성된 결
과다.

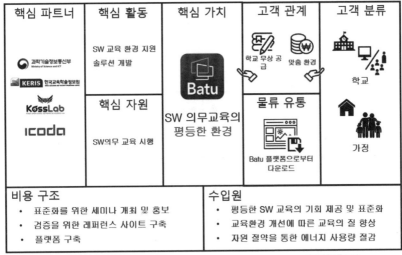

비즈니스 이해 모형의 사용 예

그런데, 놀라운 사실이 하나 있다. 이 비즈니스 모형과 거의 똑같다
고 볼 수 있는 유명한 비즈니스 구성 모델 도구가 있다는 사실이다. 스
위스 로잔대학교 교수들이 만든 비즈니스 모델 제너레이션[35]이 바로 그
것이다.

　　선발하여 1년 동안 교육과 프로젝트를 통해 최종적으로 10명에게 'SW Maestro 인
　　증'을 수여

34　대학생 2명과 고등학생 1명

35　Business Model Generation 비즈니스 모델의 탄생, 알렉산더 오스터왈더·예스
　　피그누어, 타임비즈

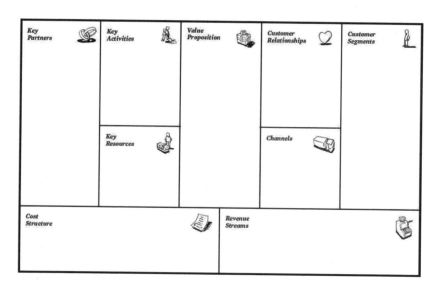

비즈니스 모델 캔버스

정말 똑같지 않은가?

인터넷상에서 '비즈니스 모델 제너레이션' 또는 '비즈니스 모델 캔버스'를 검색하면 수없이 많은 사례가 검색된다. 그중에서는 구글, 페이스북 등 IT 비즈니스 기업과 기존 금융 비즈니스인 카드사와 은행, 전통적인 제조업과 유통업 등 전 산업과 비즈니스에 관련되어 비즈니스 모델 캔버스를 적용한 사례가 나온다. 다만, 한국에서는 스타트업을 위한 신규 비즈니스 모델을 구성하기 위한 학원 수업 방식의 소개가 많이 나오는 것이 아쉽다는 생각이 든다. 굉장히 훌륭한 도구임에도 불구하고 소규모 스타트업 비즈니스 모델을 위한 단순한 도구로 취급하는 경향이 있다. 그러나 마케팅 깔때기 모델처럼 비즈니스 모델 캔버스를 활용하여 관련 비즈니스를 이해하고 나면, 비즈니스에 필요한 직무 역량을 확보할 수 있다.

내가 사용하는 비즈니스 이해 모형이나 비즈니스 모델 캔버스나 비즈니스를 이해하기 위한 목적은 같기 때문에 각 블록에 대한 상세 설명은 비즈니스 모델 제너레이션을 고안한 학자들이 잘 정익한 내용을 참조하여 설명하겠다.

각 블록 내용

- **고객 분류(Customer Segments):** 타깃 고객을 정의하고, 그 고객을 만족시키기 위해 고객의 공통된 니즈, 행동, 태도 등에 따라 고객을 그룹별로 분류한다. 비즈니스 모델을 설계할 때는 고객 분류 기준을 결정하고, 고객의 입장에서 그 니즈를 심도 있게 분석해야 한다.

- **가치 제안(Value Proposition):** 타깃 고객이 바라는 것이 무엇인지를 명확하게 정의하여 기록한다. 고객이 어디에서, 무엇에서 가치를 발견했는지 고려하여 가치를 창출할 제품이나 서비스를 중심으로 생각한다. 고객이 선택한 진짜 이유와 고객에게 제공 가능한 이익을 생각한다. 혁신적인 가치를 제안할 수도 있고, 기존 제품에 추가 기능을 제공하는 것일 수도 있다. 제공하려던 가치와 다른 가치를 찾아낼 수도 있다.

- **고객 관계:** 고객을 확보, 유지, 확대할 수 있는 방법을 찾기 위해 어떤 관계를 구축하고 유지하기를 기대하는지, 기존 관계 구축 방법

은 무엇인지, 비용은 얼마나 들지, 비즈니스 모델 이외의 요소와 어떻게 통합시킬지 등을 검토한다. 관계를 맺는 방법은 직접 방문 같은 사적인 것부터 온라인으로 자동화된 것까지 다양하다.

■ **물류 유통(Channels):** 고객이 원하는 가치를 제공한다는 사실을 알리는 방법과 그 가치를 효과적으로 전달하는 다양한 경로를 기술한다. 제공하는 가치의 인지, 평가, 구입, 제공, 애프터 서비스까지의 과정을 포함한다. 이는 커뮤니케이션, 유통, 판매 채널, 사후 관리를 통한 고객과의 연결 고리로써 고객과 가치의 접점으로 고객의 경험에 중요한 역할을 한다.

■ **수입원(Revenue Streams):** 창출된 수입의 흐름을 ROI 관점으로 표현한다. 현재와 과거 실적을 비교하고, 미래를 예측할 수 있다.

■ **핵심 파트너(Key Partner):** 리스크를 줄이고 부족한 자원을 얻기 위해 외부 기술과의 협업 또는 아웃소싱과 자원 조달 방법을 찾아본다.

■ **핵심자원(Key Resources):** 필요한 자원에는 물적 자원 이외에도 재무적 자원, 지적재산권, 인적자원 등 다양한 종류가 있다. 똑같은 제조업이라도 저렴하게 양질의 제품을 파는 경우에는 효율적인 대량생산 체제나 제조 라인이 중요할 것이고, 디자인에 차별을 두는 기업에서는 우수한 디자이너 등의 인적자원이 중요할 수도 있다. 어떤 자원이 필요한지 비즈니스 모델에 따라 달라지며, 그에 따라 핵심자원으로 기술할 내용도 달라진다.

■ **핵심활동(Key Activities):** 가치 제안을 차별화하기 위해 반드시 실행해야 하는 활동에 초점을 맞춘다. 가치를 제안하고, 시장을 조사하고, 고객과의 관계를 유지해 수익을 높이는 데 꼭 필요한 활동이다. 같은 업종이라도 비즈니스 모델의 종류에 따라 핵심활동이 달라지는 것 또한 핵심자원과 동일하다.

■ **비용 구조(Cost Structure):** 핵심 파트너, 핵심자원, 핵심활동 등의 정의를 선행한 후 실행한다.

비즈니스를 이해하기 위해 이러한 모형을 사용하는 방법은 매우 유용하다. 이러한 모형들을 사용하여 비즈니스 모델을 정의하면, 비즈니스 콘텍스트를 이해할 수 있는 직무 역량이 생기는 것은 물론이고, 힘들이지 않고 비즈니스 프로세스를 파악하게 된다. 9개의 블록을 정의하고, 각 블록 간의 연관 관계를 그려보면 상세하지 않지만, 전체적인 비즈니스 프로세스의 윤곽을 알 수 있다. 하나의 예로 면도기 업체로 유명한 질레트의 비즈니스 모델 캔버스 사용 예를 살펴보겠다.

핵심 파트너	핵심 활동		핵심 가치	고객 관계	고객 분류
제조사	마케팅 R&D 물류		면도기	'Lock-in'	고객
소매점	핵심 자원 브랜드 특허		면도날	물류 유통 소매	

비용 구조		수입원
마케팅 R&D 물류 제조		1 X 면도기 면도날 교체

CK2

질레트의 비즈니스 모델 캔버스 사례

9개 블록에 대해 너무 간결하게 느껴질 정도로 핵심 키워드를 잘
선정하여 정의를 했다. 한눈에 질레트의 비즈니스가 이해된다. 그런데,
각 블록 간의 연관 관계가 생략되어있어 비즈니스를 이해하기 위해서
는 선정된 핵심 키워드 하나하나를 살펴보아야 하고, 다른 블록과의
연관 관계를 맺기 위한 귀찮고 힘든 작업을 별도로 수행해야 한다. 이
비즈니스 모델 캔버스를 작성한 사람은 각 블록 간의 연관 관계를 생
각하고 작성했겠지만, 눈에 보이지 않기 때문에 별도의 설명이나 이해
하기 위한 노력이 필요하다. 이렇게 되면 비즈니스 모델 캔버스를 사용
하는 장점이 많이 사라진다. 더 중요한 것은 이 비즈니스 모델을 보고
이해하는 모든 이해 당사자가 서로 다르게 이해할 소지가 있다는 것이
다. 그렇다면 다음 비즈니스 모델 캔버스는 어떻게 느껴지는가?

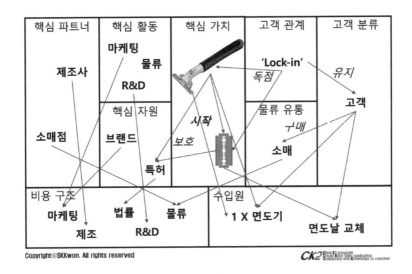

블록 간의 연관 관계를 표현한 질레트의 비즈니스 모델 캔버스

9개 블록 간의 연관 관계가 표현되어 있기 때문에 비즈니스를 이해하는 데 훨씬 수월할 것이다. 또한, 상세하지 않지만, 질레트의 비즈니스 프로세스가 대략적으로 눈에 들어온다.

비즈니스 이해를 바탕으로 하는 직무 역량은 비즈니스 프로세스를 구축하고 운영할 수 있는 기본 능력이다. 이제 비즈니스 이해를 위한 방법을 찾았으니 지금부터는 비즈니스 프로세스에 대해 알아보자. 먼저 프로세스 관련 용어 정의를 할 필요가 있다. 국내에서는 프로세스[36]와 프로시저[37]를 거의 구분 없이 사용하는데, 이 때문에 비즈니스 프

---

36 Process, 의도된 목표를 제공하기 위해 입력을 사용하는 상호 관련되거나 상호작용하는 일련의 활동

37 Procedure, 일반적인 어떤 행동을 수행하기 위한 작업 절차

로세스를 구축할 때 많은 문제가 생긴다. 이 글을 읽는 독자들도 프로세스와 프로시저의 뜻을 한국말로 생각해보기 바란다. 아마 대부분의 독자들이 프로세스를 과정·절차·공정·순서·지침·업무 플로우 중의 하나로 생각했을 것이다. 그리고 프로시저에 대해서는 별다른 생각이 나지 않았을 것이다. 우리가 평상시 자주 사용하는 단어지만 막상 그 단어의 의미를 정확히 정의하기는 쉽지 않다. 이런 일이 발생하는 이유는 프로세스라는 개념이 우리에게는 없기 때문이다. 개념이 없음에도 불구하고 막연히 사용하다 보니 프로세스와 프로시저를 구분하지 못한다. 물론 최근에는 많은 기업과 조직에서 ISO 9000 인증을 취득하기 위한 노력을 해왔기 때문에 ISO 인증 업무 관련 종사자 중에는 정확하게 의미를 이해하는 사람들이 많이 생겼다. 프로세스 개념을 정확히 이해하는 것은 매우 중요하기 때문에 공신력 있는 기관에서 정의한 뜻을 따르는 것이 바람직하다. 이 책에서는 품질 경영과 품질 보증에 대한 규격인 ISO 9000 규격을 준용한다. ISO 9000에서는 프로세스와 관련된 용어들에 대해서 다음과 같이 제시하고 있다.

ISO 9000에 제시된 용어 정의

■ 프로세스: 입력을 출력으로 변환시키는 상호 관련되거나 상호작용하는 활
　동의 집합
■ 시스템: 상호 관련되거나 상호작용하는 요소의 집합
■ 경영 시스템: 방침 및 목표를 수립하고 그 목표를 달성하기 위한 시스템
　(Management System)
■ 품질 경영 시스템: 품질에 관하여 조직을 지휘하고 관리하는 경영 시스템
　(QMS, Quality Management System)

또한, ISO 9001:2015 규격에서는 품질 경영 시스템을 운영하기 위
해 프로세스를 기반으로 하는 품질 경영 시스템의 모델을 다음 그림과
같이 나타내고 있다.

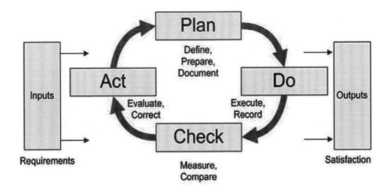

품질 경영 시스템(출처: ISO 9001:2015)

고객의 요구 사항을 입력으로 받아 고객 만족이라는 출력이 나오도록 모든 과정의 프로세스를 지속해서 개선하고 있다. 즉, 입력이 들어오면 제품(가치)을 실현하여 고객에게 전달(출력)하는 단순한 과정이 아니라, 고객에게 전달하기 전에 충분한 제품 분석을 통해 경영자 책임하에 개선을 하기 위해 필요한 자원을 관리한다. ISO 9000 규격은 이렇게 프로세스를 기반으로 하는 품질 경영을 위한 8대 원칙도 제정했다.

품질 경영 8대 원칙

- **고객 중시:** 조직은 고객에 의존하고 있다. 따라서, 현재 및 미래 고객의 요구를 이해하고 고객 요구 사항을 충족하며 고객의 기대를 능가하도록 노력하여야 한다.

- **리더십:** 리더는 조직의 목적과 방향의 일관성을 확립한다. 리더는 사람들이 조직의 목표를 달성하는 데 전적으로 참여할 수 있는 내부 환경을 조성하고 유지하여야 한다.

- **전원 참여:** 모든 계층의 사람들이 조직의 필수 요소다. 따라서 전원이 참여함으로써 그들의 능력이 조직의 이익을 위하여 발휘될 수 있다.

- **프로세스 접근 방법:** 관련된 자원 및 활동이 하나의 프로세스로 관리될 때 바라는 결과가 보다 효율적으로 얻어진다.

■ **경영에 대한 시스템 접근 방법:** 상호 연계된 프로세스를 하나의 시스템으로 파악하고 이해하며 관리하는 것은 조직의 목표를 효과적이며 효율적으로 달성하는 데 이바지한다.

■ **지속적 개선:** 조직의 총체적 성과에 대한 지속적 개선은 조직의 영구적인 목표이다.

■ **의사 결정에 대한 사실적 접근 방법:** 효과적인 의사 결정은 데이터 및 정보의 분석에 근거한다.

■ **상호 유익한 공급자 관계:** 조직 및 조직의 공급자는 상호 의존적이며, 이들의 상호 이익이 되는 관계는 가치를 창출하기 위한 양쪽 모두의 능력을 증진시킨다.

ISO 9000 규격의 품질 경영 8대 원칙은 새롭거나 거창한 것이 아니다. 우리 주변에서 흔하게, 그리고 자주 이야기되던 내용이다. 이 중에서 네 번째에 있는 '프로세스 접근 방법[38]'을 눈여겨볼 필요가 있다. 프로세스 접근 방법은 완전하게 통합된 시스템으로 작동하도록 다음과 같이 조직의 프로세스를 수립하는 것이 포함된다.

■ 경영 시스템은 목표를 달성하기 위한 프로세스와 조치를 통합한다.
■ 프로세스는 상호 연관된 활동과 점검을 정의하여 의도한 결과를 제공한다.

---

38 Process Approach, 프로세스를 이해하고 프로세스 간의 상호작용과 원하는 결과를 얻기 위한 프로세스를 관리하고, 조직 내에서 프로세스로 구성된 시스템을 적용하는 것을 의미

■ 조직의 상황에 따라 필요에 따라 세부적인 계획과 통제를 정의하고 문서화
할 수 있다.

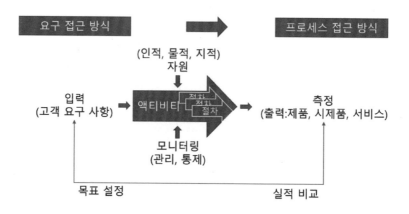

ISO 9000 규격에 따른 프로세스 구성도

이렇게 정의되어 구성된 프로세스는 프로시저와 분명하게 구별할
수 있어야 한다.

Procedure	Process
임무의 완수	요구된 목표의 성취
절차의 이행	프로세스의 운용
서로 다른 목적를 갖는 서로 다른 부서에 있는 서로 다른 인원에 의해 완료	같은 목표를 갖는 서로 다른 인원에 의해 완료 (부서와 관계 없음)
기준 충족에 중점	고객 만족에 중점
임무완수를 위한 단계의 순서를 규정	목표를 달성하기 위한 활동 및 자원을 통합

프로시저와 프로세스 비교

마지막으로 프로세스는 프로세스 실행 결과의 측정이 가능해야 한

다. 프로세스 실행에 의해 '의도된 목표'의 달성 여부를 파악할 수 있어야 하기 때문이다. 목표 달성 여부를 측정하기 위한 성과 지표를 만들고, 측정하고, 평가해서 평가 결과를 프로세스에 반영해야 한다. 이러한 성과 지표를 만들 때 반드시 유념해야 할 것이 하나 있다.

바로 성과 지표의 속성을 올바르게 정의하는 것이 바로 그것인데, 비즈니스 관점에서 바라본 성과가 가장 우선시 되어야 한다. 속성은 크게 **효과성**(effectiveness)**과 효율성**(efficiency)**으로 구분할 수 있다.**

- **효과성:** 계획된 활동이 실현되어 계획된 성과가 달성되는 정도로, 비용이 얼마나 필요한지 투입의 문제에 관심을 갖는 것이 아니라, 정해진 목표를 얼마나 달성했는지가 중요하다.

- **효율성:** 능률적으로 성과를 성취할 수 있는 정도로, 달성된 결과와 사용된 자원과의 관계가 중요하다.

$$효과 = \frac{성과}{투입} \qquad 효율 = \frac{효과}{투입}$$

효과성과 효율성 산출식

기업 혁신을 위한 비즈니스 프로세스 성과는 비용(Cost)을 절감시켰거나 수익(Income)을 증가시켰거나 또는 이 2가지로 표현할 수 있어야 한다. IT 비즈니스와 디지털 비즈니스 프로세스도 마찬가지로 메인 비즈니스의 지원 역할을 주로 할 때는 효율성을 많이 따졌지만, 디지털

비즈니스 플랫폼이 중심이 되는 세상에서는 효율성 지표보다는 효과
성 지표에 의해 디지털 비즈니스 프로세스 성과를 나타내야 한다. 비
즈니스 모델은 수익 모델과 서비스 모델로 구성되어있기 때문에 디지털
비즈니스 프로세스 성과를 수익 모델로 표현할 수 있어야 한다.

2.5 수익 모델

_____ 제품(또는 서비스)을 공급하는 입장에서 유의미한

시장은 제품에 관심이 있고, 제품을 구입할 수 있는 자원을 보유하

고 있으며, 제품을 획득하기 위해 법률 또는 기타 규정에 의해 허용

되는 소비자 또는 조직을 의미한다.

시장 정의 개념도

이렇게 유의미한 시장의 규모는 5개 시장으로 구분할 수 있다.

- **잠재 시장(Potential Market):** 제품 구입에 관심이 있는 전체 인구의 시장
- **가용 시장(Available Market):** 제품을 구입할 자원이 있는 인구의 시장
- **자격을 갖춘 시장(Qualified Available Market):** 합법적으로 제품을 구매할 수 있는 인구의 시장
- **목표 시장(Target Market):** 제품을 공급하기로 결정한 인구의 시장
- **진입 시장(Penetrated Market):** 대상 제품을 구매한 인구의 시장

여기서 주의할 점은 시장 규모가 반드시 고정되어있는 것은 아니라는 점이다. 예를 들어, 제품의 가격이나 기능의 변화를 통해 제품을 사용할 수 있는 시장의 규모를 늘릴 수 있으며, 제품을 구매할 수 있는 제한적 요소를 변화시키는 입법 변경을 통해 가용 시장의 크기를 변화시킬 수도 있다. 이렇게 시장을 세분화하는 것은 수립된 비즈니스 모델을 효과적으로 쉽게 적용하기 위함이다. 실제로 스타트업 전략을 수립할 때 많이 적용하는 세분화 모형도 있다.

TAM-SAM-SOM 모형

스타트업에 관심이 있는 독자라면 한 번쯤 보았을 시장 세분화 모형이 TAM-SAM-SOM 모형이다.

■ **TAM(Total Available Market, 전체 시장):** 공급하고자 하는 제품의 수요가 있는 전체 시장을 의미한다. 게임 시장을 예로 들면 전 세계 게임 시장이 여기에 해당한다. 하지만 초기 스타트업을 하는 입장에서 전 세계 게임 시장을 염두에 두기에는 너무나 큰 시장이다.

■ **SAM(Service Available Market, 유효 시장):** 전체 시장 중에서 스타트업이 추구하는 시장 규모로, 수립된 비즈니스 모델을 적용할 수 있는 시장을 의미한다. 게임 시장의 경우 스타트업이 만드는 새로운 게임을 원하는 시장으로 규모를 정확하게 산출하기 어렵다.

■ **SOM(Serviceable Obtainable Market, 수익 시장):** 유효 시장 중에서 스타트업 초기 단계에 확보 가능한 시장 규모를 의미한다. 게임이 출시되자마자 실제로 게임을 구매해주는 고객이 얼마나 될 것인지 파악해야 한다. 스타트업 초기 단계에서 가장 중요하게 파악해야 하는 시장 규모로 정량적으로 표현할 수 있어야 하는데, 다음과 같은 유명한 질문이 있다.

"Who is going to buy our service from YOU at an early stage?"
"시작하자마자 제품을 구매할 고객이 몇 명이나 되는가?"

TAM-SAM-SOM 모형은 스타트업이 목표로 하는 시장과 그 시장에서 얼마나 수익을 나타낼 수 있는지 파악하기 좋은 모형이다. 그러나 눈치가 빠른 독자라면 여기에 함정이 도사리고 있다는 것을 알아차릴 수 있을 것이다. 바로 이 모형에 필요한 데이터를 수집하기가 어렵다는 것이다. 아니, 거의 불가능에 가깝다. 스타트업 초기에는 제품 출시에 모든 노력과 자원을 투자하고 있는 상황에서 유의미한 데이터를 수집하고 분석할 조직이나 자원이 부족하기 때문이다. TAM이나 SAM은 각종 언론 매체나 조사 기관의 자료를 통해 원하는 데이터를 얻을 수 있으나, 가장 중요한 SOM 데이터는 존재하지 않거나 있다 해도 파악하기가 매우 어렵고 신뢰할 수 없기 때문이다. 특히 스타트업은 혁신적인 개념을 제품화하는 경우가 많은데, 처음 시장에 나오는 제품에 대한 수요를 정량화한다는 것은 현실적으로 불가능하다. 게다가 전문가라고 하는 사람들조차 비즈니스 모델과 수익 모델 개념에 대한 이해가 부족하여 TAM-SAM-SOM 모형을 비즈니스 모델로 소개하는 경우도 심심찮게 목격되기도 한다. 이런 지도를 받는 스타트업 종사자들도 비즈니스 모델을 수립하는 것에 어려움을 느끼기 때문에 TAM-SAM-SOM 모형을 비즈니스 모델이라고 표현하는 경우가 너무 많은데, 특히 스타트업 경험이 없을수록 더욱 그런 현상이 많다. 내가 멘토로 참여하고 있는 '소프트웨어 마에스트로 과정'에서도 상당수가 목격되고 있다. 요즘 말로 '웃픈(웃기기도 하고 슬프기도 한)' 현실이다.

시장 규모 산출은 스타트업에 있어서 어려운 일임은 틀림없다. 하지만 올바른 시장 규모를 산정하는 노력은 비즈니스 모델에 의해 만들어지는 제품이 전체 시장에서 차지하는 잠재적 시장 점유율을 확보하는

데 필요하다. 예를 들어 출시된 제품이 3개월 후, 6개월 후, 1년 후, 2년 후, 3년 후 얼마나 판매되고, 그에 따른 수익은 얼마나 발생할지에 대한 예측이 필요하다. 이 작업은 바로 앞에서 지적한 대로 만만한 작업이 아니다. 또 출시될 제품이 있어야 하는 고객에게 제품의 출시를 알릴 수 있는 방법을 찾는 것 역시 힘든 일이다.

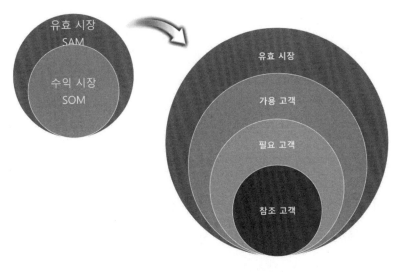

새로운 비즈니스 시장 세분화 개념도

그렇다면 스타트업 또는 신규 IT 비즈니스에 적합한 시장 세분화가 필요하다고 할 수 있다. TAM-SAM-SOM 모형에서 현실적으로 상세한 분석이 필요한 SOM(수익 시장)을 현실에 맞게 보다 더 세분화할 필요가 있다. SOM을 가용 고객·필요 고객·참조 고객으로 구분하는 것이다.

- **가용 고객(available Customers)**: 고질적인 문제를 안고 있으나 문제의 원인을 찾지 못하고 있는 고객으로, 해결책에 관한 적용 사례가 많아질수록 제품을 구매할 가능성이 크다.

- **필요 고객(Required Customers)**: 문제의 원인을 발견하여 새로운 해결책이 필요한 고객으로, 해결책에 관한 적용 사례를 찾고 있으며 적용 사례가 검증되면 바로 제품을 구매한다.

- **참조 고객(Reference Customers)**: 시급하게 문제의 원인을 제거하고자 새로운 해결책을 찾고 있으며 해결책을 발견하면 시범 적용을 하려는 고객으로, 초기 단계에서 가장 중요한 고객이다.

참조 고객은 제품 출시 전에 확보할 필요가 있으며, 제품 개발과정에서 파일럿 프로젝트를 실행하면서 요구 사항과 필요 사항을 수집 및 반영함으로써 제품의 품질을 향상시킬 수 있다. 또한, 제품 개발 완료와 동시에 중요한 참조 사이트(Reference Site)를 확보하게 된다. 참조 고객을 통해 시범 적용 사례가 확보되면, 사전에 준비된 마케팅과 홍보 전략을 통해 필요 고객에게 이를 알려야 한다. 이런 일련의 과정을 통해 참조 고객과 필요 고객을 빠른 시간 안에 진입 고객(Penetrated Customers)으로 만들어 가용 고객을 공략해야 한다.

TAM-SAM-SOM 모형의 SOM을 이렇게 세분화하면 전략의 집중을 통해 현실적으로 고객의 수와 발생 수익을 정량화하기 쉬워지며, 스타트업이나 새로운 IT 비즈니스 플랫폼에 대한 평가자나 투자자에게 신뢰감을 높일 수 있게 된다.

시장의 세분화에 대해 이해가 되었다면 이제는 수익 모델과 서비스 모델에 대해 알아볼 시간이다. 비즈니스 모델은 수익 모델과 서비스 모델의 합이라고 할 수 있다.

각 모델 간의 관계

인터넷이 등장하기 전에는 제품이나 서비스를 제공하는 대가로 '돈'을 받았다. 즉, 비즈니스 모델은 제품을 경쟁사보다 더 잘 만들거나 더 좋은 서비스를 위한 모델이었다. 그러나 1990년대 말 인터넷이 등장하면서 '돈 이외의 수익'을 인식하기 시작하면서 기존에 없었던 수익 모델이 생기기 시작했다. 이에 따라 비즈니스 모델이 서비스 모델(또는 제품 생산 모델)과 수익 모델로 분리되기 시작하면서 다양한 'BM(Business Model) 특허'가 발명되고 등록되었다. 서비스를 받는 고객과 대가를 지불하는 고객이 달라지기 시작했다. 물론 이러한 모델은 새로운 것은 아니다. TV 방송국을 예로 들면 TV 방송국은 고객인 시청자에게 콘텐츠를 거의 무료로 제공하지만, 시청자를 고객으로 하는 기업에 광고 수수료를 받아 수익을 달성한다. 시청자가 많아질수록 광고 수수료도 올라간다. 전형적인 디지털 비즈니스 플랫폼 서비스의 수익 모델도 여기에 해당한다. 그래서 거대 플랫폼을 운영하는 구글·네이버·페이스북 등의 주요 수익원은 광고에서 발생한다. 이 때문에 얼마 전까지만 해도 스타트업이나 새로운 디지털 비즈니스의 수익 모델을 광고로 하는 경우가 많았다. 하지만 광고를 통한 수익을 달성하기 위해서는 플랫폼 참여자가 일정 수준 이상의 집단을 형성해야 하고, 참여자를 모으기 위해 상당 기간 동안 무료 서비스를 제공해야만 한다. 수익 모델도 없이 이 기간 동안을 버티기는 사실상 불가능에 가깝다.

그렇다면 '수익 모델을 어떻게 만들어야 하는가?'라는 의문이 생긴다. 대부분 수익 모델을 내가 제공하는 서비스를 원하는 고객에게서 찾는다. 그러다 보니 제공하는 서비스에 대한 사용료를 수익 모델로 정해버린다. 얼핏 쉬워 보이는 방법이지만 결코 쉽지 않은 방법이다. 내가 제공하는 서비스에 고객이 원하는 가치가 있다는 것을 고객에게 알리는 방법을 찾기는 매우 어렵다. 스타트업을 하는 대다수 창업자는 좋은 서비스를 만드는 데 관심을 가질 뿐, 그 서비스를 알리는 데는 거의 신경을 쓰지 못하기 때문이다. 심지어는 전혀 관심조차도 없이 오직 개발만을 할 뿐이다. 실제로 나에게 조언을 구하는 창업준비생부터 스타트업을 시작하려는 많은 예비 창업자가 여기에 해당한다. 심지어 대기업과 대형 공공 기관에서 디지털 비즈니스 프로세스 컨설팅을 시행할 때도 별반 다르지 않다. 하지만 수익 모델이 없는 비즈니스는 존재할 수 없다.

이런 문제의 해결책은 제공하는 서비스의 고객과 그 고객의 이해 당사자를 찾아서 종합적인 문제를 해결할 수 있는 방법을 찾는다면 수익 모델을 찾을 가능성이 매우 커진다. 대부분의 스타트업 아이디어나 기술은 그 자체의 용도보다는 다른 용도의 쓰임새를 찾거나, 다른 아이디어와 기술이 추가(융합)되어 새로운 용도가 발견될 때 유용한 경우가 많다. 대부분의 위대한 발명품들도 그러했다. 다음은 내가 쓴 졸저 『원시인의 경험으로 판단하는 현대인: 호모 휴리스틱쿠스』에 나오는 내용이다.

호모 휴리스틱쿠스는 어느 날 갑자기 나타난 것이 아니다. 아주 먼 옛날(인간의 조상 화석이 아프리카에서 발견된 750만 년전보다 훨씬 오래전)부터 진화를 거듭하면서 누적된 결과물인 것이다. 어떤 필요에 의해 또는 어떤 목적이 있었던 것이 아니라 구분할 수 없는 순간들이 모여서 지금의 호모 휴리스틱쿠스가 된 것이고, 지금 이 순간에도 느낄 수 없는 순간만큼 진화를 거듭하고 있는 중이다. 이런 호모 휴리스틱쿠스의 삶은 호모 휴리스틱쿠스가 살아남기 위한 '삶의 기술'을 끊임없이 요구한다. 가령 '불'

의 발견에서 그치는 것이 아니라 불을 이용하여 삶의 도움이 될 수 있도록 기술을 개발하게 한다. 그런데 불을 이용하는 기술은 인간의 조상 중 어느 특정인의 뛰어난 아이디어나 노력으로 이루어낸 결과물이 결코 아니다. 특히 어떤 목적을 가지고 불을 이용하는 기술을 개발한 것이 아니라 불을 발견하고 매우 오랫동안(수백 년에서 수천 년 이상) 관찰하면서, 많은 시행착오를 거쳐 얻어낸 것이다. 이처럼 호모 휴리스틱쿠스의 삶에 필요한 많은 기술은 대부분 어떤 사용 목적을 통해 개발된 것이 아니라 발견된 이후 관찰에 의해 그 용도가 정해진다.

삶에 도움이 되는 많은 발명품도 마찬가지다. 처음부터 정해진 목적을 갖고 발명된 것이 아니라 발명되고 나서 끊임없이 용도가 변하면서 마침내 삶의 도움이 되는 발명품으로 재탄생 되는 것이다. 대표적인 것으로 증기 기관이 있다. 대부분의 독자는 '증기 기관' 하면 떠오르는 연관 단어가 최소한 2가지가 있을 것이다. '증기 기관'을 발명한 제임스 와트와 이것을 통해 야기된 산업혁명이 그것이다. 내가 초등학교 시절 교과서에도 주전자에서 김이 솟아나는 것을 보고 영감을 얻어 만들었다는 '제임스와트의 증기 기관'이라는 제목의 글과 사진을 본 기억이 난다. 이것이 사실인지 조사하기 위해 인터넷을 살펴보니, 이미 기원전 250년경 아르키메데스가 증기압력을 이용한 대포를 제작했고, 프랑스의 드니 파팽은 1680년경 이 원리를 응용해 피스톤을 움직이는 장치를 고안해 분당 27kg의 물을 퍼 올렸으며, 토마스 세이버리는 1698년 이 원리를 정리해서 증기 관련 특허를 냈고, 이 특허를 연구한 토마스 뉴커먼은 1705년 더욱 발전시켜 광산에 고인 물을 퍼내는 양수장치를 개발해 상업적으로 성공한 최초의 증기기관을 만들었고, 57년 후 제임스 와트는 이 장비를 고치다가 아이디어를 얻어 지금과 유사한 증기기관을 발명한 것이다. 이 같은 사례는 에디슨의 백열전구, 라이트 형제이 비행기, 새뮤얼 모스의 전신기 등 수없이 많다. 이처럼 처음부터 호모 휴리스틱쿠스의 삶에 직접적인 도움을 주는 기술이나 발명품은 거의 없다. 처음에는 부족한 채로 세상에 나오지만, 그 기술과 발명품들이 실제 삶에 적용되면서 진가를 발휘하기 시작한다. 즉 만들어지고, 사용이 된 이후에 그 용도가 발견되는 것이다.

또 하나, 발견한 사실은 처음 나온 아이디어나 기술은 곧바로 용도를 찾거나 적용하기가 쉽지 않다는 것이다. 이미 기존 방식에 익숙해져 있기 때문에 새로운 아이디어나 기술을 배우는 것보다 기존 방식을 적용하기가 훨씬 쉽고 편하기 때문이다. 이 예는 과학적으로나 신체적으로 비합리적인 'QWERTY 자판'을 지금도 사용하고 있는 데에서 찾아볼 수 있다. 약 120여 년전에 발명된 이 자판은 당시 타자기 기술 수준을 고려하여 만들어진 것으로 자주 쓰이는 철자를 빨리 치게 되면 글자판이 서로 엉키게 되어 빈번한 고장을 유발시키기 때문에, 고장 위험을 최소화하기 위해 고안된 것이다. 아이러니하게도 매우 불편하게 사용되도록 만들어진 자판이다.

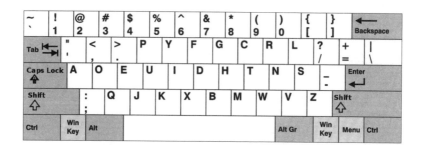

Dvorak Keyboard(출처: Wikipedia)

이를 개선하기 위해 1936년 드보락(August Dvorak)과 딜리(William Dealey)가 만든 자판이 '드보락 자판'이다. 이 자판은 영어에서 많이 사용되는 문자를 쉽게 입력할 수 있도록 배열하여 타자 속도를 높일 수 있도록 하였다. 그 기본 원칙은 다음과 같다.

- **Home-row focus**: 가급적 기본 글쇠(키보드에 손을 올려놓았을 때 양손의 집게손가락이 놓이는 곳의 좌우 8글자)로 표현하기 쉽게 할 것
- **Balanced use of the hands**: 양손을 골고루 사용하게 하여 손의 피로감을 줄일 것
- **Alternation between hands**: 가급적 오른손과 왼손을 번갈아 사용하게 하여 타이핑의 리듬감과 분배도를 높일 것

이 자판은 이러한 원칙을 반영하여 순서적으로 자주 나타나는 한 쌍의 문자는 양손을 번갈아 사용할 수 있도록 분할 배치되었다. QWERTY 자판에 비해 합리성이 인정되어 1982년 미국표준협회(ANSI)

에서 표준으로 채택되기까지 했다. 하지만 이 자판을 사용하는 것을 본 적이 없을 것이다. 이미 QWERTY 자판에 익숙해져 있는 사용자의 습관을 바꾸기는 쉽지 않은 일이기 때문이다. 논리적으로 뛰어난 아이디어와 기술이 적용되었음에도 말이다. 한마디로 수익 모델이 발생하지 않는다. 비즈니스에서는 뛰어난 아이디어나 기술보다 그 용도를 찾아내는 것이 더 중요할 수도 있다. 즉 서비스 모델을 만들어야 한다.

2.6 서비스 모델

———————— 이러한 작업을 위한 핵심은 기존의 서비스 모델을 리엔지니어링[39] 하는 것이다. 리엔지니어링은 기존의 것에 얽매이지 않고 제로베이스 상태에서 다시 생각하는 것을 의미한다.

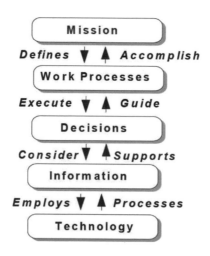

Reengineering(출처: Wikipedia)

---

39 Reengineering, 업무를 바라보는 관점을 기능 중심에서 프로세스 중심으로 변환하기 위해 근본적으로 재설계하는 것을 의미한다. 마이클 해머가 주창한 BPR(Business Process Reengineering)과 같은 의미다.

특히 비즈니스 애플리케이션에 대한 리엔지니어링은 기술 자원뿐만 아니라 다음과 같은 경우에 대해서도 지속해서 관심을 가져야 한다.

- 축적된 데이터나 기존의 시스템과 투자로부터 향상된 가치를 추출할 수 있는가?
- 지금의 애플리케이션과 프로세스로 신제품의 출시를 신속하게 지원할 수 있는가?
- 비싸고 화려한 IT 신기술을 구현하고 있지는 않은가?
- 전략적 이니셔티브와 기술에 대한 투자가 증가하고 있는가?
- 불필요한 애플리케이션으로 인한 위험 노출 및 생산성 저하는 없는가?

기술 개발을 최우선으로 하는 비즈니스 모델은 기술 중심의 서비스 모델을 만들게 되고, 그 서비스 모델은 기술을 활용하는 것에만 주안점을 둔 서비스를 개발하게 된다. 물론 기술의 발전이 엄청나 기술을 통한 서비스도 가능한 수준까지 와있기는 하지만, 결국 그 서비스에 대한 평가는 고객인 인간이 한다. 따라서 기술적으로는 다양한 기술 간의 융·복합에 의해 서비스 모델의 개발이 가능하다 해도 서비스 품질에 대해서는 별도의 시뮬레이션이 필요하다. 즉 기술 개발에 맞춘 서비스가 아니라 서비스에 맞춘 기술 개발이 필요하다. 지금 시대는 서비스를 위한 기술의 활용이 중요하기 때문에 필요한 서비스 모델 개발이 더욱 중요해졌다. 서비스 품질을 높이기 위해 필요한 기술을 정의하고 개발할 때 고객이 생각하는 서비스 품질에 대한 고객의 경험이 중요한 세상이다. 이를 통해 고객의 필요 가치를 창출해야 한다.

따라서 서비스 모델을 개발할 때 주의할 점은 제공하는 제품이나 서비스의 가치가 고객에게 필요한 가치로 인식되어, 고객이 그 가치를 획득하기 위한 행동을 유발시켜야 한다는 점이다. 그렇게 하기 위해서는 고객이 제공받는 서비스에 대해 인식하는 가치인 서비스에 대한 고객 만족도에 대한 이해가 선행되어야 한다. 고객 만족도 지수는 미국 ACSI(American Customer Satisfaction Index)가 가장 유명하며, 국내에서 사용하는 국가 고객 만족도 지수인 NCSI(National Customer Satisfaction Index)도 ACSI를 참조하여 만들어졌다.

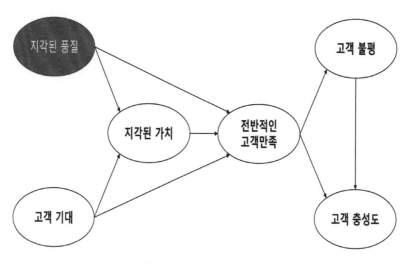

미국 고객 만족도(ACSI) 모델

ACSI는 미국 내 고객 만족도를 측정하는 유일한 국가 간 산업 척도로, 미국 시장에서 상당한 비중을 차지하는 외국 기업과 미국 내 기업이 제공하는 제품과 서비스의 품질에 대한 미국 가정 소비자의 만족도를 측정한다. ACSI는 개별 기업의 경쟁력을 측정하고 미래의 수익성을 예측할 수 있는 도구뿐만 아니라 미국 경제의 건강에 대한 국가적 지표의 역할을 함으로써 비즈니스, 연구원, 정책 입안자 및 소비자에게 모두 이익이 되는 중요한 지수다.

ACSI 모델을 분석해보면 고객이 서비스를 사용한 후 느끼게 되는 지각된 품질(Perceived overall quality)과 서비스에 대한 고객의 기대(Customer expectations)가 합쳐서 지각된 가치(Perceived value)를 느끼면서, 지각된 가치에 다시 지각된 품질과 기대가 반영되어 최종적으로 전반적인 고객 만족도가 나타난다. 이를 기준으로 고객의 불만과 충성도를 나타낸다.

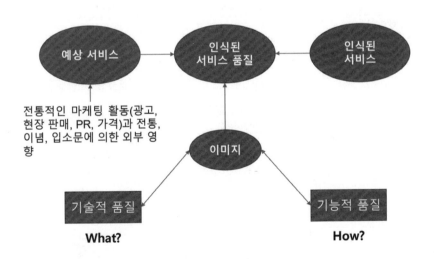

서비스 품질을 위한 Grönroos 모델

ACSI 모델은 크게 문제될 것은 없어 보이지만, 나는 여기에 항상 "어떻게 고객의 기대와 지각된 가치를 객관적이고 정량적으로 조사하고 분석할 수 있는가?"라는 의문을 가진다. 실제로 서비스 품질의 대표적인 접근법인 'Grönroos의 모형'을 개발한 Grönroos는 서비스 품질을 "서비스에 대한 고객의 기대와 제공된 서비스에 대한 지각의 비교와 밀접한 관련을 가지고 있는 것으로 고객에 의해 '주관적'으로 인식되는 품질이다."라고 이야기했다.

이처럼 서비스 품질에 대해 고객의 주관적 인식에 의해 평가되는 서비스 품질을 어떻게 정량화시킬 수 있단 말인가? 이를 위해 일단 서비스 품질과 고객 만족에 대한 정의가 필요하다.

개념	서비스 품질	고객 만족
경험 의존성	필요치 않음	필요함
속성/측면	품질을 규명하는 특성들이 구체적임	제품이나 서비스의 모든 측면을 포함
표준이 되는 기대	이상적인 것, 훌륭한 것	예측, 규범, 욕구 등
인지적/감성적	기본적으로 인지적	인지적인 면과 감성적인 면 모두 포함
개념상의 선행변수	외적인 단서(가격, 평판 및 다양한 커뮤니케이션 자료)	개념적인 결정요소들(형평, 후회, 정서, 감정, 불일치, 귀인)
시간적인 주안점	기본적으로 장기적	기본적으로 단기적
기대불일치 개념상의 차이	기대:기업이 제공해야만 한다고 고객이 생각하는 성과 또는 성능 성과:소비자가 지각하는 서비스의 성과 또는 성능	기대:기업이 제공할 것이라고 소비자가 생각하는 성과 또는 성능 (확률적 개념) 성과:실제 혹은 객관적인 제품서비스의 성과 또는 성능
시간적 위치	사후 결정	사후 결정
개념적 평가범위	비교적 지속적이고 전반적인 소비자 평가	특정거래와 관련된 비교적 좁고, 단기적인 소비자 평가
상황지향성	덜 상황 지향적임	매우 상황 지향적임

서비스 품질과 고객 만족의 개념(출처: Oliver, Richard L. 1997)

서비스에 대한 만족(Satisfaction)과 품질(Quality)은 같은 뜻으로 해석되기도 하지만, 근본적으로 다른 개념이다. Zeithaml, Bitner and Gremler는 공동 저서인 『Service Marketing, 6th』에서 "서비스 품질은 구체적으로 서비스의 차원에 초점을 둔 반면에 만족은 좀 더 넓은 개념으로 보아야 하며, 이런 관점에서 본다면 지각된 서비스 품질(Perceived service quality)은 고객 만족의 구성 요소 중 하나로 볼 수 있다."라고 이야기했다.

	신뢰성	응답성	확신성	공감성	유형성
자동차 수리 (소비자 고객)	문제를 처음에 수정, 약속 시간에 준비	이용 용이, 대기 없음, 요구에 대한 반응	충분한 지식을 찾고 있는 수리공	고객의 이름을 알고 이전에 발생한 문제와 산호를 기억	수리시설, 대기장소, 유니폼, 장비
항공사 (소비자 고객)	일정에 따라 목적지로 출발과 도착	발매, 탑승, 수하물 처리에 대한 신속하고 빠른 대응	신인도, 타원의 안전 기록, 유능한 승무원	고객의 특별한 요구에 대한 이해, 고객 욕구의 예측	항공기, 발매소, 수하물지역, 유니폼
의료 (소비자 고객)	일정에 따른 약속 준수, 정확한 진단	이용 용이, 대기 없음, 자진 경청	지식, 기술, 신뢰, 평판	한 개인으로서 환자를 알며, 이전의 문제를 기억, 좋은 경청, 인내	대기실, 검사실, 의료 장비, 문서 자료
건축가 (사업 고객)	약속된 때 예산 내의 설계도 전달	전화 응답, 변화 수용	신뢰, 평판, 사회에서의 명성, 지식과 기술	고객의 산업을 이해, 고객의 특정문제 및 이해를 인정하고 적응, 고객에 대한 노력	사무실 공간, 보고서, 도면 계획, 청구 서 직성, 직원 복장
정보 처리 (내부 고객)	요청할 때 필요한 정보 제공	요청에 대해 신속한 대응, 관료적이 아닌 신속한 처리	통찰력 있는 스텝, 신임	내부 고객을 이해, 부서나 개인의 이해	내부 보고서, 사무실 공간, 직원 복장
인터넷 증권 (소비자 고객, 사업 고객)	정확한 정보제공, 고객의 요구를 정확하게 이행	이용 용이와 휴지 시간이 없는 빠른 웹사이트	사이트 내 신뢰할만한 정보원천, 브랜드 인지, 사이트에 대한 신뢰	필요할 때 사람이 응답	전단지, 브로셔 및 다른 출력물과 웹사이트 외관

서비스 품질의 선행 요인 5가지 차원(출처: Service Marketing, 6th)

Parasuraman, Zeithaml과 Berry(이하 'PZB'로 표현)는 공저 『고객 만족: 서비스 품질의 측정과 개선』에서 서비스 품질 평가를 위한 5개 차원은 여러 서비스 분야에 공통적이고 일반적인 기준을 조사한 것을 토대로 만들어졌다고 밝히고, 이 5개 차원이 서비스 분야와 관계없이 서비스 품질을 평가하는 데 충분히 적합할 것이라고 확신했다.

- **신뢰성(Reliability):** 약속한 서비스를 믿을 수 있고 정확하게 수행할 수 있는 능력
- **응답성(Responsiveness):** 고객을 돕고 신속한 서비스를 제공하려는 자세
- **확신성(Assurance):** 직원의 지식과 예절, 그리고 신뢰와 자신감을 전달하는 능력
- **공감성(Empathy):** 회사가 고객에게 제공하는 개별적 배려와 관심
- **유형성(Tangibles):** 물리적 시설, 장비, 직원 그리고 커뮤니케이션 자료의 외양

PZB의 조사 결과에 의하면 서비스 분야와 상관없이 5개의 차원 중 가장 중요한 것으로 신뢰성을 선정했다. 신뢰성은 하겠다고 한 것을 반드시 하는 것을 의미한다. 반면에 가장 덜 중요하다고 여기는 것으로 유형성을 들었다. 하지만 유형성은 잠재 고객에게는 매우 중요하게 보일 수 있다.

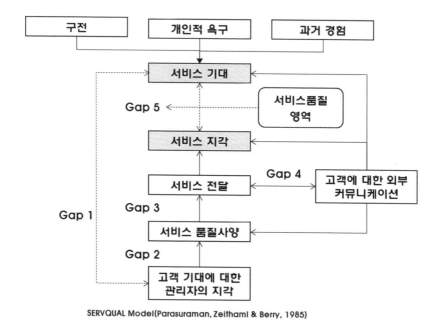

SERVQUAL Model(Parasuraman, Zeithaml & Berry, 1985)

SERVQUAL 모형(일부 수정)

서비스 품질을 측정하기 위한 대표적인 접근법은 PZB가 1988년과 2002년에 발표한 'SERVQUAL' 모형이다. SERVQUAL 모형은 서비스 품질에 관련한 많은 논문이나 또 다른 평가 모형에 참조되고 있다. 이 모형에서는 5가지 Gap이 발생하는 것을 볼 수 있는데, 서비스 품질을 높이기 위해서는 이 Gap들을 극복할 필요가 있다.

■ **Gap 1:** 고객의 기대와 서비스 관리자의 지각 간의 격차
　　　고객의 욕구를 충족시킬 수 있는 결정적인 서비스 특징이 무엇인지 모르거나, 안다 해도 고객이 원하는 수준을 모를 수 있다.

대부분의 기업들은 고객들이 원하는 서비스 품질에 거는 기대 수준을 파악하기 위하여 고객 설문을 하는 경향이 있다. 설문 조사는 고객에게 서비스 품질에 대한 만족이나 불만 사항을 직접 들을 수 있는 간편한 방법으로 많이 활용되고 있다. 그러나 설문 조사는 많은 한계를 노출하고 있어 고객 설문 조사에만 의존하여 고객의 서비스 품질에 대한 기대 수준을 파악하는 것은 많은 문제점을 내포하고 있다.

미국 워싱턴에 있는 소비자 관련 회사인 TARP(Technical Assistant Research Program, Inc.)사의 연구에 따르면 제품이나 서비스에 대해 불만족스럽게 느낀 고객이, 서비스 제공자의 적절한 대응을 통해 만족하게 되었을 때 보다 더 충성스러운 고객이 되고, 얼마나 빨리 대응하여 문제를 해결하느냐에 따라 충성도가 다르게 나타난다고 한다. 이 결과에 의하면 불만 고객을 소중하게 여기고, 그들의 불평을 서비스 품질에 반영하는 것은 매우 당연한 이야기일 것이다.

고객의 서비스 품질에 대한 불평은 고객의 기대 수준을 완전히 이해하는 데는 부족하지만, 서비스가 수행되는 과정상의 문제를 파악할 수 있는 귀중한 정보다. 그러나 TARP사의 연구에서 나타난 또 다른 결과는 고객의 불평이 서비스 품질을 파악하기 위한 정보의 출처로서는 매우 부적절하다고 한다. 연구에 따르면 서비스 품질에 불만이 있는 고객 중 4%만 불평을 하고, 나머지 96%는 불만을 나타내진 않지만, 평균 9~10명의 다른 사람들에게 불만을 이야기하는 것으로 나타났다. 즉, 고객의 불평에 대한 조사는 고객의 기대 수준을 이해하는 데 별로 효과적이지 않지만, 많은 기업에서는 4%밖에 안 되는 고객의 불평을 조사하여 서비스 품질에 반영하고 있다.

고객 설문 조사의 또 다른 문제는 설문 조사 내용을 적절하게 활용하지 못하는 데 있다. 설문 조사는 고객의 생각을 이해할 수 있는 가장 기본적인 정보를 찾아내는 단계로 설문 조사 이후에 수집된 정보를 잘 활용할 수 있어야 한다. 하지만 대부분 설문 조사에 의해 수집된 정보의 확률 분포만을 분석하는 것으로 끝나는 경우가 많다. 조사된 정보를 잘 활용하기 위해서는 3가지를 조심하여야 한다. 첫째, 서비스 품질에 관한 의사 결정권자가 설문 조사 결과를 이해하여야 한다. 의사 결정권자는 대부분 관리자로 업무가 바쁘거나 분석된 결과에 대해 전문가가 아닐 가능성이 커서 조사 결과를 제대로 해석하지 못할 가능성이 매우 크다. 둘째, 현상 유지 편향과 확인 편향 등의 호모 휴리스틱쿠스의 공통 심리에 의해 관리자의 평소 판단과 다를 경우 분석된 내용을 신뢰하지 않을 가능성이 존재한다. 그리고 이 가능성은 매우 커 기껏 설문 조사를 실시하고 나서도 받아들이고 싶은 결과만을 수용하는 경우가 비일비재하다. 셋째, 올바른 설문 분석 결과가 나왔다고 해도 대부분의 의사 결정권자는 고객과 직접 접촉하는 기회가 적고, 분석 결과의 중요성과 시급성 등에 대해 나름의 기준을 가지고 있어 시의 적절한 해결책을 내놓지 못하는 경우가 많다. 관리자가 직접 고객의 입장이 되어 서비스가 제공되는 현장의 상황에 대한 지식이 있어야 함에도 불구하고 주간 보고, 월간 보고 등을 통한 요약되고, 정제된 보고만을 통해 접하다 보니 실제 서비스 현장에 대한 설문 조사 내용을 오해할 수 있다. 이 3가지는 지금까지 이 글을 읽고 있는 독자라면 충분히 이해할 수 있는 내용이다.

그런데 PZB가 SERVQUAL 모형에 의해 조사한 결과를 보면 아주 흥미로운 결과가 있다. 서비스가 수행되고 있는 현장 근무자들이 관리자보다 서비스 품질에 대한 고객의 기대를 더 많이 알고 있을 것이라는 막연한 생각이 모두 맞지 않는다는 것이 결과로 나타났다. 서비스 품질 영역 5개 중 물리적 시설, 장비, 고객과의 커뮤니케이션 등 유형성에서는 현장 근무자가 고객의 기대를 더 정확하게 예측했다. 그러나 약속한 서비스를 믿을 수 있고, 정확하게 수행할 수 있는 능력을 알수 있는 신뢰성과 고객을 돕고 신속한 서비스를 제공하려는 준비가 되어있는 반응성, 직원의 지식과 예절 및 신뢰와 자신감을 전달하는 능력인 설득성, 회사가 고객에게 제공하는 개별적 배려와 관심을 나타내는 공감성 등 전체적인 영역에서는 관리자들이 현장 근무자보다 고객의 기대를 더 정확하게 예측했다. 여기서 알 수 있는 것은 고객과 직접만나는 현장 근무자는 전체적인 서비스 품질보다는 서비스가 수행되는 과정 하나하나에 정성을 기울이고, 관리자는 전체적인 서비스 품질에 대해 관심을 갖는다는 것이다. 즉, 기업의 서비스 품질 정책은 관리자가 수립하고, 수립된 정책에 의해 현장 근무자가 서비스를 수행하기 때문에 하향 커뮤니케이션이 중요하다.

■ **Gap 2:** 서비스 관리자의 지각과 서비스 품질 사양 간의 격차
　　서비스 기준이 없거나 그 기준이 고객의 기대를 적절히 반영하지
　　못할 때 서비스 품질이 나빠진다.

1969년 미국 코네티컷주에서 설립된 스튜 레오나드 슈퍼마켓은 우유가 가공되는 과정을 직접 보여주며 유제품을 파는 낙농 제품 전문 슈퍼마켓으로 '유통업계의 디즈니랜드'로 불린다. 스튜 레오나드는 설립자의 이름이기도 한데, 이 슈퍼마켓 입구에는 4톤 정도의 화강암에 설립자의 의지가 새겨져 있다.

Our Policy
(우리의 정책)
RULE 1
THE CUSTOMER IS ALWAYS RIGHT!
(고객은 항상 옳다!)
RULE 2
IF THE CUSTOMER IS EVER WRONG,
REREAD RULE 1.
(만약 고객이 옳지 않다면, 정책 1을
다시 보라.)

STEW LEONARD

이런 글이 바위에 새겨지게 된 이유는 창업자 스튜 레오나드가 고객

과 직원의 실랑이를 보고 '어떠한 의견이든 고객의 말은 모두 옳다'고 결심한 데서 비롯된다. 스튜 레오나드가 목격한 현장이 다음과 같았다.

스튜 레오나드가 매장을 돌아보는 중에 계란 코너에서 한 할머니와 직원이 실랑이하는 장면을 보게 됐다. 그 내용은 할머니가 며칠 전 게란을 샀고, 오늘 먹으려고 보니 상한 것이어서 새것으로 교환하기 위해 왔으나 직원은 "우리 가게는 철저한 관리를 하기 때문에 절대 그런 일이 발생할 수 없다."라고 말하며 할머니가 보관을 잘못해서 발생한 일이라 교환해줄 수 없다고 하자, 할머니는 "내가 이 매장을 좋아해서 다시는 이런 실수가 없게 하려고 12km나 달려와서 얘기했는데, 내 눈에 흙이 들어가기 전에 다시는 이 가게에 안 온다."라고 말하며 가게를 나갔다.

이 글을 읽는 많은 독자는 고객의 입장에서 위와 같은 사례를 한 번씩은 경험해본 적이 있을 것이다. 그리고 그 경험을 한 가게나 회사와는 다시는 거래를 하지 않았을 것이다. 하지만 다행히 스튜 레오나드는 고객의 입장에서 생각을 하였고, 다시는 그런 일이 일어나지 않게 하기 위해 큰 돌에다가 마음가짐을 새겨 넣었을 것이다. 그 결과로 7명의 종업원으로 시작한 가게는 현재 매년 3억 달러의 매출과 2,000여 명의 종업원을 거느린 세계 최대 낙농 제품 전문 매장으로 발전했다.

많은 기업이 서비스 품질을 높이기 위해 내부적으로 부단한 노력을 하고 있지만, 정작 고객은 그것을 알 수 없다. 기업 내 관리자가 고객의 시각을 갖지 못한다면 고객이 원하는 서비스 품질보다는 매출 이익, 일정 단축 등 단기적 이익만을 추구할 가능성이 크다. 고객이 원하는 서비스 품질을 이해하지 못한 채, 고객의 불만에 대해 회사 내부 규정을 들어 불만 해소가 불가능한 이유를 댈 것이다. 위 사례같이 진정 고객의 시각에서 서비스 품질을 평가하여야 하나 그렇지 못한 경우가 다반사다. 또 서비스 품질이 더 좋아질 수 있음에도 불구하고 불가능하다고 판단해버리는 경우가 있다. 개선의 가능성을 스스로 막기도 한다. 고객보다는 회사 규정이 더 중요하다고 느끼는 것이다. 훌륭한 서비스 사례로 거론되는 예는 대부분 회사 규정을 따르지 않고, 종업원이 판단하여 그 상황에서 고객이 가장 원하는 서비스를 수행한 예가 대부분이다. 그리고 서비스 품질을 높이기 위해서는 일반적인 서비스에 해당하는 부분은 표준화를 시도해야 하나, 똑같은 서비스는 있을 수 없다고 여겨, 서비스 품질 표준화는 옳지 않다고 생각한다. 서비스가 무형적인 성격이긴 있지만, 대부분의 일반적인 서비스는 기준을 쉽게 만들고 실행할 수 있는 것이 사실이다. 따라서 일반적인 서비스 수행에 대해서는 표준화 작업을 수행하여 서비스의 기준을 정해놓는 것이 바람직하다. 이를 위해 IT 또는 디지털 비즈니스 플랫폼을 활용하는 것은 매우 훌륭한 방법이다. 좋은 서비스 품질을 제공하는 선진 기업을 보면 서비스 품질에 대한 목표와 기준을 잘 세우고 실행한다. 이때 서비스 품질에 대한 목표의 기준이 되는 것은 서비스 품질에 대한 고객의 기대에 근거를 두고 있다. 이렇게 하기 위해서는 목표를 정확하게 측정하고 평가할 수 있어야 하며, 결과의 피드백을 통해 개선해나갈 수 있어야 한다.

> ■ **Gap 3:** 서비스 품질 사양과 전달된 서비스 간의 격차
> 서비스 기준이 효과적이 될 수 있도록 강제력이 있어야 하며,
> 서비스 전달자들의 기준 준수 여부를 측정하고 보상해야 한다.

'감정 노동(emotional labor)'이란 개인적인 감정 상태를 억누르고, 개인이 속해있는 집단에 어울리는 감정을 표현할 것을 강요받아, 결국 개인감정의 변형을 가져오게 되어 문제가 생기는 것을 말한다. 이런 감정 노동에 대해 여성 노동과 사회문제에 관해 책과 논문을 써온 미국 UC 버클리 대학교 사회학과 교수인 앨리 러셀 혹실드는 1983년에 발표한 저서『감정 노동』에서 인간만의 특징이라 할 수 있는 감정이 어떻게 상품화되고, 감정을 관리하는 것이 어떻게 노동의 일부가 되었는지를 설명하고 있다. 즉, 개인의 사적인 감정은 철저히 무시하고, 항상 고객 앞에서 "고객님! 사랑합니다."를 외쳐야 하는 감정 노동 산업과 이곳에 종사하는 감정 노동자들의 문제에 관한 이야기를 하고 있으며, 대형 항공사인 델타 항공의 임원과 승무원부터 대형 마트의 판매직까지 감정 노동에 종사하는 '감정 노동자'를 만난 결과를 바탕으로 한다. 개인적 행위와 사회적인 감정 법칙, 사적 생활과 공적 생활 중 상호작용하면서 주고받는 많은 행위로 구성된 감성 노동 체계를 통해 구성되는 감

정 노동 사회에 대해, 혹실드는 "시장과 기업의 원리에 따라 움직이는 '감정'이 매우 미묘한 문제인 만큼, 감정 노동자와 그 결과물을 소비하는 소비자가 감정 그 자체에서 소외되는 일이 없도록 기업과 조직의 원리에 따라 관리되고 상품화된 감정과 인간 본연의 감정을 구별해야 한다."라고 말한다.

적정한 서비스 품질을 제공하기 위해서는 서비스 품질에 대한 고객의 기대를 이해하고, 서비스를 제공하기 위한 표준화된 업무 절차를 통해, 설정된 서비스 수준을 지키려는 직원의 자발적 수행 능력이 필요하다. 여기에 서비스를 주고받는 과정에서 발생하는 상대방의 태도, 언어, 기분 등을 복합적으로 인식하면서 발생하는 오해를 풀기 위한 노력도 해야 한다. 그러다 보니 결국 서비스를 제공하는 모든 행위는 감정 노동을 하는 것으로 볼 수 있다. 그리고 현장에서 서비스를 직접 제공하는 직원이 표준화된 서비스 절차를 무시하거나, 절차를 수행할 수 있는 역량이 되지 않을 때 서비스 품질에 문제가 발생한다. 특히 노동 집약적인 서비스일 경우 고객의 주관적 견해에 의해 서비스 평가가 이루어지기 때문에 더욱 주의를 기울여야 함에도 불구하고, 직원은 너무 많은 일의 양과 적절하지 않은 것까지 요구하는 고객을 상대해야 하기 때문에 자발적으로 최상의 서비스 품질을 제공하기 위한 노력을 하지 않게 된다. 결국, 직원들이 적정한 서비스 품질 수준을 유지하기 어렵거나, 하지 않을 때 전달되는 서비스 품질이 당초 목표한 수준과 격차가 발생하게 된다. 이로 인해 제공되는 서비스가 고객의 기대에 미치지 못하는 경우에 불만이 생기게 되어 서비스 제공에 따른 어려움과 동시에 감정 노동자로서 더욱 힘들어지는 악순환이 계속된다.

서비스를 제공하는 직원이 서비스를 제공하기 위한 기본적인 능력과 자세를 보유하고 있지 못할 때, 즉 서비스 품질을 유지하고 제공하기 위한 역할을 명확하게 알지 못할 때 고객의 불만을 더욱 가중시키기 때문에 이 악순환을 끊기 위해서는 역할에 대해 명확하게 할 필요가 있다. 대부분 역할이 명확하지 않은 것은 역할에 맞는 직원의 서비스 수행을 위한 기본 지식이 부족하거나, 적절한 교육을 받지 못한 채 업무를 수행하기 때문이다. 이런 상황은 4가지 문제점을 나타낸다. 첫 번째, 서비스를 통한 조직의 이익에 대해 크게 관심이 없거나, 조직의 이익을 위해 무엇을 해야 하는지를 모른다. 두 번째, 고객의 기대 수준을 충족시킬 수 있는 서비스를 수행할 수 있는 훈련을 못 받았거나, 기술도 보유하고 있지도 않다. 세 번째, 서비스 수행의 결과에 대한 피드백을 제때 받지 못하기 때문에 서비스의 개선을 바랄 수 없다. 네 번째, 고객 추천에 의한 월 단위나 분기 단위의 우수 직원 선정 등을 통한 단순한 평가 방법에 의해 보상이 이루어진다. 선정 기준은 명확하지 않다. 간혹 모든 직원이 한 번씩 선정되는 보상 돌려 받기가 이루어지는 경우도 흔하다. 이러한 문제점들을 제거하기 위해서는 직원들이 3가지를 수행해야 한다. 먼저, 조직 내에서 역할을 분명하게 인지해야 한다. 두 번째, 서비스 품질 유지를 위해 조직 내에서 설정한 서비스 수준을 이해하고, 서비스 수행 결과를 적기 피드백에 의해 알 수 있어야 한다. 세 번째, 적절한 교육과 훈련을 통해 고객 기대에 맞는 서비스 품질을 유지할 수 있다는 자신감을 가져야 한다.

■ Gap 4: 전달된 서비스와 외적 커뮤니케이션과의 격차
   서비스를 홍보하는 부서가 실제 서비스 전달 상황을 충분히 이해 못 하면 서비스의 세부적인 측면을 무시하고 과장된 약속을 하게 된다.

특정한 서비스 분야에서 경쟁 업체 간의 경쟁 심화로 인해 고객에게 선택을 받기 위해서는 서로 경쟁 업체보다 더 좋은 서비스를 약속한다. 요즘에는 스마트폰 경쟁이 대표적이다. 길거리를 가다 보면 두 집 걸러 한 집 꼴로 스마트폰 가게가 들어서 있고, 가게마다 현란한 문구로 고객들을 유혹하고 있다. 문구에 적혀 있는 대로만 서비스가 제공된다면 꽤 괜찮은 서비스라고 많은 고객이 인식할 것이다. 하지만 그런 기대를 가지고 가게에 들어가서 상담을 해보면 많은 약정과 옵션들이 숨겨져 있어 많은 기대를 가지고 들어간 고객이 다시는 그 가게를 찾지 않게 되는 고객으로 바뀐다. 속은 것에 대한 불만이 생겨 기분이 상했기 때문이다. 필자도 그중 한 명이다. 그래도 스마트폰 가게는 여러 가지 판촉 활동을 통해 '과잉 약속'을 한다. 가게마다 고객을 끌기 위해서는 경쟁 가게보다 눈에 띄어야 하기 때문이다. 그럴수록 '과잉 약속'을 하는 경향이 더욱 커진다.

'과잉 약속'의 사례를 찾기 위해 인터넷상에서 '과잉 약속'이란 단어를 입력하자 '무책임한 과잉 약속'을 제목으로 매일경제 신문의 1969년 11월 25일 자 신문 내용을 스캐닝한 자료가 나왔다. 내용은 다음과 같다. 요즘 시대와는 많이 다른 사회상을 느낄 수 있다.

제목: 허황한 가수 지망

부제목: 부작용 큰 마구잡이식 가요 학원

서울 시내에 관인 가요 학원은 30여 곳으로 1,500여 명의 학생이 다닌다. (중략) 이 학원들은 신문, 잡지 광고를 통해 원생을 모집한다. (중략) 학원이 내거는 캐치프레이즈는 한결같이 "본원을 졸업하면 유수한 신인이 될 수 있다."이다. (중략) 가정 형편이 대부분 불우하고 농촌 출신이 많아 학력도 낮은 원생들이 많다. 이들은 광고를 보고 자신도 유명한 유명인이 될 수 있음을 단정하고 무작정 학원을 찾아 상경하는 것이다. (중략) 이들이 얻는 것은 무엇인가? 실망이다. 더 정확히 말하면 좌절 바로 그것이다. 그 숱한 학원은 이렇다 할 신인 배출의 실적이 거의 없기 때문이다. (중략) 여자들은 자의 반 타의 반으로 호스티스가 되고, 그들은 다시 집으로 돌아갈 수 없으니까 말이다. 접객업소에서 그들이 더 깊은 나락으로 떨어지지 말라는 법은 어디 있는가? 이런 악순환은 매년 계속되고 있다. 지금 이 순간도 인기 연예인이 되기 위해서 젊은이들은 광고를 보고 무작정 상경하고 있다. (후략)

앞에서 살펴본 서비스 품질 영역 5개 중 고객이 가장 중요한 것으로 꼽은 것은 약속한 서비스를 믿을 수 있고 정확하게 수행할 수 있는 신뢰성이다. 신뢰성은 특정 업종이나 서비스와 무관하게 가장 중요한 영역이다. 이처럼 신뢰성이 중요함에도 불구하고 위 사례와 같이 스스로 '과잉 약속'을 해서 신뢰성을 떨어뜨리는 이유는 무엇일까? 더군다나 대부분의 광고를 보면 신뢰성보다는 물리적 시설, 장비, 직원 그리고 커뮤니케이션 자료의 외양을 나타내는 유형성이나 회사가 고객에게 제공하는 개별적 배려와 관심을 나타내는 공감성 등을 중심으로 광고하고 있다. 각 기업의 관리자들이 신뢰성에 대해 정확히 인식하지 못해서 그럴까? 그렇지 않다. 많은 연구 자료를 보면 각 기업의 관리자들은 신뢰성에 대해 명확히 인식을 하고 중요성에 대해서도 충분히 인식하고 있었다. 그럼에도 불구하고 이런 일이 발생하는 것은 각 기업뿐만 아니라 경쟁 기업도 신뢰성에 대해 충분히 인식을 하고 있기 때문에 차별화 요소로써 다루기 어려운 유형성이나 다양성을 다루는 것이다. 하지만 문제는 여기에 있다. 각 기업 관리자들이 인식하는 신뢰성과 고객이 느끼는 신뢰성에는 분명 차이가 있다. 고객들은 여러 요소가 복합적으로 엮인 신뢰성에 대해 의심을 하고 있음에도 기업들은 신뢰성에 문제가 없다고 느끼는 것이다. 몇 년 전 동양그룹 사태는 이를 나타내는 사례라고 할 수 있다. 아무 문제가 없다고 이야기해도 고객들은 믿지 못하고 투자금을 인출해간다. 서비스 품질에 대한 (과잉) 약속은 고객의 기대를 높이거나 낮추는 데 영향을 끼친다. 반대로 서비스에 대

한 고객의 기대도 서비스 품질에 영향을 미친다. 즉, 서비스 품질 수준
에 영향을 미치는 것은 각 기업의 서비스 품질에 대한 신뢰성과 고객
이 그 신뢰성에 거는 기대가 상호작용하여 서비스 품질 수준이 정해진
다. 따라서 PZB는 이렇게 이야기한다. "광고로 신뢰싱을 약속하는 것
은 실제로 신뢰성을 제공할 때에만 적절하다."

■ **Gap 5**: 고객의 기대와 지각 간의 격차
고객이 지각한 서비스 품질이 기대하는 바에 충족이 되지 않으면
서비스 품질에 대해 나쁘게 평가한다.

서비스 품질은 일반 제품 품질과 달리 객관적인 기준에 의한 측정
이 어려워 고객의 서비스에 대한 기대와 지각을 측정하고, 그 기대와
지각의 차이를 통해 서비스 품질을 평가한다. 앞에서 살펴본 바와 같
이 서비스에 대한 기대는 구전 정보, 개인적 욕구, 과거 경험과 서비스
제공자와의 커뮤니케이션에 의해 형성된다. 서비스 수혜자가 매우 합리
적인 이성을 갖고 합리적인 판단을 할 수 있다면 위의 4가지 정보를 수
집, 분석을 통해 서비스에 거는 기대 수준이 합리적으로 정해질 수 있
을 것이다. 그러나 대부분 합리적이지 못한 호모 휴리스틱쿠스이기 때
문에 서비스에 대한 기대 수준이 제대로 정해지지 않는다.

먼저 구전 정보에 의해 서비스 기대 수준이 형성되는 과정을 살펴보
면, 정보를 전달해주는 사람도 호모 휴리스틱쿠스일 가능성이 매우 크

기 때문에 정보 자체가 편향되어 있을 가능성이 있다. 또 정보 전달자와 수신자의 관계나 전달자에 대한 수신자의 인상에 따라 정보가 왜곡되기도 한다. 전달자와 수신자의 관계가 매우 협조적인 관계라면 전달 정보를 대부분 수용하겠지만, 그렇지 않은 경우 전달 정보를 수신자 주관대로 선별해서 들을 것이다. 게다가 제대로 전달했다고 해도 의미를 오해할 수도 있다. 이처럼 구전 정보는 생성되는 시점부터 전달되고 지각하는 모든 과정이 부정확하다.

개인적 욕구에 의한 기대 수준은 정량화하기 어렵지만, 미국의 산업 심리학자 아브라함 매슬로가 1954년 발표한 욕구의 5단계가 대표적으로 사람의 욕구에 관해 설명하고 있다. 의식주 등 생존을 위한 기본 욕구인 생리적 욕구, 위험으로부터 안전해지기를 바라는 욕구인 안전 욕구, 사회적 존재로서 조직에 소속되거나 타인으로부터 애정을 바라는 욕구인 소속과 애정 욕구, 자존을 통해 타인으로부터 존경을 받으려는 욕구인 존경 욕구, 마지막으로 자아를 완성하려는 욕구인 자아실현 욕구가 그것이다. 여기에 각 개인이 처한 상황이 더해져 개인적 욕구가 형성된다고 할 수 있다. 이 때문에 똑같은 서비스라도 개인마다 거는 기대와 만족은 달라진다.

과거 경험은 극적인 경험이 기억에 남게 되는데, 대표적인 것으로 미국 공군 대위 에드워드 A. 머피가 한 말이 유래가 된 머피의 법칙이 있다. "어떤 일을 하는 데는 여러 가지 방법이 있고, 그 가운데 한 가지 방법이 재앙을 초래할 수 있다면 누군가가 꼭 그 방법을 쓴다."라고 말한 것으로, 원하는 방향이 아니라 나쁜 방향으로만 일이 진행되는 것을 뜻한다. 택시를 잡기 위해 기다리고 있을 때, 서있는 건너편으로만 택시가 온다든지, 표를 사기 위해 줄을 설 때 다른 줄에 비해 내가 서있는 줄만 속도가 더디게 느끼게 되는 경우 등이 있다. 반대의 경우 샐리의 법칙이 있는데 영화 『해리와 샐리가 만났을 때』에서 샐리가 결국은 해피엔딩을 맞는다는 것에서 유래했다. 이처럼 과거 경험은 통계치보다는 마음속으로 느끼는 극적인 결과값이 기억에 남게 되어 기대 수준이 편향될 수 있다.

마지막으로 서비스 제공자와의 커뮤니케이션에 따라 기대 수준이 변하기도 한다. 유명한 커뮤니케이션 전문가 존 파웰의 정상적인 커뮤니케이션 5단계를 살펴보면 1단계, 우연히 만났을 때 "잘 지내지?", "별일 없죠?" 등과 같은 인사말을 전하는 상투적인 표현의 단계, 2단계, TV 뉴스와 같이 개인 의견은 배제된 대화와 같은 사실 보고의 단계, 3단계, 자신을 드러내는 단계로 '제 생각에는'과 같은 말을 하는 의견과 판단의 단계, 4단계, 자신의 느낌과 생각을 자유롭게 이야기할 수 있는 감정과 직관의 단계, 5단계, 서로 못할 말이 없는 최고의 진실의 단계가 있다. 이 중 1, 2단계는 업무적으로만 대하는 사이이고, 3단계는 진정한 커뮤니케이션을 할 수 있는 사이이며, 4단계 이상은 친밀한 관계를 나타낸다. 서비스를 주고받는 사이는 대부분 1, 2단계에 있기 때문에 진정한 커뮤니케이션이 이뤄진다고 볼 수 없다. 더 나아가 문제 발생 시 책임 회피의 수단이 될 수도 있다.

여기에다 Grönroos의 서비스 품질(고객에 의해 주관적으로 인식되는 품질) 정의를 감안해야 한다. 사람들은 판단할 때 심리적으로 6개의 기본적인 편향과 오류(손실 회피 추구·휴리스틱·앵커링 효과·현상 유지 편향·확인 편향·계획 오류)를 범하기 때문이다. 이 때문에 객관적인 서비스 기대 수준을 설정하기가 어려워진다. 여기서 기본적인 편향과 오류라고 표현을 했는데, 앞의 3개는 아모스 트버스키와 대니엘 카네먼이 정립한 전망 이론(prospect theory)을 근거로 하고, 뒤의 3개는 많은 심리학 서적과 행동경제학 서적에서 공통으로 표현하는 심리를 모은 것이다.

전망 이론(Prospect theory)은 사람들이 위험이 수반된 의사 결정을 할 때, 특이한 방식으로 의사 결정을 하는 이유를 설명하는 이론으로, 기존 주류 경제학에서 이야기하는 기대 효용 이론을 사람들이 따르지 않는 이유를 설명하며, 1979년 아모스 트버스키와 대니엘 카네먼에 의해서 개발됐다. 이 이론은 대안을 선택할 때 민감도 체감성, 준거점 효과, 손실 회피 등 3가지 기본적인 인간의 심리를 따른다고 한다.

민감도 체감성이란 것은 100만 원의 월급을 받는 사람이 100만 원의 보너스를 받으면 매우 만족해하지만, 1,000만 원의 월급을 받는 사람이 100만 원의 보너스를 받으면 100만 원의 월급을 받을 때보다 만족도가 떨어지는 것을 의미한다. 사람이 변화에 반응하는 민감성을 말하는 것으로 똑같은 보너스에 대해서 상황에 따라 다르게 인식하는 것이다. 이것은 사람들이 합리적인 이성이 아니라 감정의 영향을 받아 비합리적인 의사 결정을 하는 것을 의미한다. 즉 사람들은 위험이 발생할 확률을 정확히 따지지 않고 경험, 감정 등 어림짐작에 의한 방법(휴리스틱)에 의해 판단한다. 호모 휴리스틱쿠스가 되는 것이다. 쉽게 설명하면 발생 확률이 거의 없는 테러, 지진, 해일 등의 발생 가능성을 실제보다 높게 평가하고, 암·뇌졸증·음주 운전에 의한 사고 등 발생 확률이 상대적으로 높은 것은 실제보다 낮게 평가하여 의사 결정을 한다. 그래서 많은 사람이 분실 위험이 극히 낮음에도 불구하고 스마트폰 분실 보험을 들거나, 당첨 확률이 거의 0에 가까운 복권을 사는 이유를 설명할 수 있다.

준거점 효과는 100만 원을 가지고 있다가 50만 원을 잃은 사람보다 20만 원을 가지고 있다가 10만 원을 딴 사람이 더 만족하는 이유를 설명한다. 50만 원이 30만 원보다 많으니 비록 100만 원에서 50만 원을 잃었지만, 30만 원보다는 많은 것에 더 만족해야 하나, 자기만의 기준점에 의해 결과를 판단하는 것을 의미한다. 즉, 초기에 100만 원을 가지고 있었다는 것을 기준점으로 잡기 때문에 불만족하게 여기는 것이다. 이렇게 사람들은 기준점을 잡는 일정한 법칙이 없다. 앵커링 효과라고 이야기하는 것도 기준점을 잡을 때, 처음 주어진 정보에 의해 영향을 받아 기준이 정해지는 것을 나타낸다. 배가 움직일 수 있는 범위는 앵커링된 위치에 의해 정해지기 때문이다.

손실 회피는 너무나 유명한 것으로, 사람들은 동일한 크기의 이익을 얻었을 때 기쁨보다, 손실을 보았을 때 더 큰 불만족을 나타내는 것으로 주식을 사고팔 때, 주식을 샀을 때와 비교하여 오른 주식을 팔고 내린 주식을 보유하여 더 큰 손해를 보는 이유를 설명한다. 사람들은 수익과 손실의 가치를 동일한 가치로 보지 않고 손실의 2.5배 정도의 수익을 동일하다고 여긴다.

경제학의 기대 효용 이론이 맞지 않는 심리적인 요인을 설명하기 위해 개발된 전망 이론은 위험이 수반되는 불확실한 상황에서 제시되는 대안들을 사람들이 어떠한 방식으로 의사 결정하는지를 설명하는 것으로, 휴리스틱에 의한 경험에 의해 수익과 손실이 같을 것으로 판단되는 점을 기준점으로 잡고 판단을 하는데, 최종 수익(final outcome)보다는 잠재적 수익과 손실(potential losses and gains)을 기반으로 의사 결정을 하며, 수익과 손실을 특이한 방식으로 계산한다. 수익보다 손실에 더 민감하게 반응한다는 것을 보여준다. 즉 사람들은 손실기피 성향을 나타내고, 동일한 가치의 손실을 수익보다 더 크게 생각한다. 다음의 예는 EBS 다큐프라임 프로그램에서 했던 심리학 실험 내용으로, 사람들이 손실을 회피하고자 하는 성향을 잘 나타내고 있다.

제작진이 지나가는 행인에게 3만 원을 주고 나서, 받은 3만 원을 걸고 승률 50%의 확률로 2만 원을 벌 수 있는 게임을 하자고 제안한다. 승리하면 2만 원을 더 벌 수 있음에도 불구하고 대부분의 사람이 3만 원에 만족하면서 게임을 거부했다. 이번에는 상황을 바꿔, 처음에 5만 원을 주고 나서, 2만 원을 돌려달라고 하며, 똑같은 게임을 제안한다. 이번에는 대부분이 게임에 참여했다. 근본적으로 똑같은 두 상황은, 이익보다는 손실을 더 크게 느껴 5만 원에서 돌려준 2만 원 때문에 받은 고통을 보상받기 위해서 게임에 참여한다는 것이다.

다음으로 여러 서적을 통해 인간의 공통 심리라고 발췌한 세 가지인 현상 유지 편향·확인 편향·계획 오류를 살펴보자. 이 세 가지는 심리학 책과 특히 행동경제학 관련한 책에서는 항상 나오는 내용으로 전망 이론과 마찬가지로 아모스 트버스키와 대니엘 카네먼이 실험을 통해 밝힌 것으로, 많은 석학들이 공통적으로 연구한 분야이기도 하다. 현상 유지 편향은 현재 상태를 바꾸고자 했을 때 직면하는 두 가지 가능성, 즉 지금보다 더 좋아질 가능성과 나빠질 가능성을 비교하게 되는데, 앞에서 언급한 것처럼 손실이 수익의 2.5배와 동일하게 인식되어 현재 상태를 유지하려는 성향이 강해진다. 이 성향은 일상생활에서 쉽게 접할 수 있다. 가령 처음 가는 강의장에 가서 강의를 들을 때 처음 앉게 된 자리에 계속 앉게 되는 것이나, 직장을 쉽게 옮기지 못하는 것 등이다. 또, 앞에서 이야기했던 QWERTY 자판은 인체공학적 설계와 거리가 먼 것으로, 이를 개선하기 위해 만들어진 '드보락 방식'은 손가락 동선을 절약하여 타이핑 속도를 30% 빠르게 개선하였고, 글자의 글쇠가 엉키는 문제도 해결하였으나 이미 기존 자판에 익숙해 있었던 사람들은 새로운 자판에 대한 적응을 위해 교육과 훈련을 받길 원하지 않았다. 여러분들도 스마트폰을 새로 구입할 때 반드시 일정 기간 동안 적용해야 하는 서비스 옵션을 그 기간이 지나면 바로 해지하지 않고 차일피일 미루며 놔두는 경험(요즘 젊은 세대들은 날짜를 기억하여 해당일에 해약을 한다.)을 해봤을 것이다. 현상 유지 편향을 이용한 통신 회사의 마케팅 정책에 당한 것이다.

확인 편향은 사람들이 믿고 있거나 원하는 것, 또는 조금 알고 있는 상태에서 자신이 믿고 싶어 하는 정보를 진위와 상관없이 긍정적으로 수용하고 믿으며, 그것을 지지하는 정보는 더 찾으려 하고, 반대되는 정보는 무시하는 현상을 일컫는다. 이런 인지적 한계는 인류가 진화를 거듭하면서 기억 용량의 한계로 완벽한 정보처리가 불가능하다는 것을 깨닫고 편의적으로 발달시킨 전략으로, 인간은 누구나 이 한계를 벗어나지 못한다. 이처럼 주어진 정보를 이미 자신이 판단한 결정 사항에 덧붙이는 방향으로 처리하려는 성향을 확인 편향이라고 한다. 이처럼 사람들은 자기 결정을 더욱 확인시켜주는 근거만 찾으려 하고, 자기 의사 결정과 반대되는 정보는 무시하려고 한다.

계획 오류를 위키피디아에서 찾아보면, 사람이 계획을 세울 때 비현실적인 최적의 상황을 초긍정적으로 생각하고, 자신의 능력을 과대평가하여 계획을 과도하게 낙관적으로 세우는 것을 의미한다. 계획 오류는 미래의 계획을 수립할 때 이상적인 상태(Ideal status)를 가정하여 계획을 세우나, 실제로는 생각하지 못했던 여러 가지 이유로 계획이 틀어지는 것을 지칭한다. 심리학자 뷸러, 그리핀, 로스는 심리학과 학생을 대상으로 논문 한 편을 완성하는데 걸리는 시간을 일반적인 경우, 순조로운 경우, 문제가 생길 경우 등 세 가지 상황에 따라 정확히 예상하게 했다. 조사 결과는 33.9일, 27.4일, 48.6일이었다. 하지만 실제로 논문을 쓰는데 걸린 시간은 55.5일이었다. 이런 일이 발생하는 이유는 무엇일까? 사람들은 자기 자신의 능력을 과대평가하거나 아주 이상적인 상황이 계속 이어질 것으로 생각하기 때문이다. 하지만 구체적인 사고나 실행 계획은 세우지 않고 대충 낙관적으로 생각하기 때문이다. 계획 오류의 사례로 자주 거론되는 호주 시드니의 명물 오페라 하우스의 건립 계획은 1957년 착공하여 1963년에 완공하고, 공사비는 700만 달러로 예상했지만, 결과는 10년이나 더 지난 1973년에 완공됐고, 예산도 500만 달러를 더 투자하게 되었다.

이처럼 현상 유지 편향, 확인 편향, 계획 오류는 인간의 공통적인 심리 현상으로, 이를 극복하기 위해서는 객관적인 외부의 시각에 의해 항상 검토할 수 있어야 한다. 자신의 의사 결정 내용을 객관적으로 볼 수 있다면 많은 오류를 줄일 수 있을 것이다. 이를 위해 의사 결정 시 앞에서 언급했던 손실 회피 추구·휴리스틱·앵커링 효과·현상 유지 편향·확인 편향·계획 오류를 극복할 수 있는 방법을 찾아야 한다.

　방법을 찾기 위해 명언들이 소개되어있는 책을 읽던 중 마음에 드는 구절이 눈에 들어왔다. 윌리 아모스라는 사람이 이야기한 것으로 "얼마나 많은 사람들이 그것을 해낼 수 없다고 말하는지, 얼마나 많은 사람들이 그 전에 시도했는지 그것은 상관없다. 진정 중요한 것은 그것이 자신의 첫 번째 시도임을 아는 것이 중요하다."라는 구절이다. 책 속에서 이 글을 읽는 순간 무언가 느껴지는 것이 있었다. 어떤 일이든 누군가에게 시시한 일이기도 하지만, 누군가에게 의미 있는 일이 될 수도 있다. 성공할 가능성이 없어 보이지만, 시도하는 사람도 있다. 편한 일을 뒤로 한 채 어려운 길을 찾아가기도 한다. 이 때문에 전문가에게 도움을 요청할 때도 있지만, 남들보다 다른 것을 만들어내거나 새로운 시도를 하기 위해서는 도전하는 용기가 필요하다. 이런 생각을 하고 있던 중 윌리 아모스의 이야기가 내 눈에 들어온 것이다.

　스포츠 세계에는 몇 가지 통념이 있다. 그중 하나가 '흑인은 수영을 잘할 수 없다'는 것이다. 이 이야기를 듣고 생각을 해보니 내가 기억하는 범주 내에서 흑인 수영 선수를 본 적이 없었다는 생각이 들었다. '왜 수영 선수 중에는 흑인이 없을까?' 하고 이유를 찾아보니 가장 그럴듯한 이유로 흑인은 신체 특성상 체지방 대비 근육의 비율이 다른 인종에 비해 높기 때문에 물의 저항을 많이 받기 때문이라는 주장이다. 근거가 없는 것은 아니겠지만, 다른 수영 선수들의 근육이 상당한 것으로 봐서 꼭 그렇지 많은 아닌 것 같다. 인터넷을 찾아보니 우리나라에서 1988년 열렸던 서울올림픽에서 아프리카 수리남의 흑인 신수 안토니 네스티(9살 때부터 미국에서 훈련을 받았다.)가 접영에서 우승했다는 기사를 찾았다. 당시 100m 남자 접영에서 7관왕을 노리던 미국의 매트 바욘디와 경쟁해서 금메달을 차지한 것으로, 흑인은 수영을 잘할 수 없다는 통념에 위배되는 것이다. 이 선수는 그다음 올림픽에서는 동메달을 획득했다. 2000년 시드니올림픽에서도 남자 자유형 50m에서 미국의 흑인 혼혈 선수 앤서니 어빈이 금메달을 목에 걸었다. 이처럼 많은 통념 때문에, 혹은 많은 경험자나 전문가들의 조언 때문에 시도조차 하지 못하고 포기한 일이 얼마나 많을까? 뛰어난 흑인 선수가 없는 이유는 수영을 잘할 수 있음에도 불구하고, 돌아오는 보상이 적기 때문에 상대적으로 보상이 엄청난 야구, 농구 등으로 몰린 데 이유가 있었기 때문일 수도 있다. 골프계에서도 흑인을 보기가 쉽지 않은데, 타이거 우즈가 상당 기간 동안 황제로 군림(2018년 드디어 80승을 이뤘다.)했던 것을 보면, 수영이나 골프 등은 훈련하는 데 많은 제약과 경제적인 어려움이 있기 때문에 그럴 수도 있다는 생각이 든다.

곰곰이 따져보면 우리 모두는 항상 새로운 일을 시도하고 있다. 그전에 또는 다른 사람이 유사한 일을 시도한 적은 있어도 현재 내가 시도하려는 일과 그 일을 하게 된 배경과 의미가 똑같을 수는 없다. 결국, 지금 내가 시도하려는 것은 아무도 해본 적이 없었던 새로운 일이다. 더군다나 조언을 해주는 경험자나 전문가들도 완벽하진 않기 때문에 자기 경험이나 자기만의 전문 지식을 바탕으로 조언을 해줄 뿐이다. 따라서 많은 경험자와 전문가의 조언을 참고할 필요는 있으나, 전적으로 그 조언에 휘둘릴 필요는 없다. 아무도 해보지 않았던 새로운 시도를 하는 것이기 때문에 윌리 아모스가 한 이야기처럼 '지금 시도하려는 일이 첫 번째 시도'임을 아는 것이 중요하다. 실수나 실패를 하더라도 경험을 통해 배울 수 있고, 그 경험에 의해 성공 가능성을 높일 수 있기 때문이다. 즉 어떤 경우라도 직접 시도하고 경험을 해보아야 한다. '시도하다'는 말을 영어사전에서 찾아보면 Attempt·Pursuit·Test·Try out 등이 있다. 이 단어 중에 지금까지 이야기했던 주제와 가장 의미가 상통하는 것은 'Pursuit'가 아닐까 생각한다. 그 이유는 'Pursuit'의 사용 예를 보면 '원하는 것을 얻기 위해 시도한다'는 뜻을 내포하고 있기 때문이다. 이때 '원하는 것'은 긍정적인 의미로 행복, 지식 등을 의미한다. 게다가 원하는 것을 얻기 위해 '시간과 에너지를 들여서 한다'는 뜻도 포함되어 있다. 우리가 일과 좋아하는 취미 활동을 위해서는 좋아하는 것을 포기하기도 하고, 필요한 자원의 투자를 통해서 얻고자 하는 것을 얻기 위해 집중하고, 더 나아가 몰입의 즐거움을 느낄 수 있기 때문이다.

대니얼 코일이 쓴 『탈랜트 코드』에 세계적으로 유명한 육상 선수
는 형제·자매의 수가 많고, 그중에서 막내인 경우가 대다수라는 내용
이 나온다. 평균 4.3명의 형제나 자매가 있고, 육상 선수는 평균 4번째
라고 한다. 유명 육상 선수가 대체로 많은 형제, 자매 중 막내에 가까
운 이유는 무엇을 의미할까? 굳이 빅데이터로 분석하지 않아도 직관적
으로 분석되는 내용이 있다. 바로 막내다. 막내이다 보니 형·언니들과
노는 것이 마냥 신이 날 것이고, 형·언니들과 같이 놀기 위해서는 빠른
걸음으로 따라다녀야 되고, 만약 형·언니를 따라가지 못하면 신나는
놀거리가 순식간에 사라지기 때문에 스스로 빨리 달리기 위해 애를 썼
을 것이다. 즉 스스로 동기부여를 해서 달리기를 했고, 성장하면서 재
능을 발견하게 되어 유명한 육상선수가 되었을 것이다. 이처럼 누가 시
켜서 하는 것이 아니고, 스스로 동기부여를 하고 노력을 하게 될 때 뛰
어난 성과가 나오게 되는 것이다.

동기부여가 중요하다는 것을 모르는 사람은 없을 테지만, 대부분
타인에 의한 동기부여 환경을 이야기한다. 여기서 허즈버그와 맥그리
거의 동기와 관련된 유명 이론을 다시 언급할 필요는 없을 것 같다. 동
기라는 것은 타인에 의해 만들어진 환경에 자신이 그 환경에 들어가서
원하는 욕구를 만들어낼 수도 있겠지만, 대부분은 자신이 원하는 욕
구를 충족시키기 위해 욕구 충족이 가능할 것 같은 환경 속으로 들어
가는 것이 일반적이다. 즉 어떤 욕구의 발생으로 동기가 생기게 되고,

특정한 환경이 그 동기를 부여한다고 생각이 들면 그 환경을 택하게 되는 것이다. 그 환경 속에서 행동을 통해 욕구가 달성되면 동기는 사라지게 되고 환경은 더 이상 쓸모없게 된다. 다시 이야기하면 배가 고파서 먹고자 하는 식욕이 생기면 자연스럽게 밥을 먹을 수 있는 식당을 찾으려고 하는 동기가 생기고, 그 동기에 가장 적합하다고 생각되는 식당을 찾아 밥을 먹음으로써 식욕이 사라지는 것이다. 그렇게 욕구가 해결되고 나면 동기가 사라지고, 아울러 그 동기에 적합했던 식당의 필요성도 사라지게 된다. 그래서 또 다른 욕구가 생기게 되고, 그 욕구에 의한 동기에 적합한 환경을 찾아가게 되는 것이다. 이렇게 타인에 의해 조성된 동기부여 환경은 오래 지속되지 못하고 일회성 또는 불연속성의 특징을 가지고 있다.

하지만, 스스로 동기부여 환경을 만들고 그 환경 속에서 욕구를 만족시키게 되면 만족의 정도가 매우 높아짐을 알 수 있다. 이것을 설명하기 위해 다시 배고픔을 해결하기 위한 식욕을 예로 들어보자. 식욕이 생기게 되면 밥을 먹어야겠다는 동기가 생기는데, 이때 그 동기를 제공하는 환경을 스스로 만드는 것이다. 즉 자신이 배고픈 정도를 알고 있고, 그 상태에서 먹고 싶은 음식과 양을 알고 있기 때문에 자신을 가장 만족시킬 수 있는 음식을 직접 요리해서 먹는 것이다. 이럴 경우 식욕뿐만 아니라 영양 섭취, 다이어트, 경제적 사정 등 부수적인 욕구까지도 해결할 수 있게 된다. 더군다나 자신이 원하는 식욕의 정도를 해결해줄 것으로 믿고 찾았던 식당에서 자신의 취향에 맞지 않는 음식이 제공되는 경우와 같은 곤란한 상황도 피할 수 있게 된다. 즉 외부 환경에 의해서 욕구를 만족시키기 위해서는 리스크를 감수해야 하는 상황이 발생하는데, 이를 미연에 방지할 수 있는 것이나.

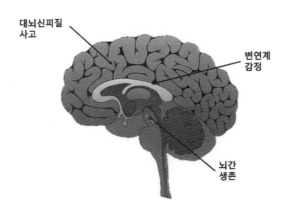

뇌의 구조

　자신의 욕구에 대해서는 말과 글로 표현하기 어려운 매우 복합적인 요소가 작용을 하고 있는 사람이기 때문에 자신의 욕구를 해결할 수 있는 스스로의 동기부여가 필요하다. 인간의 뇌는 크게 뇌간(Brain stem), 변연계(Limbic system), 대뇌신피질(Neo cortex)로 구분이 되어있고, 인간의 모든 감정은 두 번째 뇌인 변연계에서 처리를 하는데, 아쉽게도 이 변연계를 우리 스스로 조절할 수 없다. 더군다나 의사소통을 담당하는 대뇌신피질과 변연계는 서로 소통하지 않는다. 즉, 무의식 상태에서 우리가 느끼는 흥분, 공포, 분노, 쾌락에 의해 행동하는 것이 인간이기 때문에 아무리 이성적으로 생각을 한다고 해도 아주 오래전부터 조상에게 물려받아 형성된 변연계를 억누르기가 쉽지 않다. 이것이 의미하는 것은 고객 만족을 위해 서비스 직원에게 아무리 교육을 많이 시킨다고 해도, 모든 교육 내용은 대뇌신피질에 의해 판단되고, 변연계에는 영향을 미치지 못한다는 데 있다. 그래서 평상시 별문제가 없는 상황에서는 교육받은 대뇌신피질이 훌륭한 역할을 수행하지만, 예기치 못했던 돌발 상황에서는 교육받은 대뇌신피질이 아니라 변연계가 행동을 주도하기 때문에 문제가 생기는 데 있다. 이를 막기 위해서는 서비스 직원 스스로 고객을 만족시켜야 되겠다는 욕구를 만들어 내게 해야 하고, 그 욕구를 만족하기 위한 동기부여를 발생시키려면 변연계를 자극해서 스스로 동기부여 환경을 만들 수 있도록 해야 한다. 이것은 서비스를 받는 고객의 입장에서도 동일하다고 할 수 있다. 마케팅 깔때기에서 살펴본 것처럼 고객이 제품이나 서비스를 인식하고 나서부터 구매하기까지는 많은 판단과 행동이 관여하고 있다. 디지털 비즈니스 이전의 비즈니스에서는 고객의 니즈를 이끌어내기 위해 마케팅 및 광고와 소비자 조사 등을 통해 리드(Lead) 생성을 중요시했었다. 일단 리드를 생성하고 나면 경쟁사보다 좋은 제품과 서비스를 만들기 위한 활동에 치중했다. 그리고 고객이 구매에 이르기까지 많은 노력을 기울이고, 마침내 구매가 완료되는 순간 이제까지의 구매 여정은 결실을 맺는다고 믿고 있었다. 아주 기본적이고 충실한 비즈니스 활동이라고 할 수 있다. 하지만, 디지털 비즈니스 세상에서는 이것만으로는 부족하다. 마케팅 깔때기 모형은 판매자 입장을 대변하고 있다고 볼 수 있다.

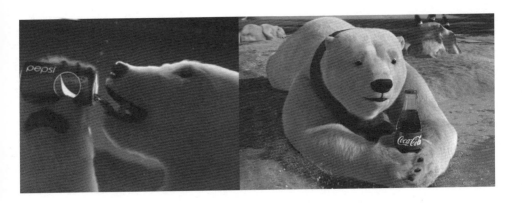

북극곰이 등장하는 콜라 광고(출처: Pepsi, Cocacola)

여러분 중에 콜라 광고에 북극곰이 자주 등장하는 이유를 알고 있는 사람은 얼마나 될까? 북극곰이 콜라를 마시는 장면을 보면 어떤 생각이 드는가? 만약 북극곰 대신에 더운 지방에 사는 코알라가 등장하면 어떤 생각이 드는가? 정성적 마케팅 도구로 유명한 잘트먼 기법 (ZMET)[40]의 창시자인 하버드대 제럴드 잘트먼 교수는 북극곰과 같이 있는 콜라는 시원함을 코알라와 같이 있는 콜라는 따뜻함을 느끼게 한다고 한다. 따뜻한 콜라를 좋아하는 사람은 없을 듯하니 콜라 광고에 코알라보다 북극곰이 나오는 것은 당연하다고 하겠다. 또 잘트먼 교수

---

40 ZMET(Zaltman's Metaphor Elicitation Technique), 1990년대 이후 가장 강력한 정성 마케팅 조사 도구로 떠오른 기법으로, 소비자에게 그림과 사진을 보여주고 연상을 유도하는 '은유 추출 기법'인 ZMET는 인간 사고 중 95%는 무의식에서 발생한다는 전제에서 출발한다.

는 "시장조사에 많은 자원과 노력을 쏟아부어도 신제품 중 80%는 실패하고, 이런 설문 조사 같은 정량적 방법이나 포커스 그룹 인터뷰 같은 낡은 정성적 조사 방법으로 알아낼 수 있는 소비자 욕구는 5%에 불과하다."라고 강조한다. 이렇듯 말로 표현되는 니즈는 5%에 불과하다. 따라서 95%를 차지하는 무의식으로 이뤄지는 부분을 공략하지 못하면 마케팅은 실패한다고 생각할 수 있다. 즉, 고객의 무의식 속에 있는 은유와 이미지를 파악해 공략할 수 있어야 한다. 잘트먼 교수는 "소비자들이 어떤 제품이나 서비스에 대한 이미지를 떠올릴 때는 반드시 공통으로 나타나는 이미지가 있다."라고 강조한다.

여기서 공통으로 나타나는 이미지에 대해 주의를 기울여 보자. 마케팅을 위해서는 이 이미지를 파악해야만 한다. 보통 고객 '니즈'라고 표현한다. 이 니즈는 파악할 수 있는 니즈와 파악할 수 없는 니즈로 구분할 수 있다. 파악할 수 있는 니즈는 고객 반응이나 설문 조사와 고객의 목소리라는 프로그램을 통해 파악한다. 그리고 그 파악된 내용을 바탕으로 전략을 수립하고 마케팅 정책을 펼친다. 그런데 잘트먼 교수의 연구에서 밝혀졌듯이 파악할 수 있는 니즈는 5%밖에 안 된다. 즉 파악할 수 있는 니즈보다 파악할 수 없는 니즈가 더 많다. 게다가 이 파악할 수 없는 고객의 니즈는 고객 자신도 모른다. 고객 자신도 모르니 표현할 수도 없는 것이다.

자선냄비에 기부하는 엄마와 아이(출처: 서울신문)

위 사진에서는 엄마가 자선냄비에 기부할 수 있도록 아이를 도와주고 있다. 엄마의 행위는 아이가 자선냄비에 돈을 넣을 수 있도록 도와주는 단순한 행동이지만, 여기에는 아이가 착하고 올바르게 자라기를 바라는 마음(니즈)이 숨어있음을 굳이 이야기하지 않아도 다 알 것이며, 아이도 이런 경험들을 통해서 올바르게 성장할 것이다. 하지만 사진 어디에도 엄마와 아이의 그러한 니즈는 나타나지 않는다. 그저 미루어 짐작할 뿐이다. 이렇게 파악할 수 없는 니즈를 찾아내기 위한 개념을 디즈(Deeds)라고 한다. 디즈는 사전적 의미로는 '보통 아주 좋거나 나쁜 행위'를 뜻하는 단어로, 겉으로 보이는 '고객의 행동 자체'만을 뜻한다. 비즈니스적으로 풀어보면 고객의 행동은 의사 결정과 행동(디즈)으로 구분할 수 있는데, 디즈는 겉으로 나타나지 않는 고객의 신념, 가치와 비교하여 겉으로 나타나는 행위만을 의미한다. 사진 속의 엄마와 아이의 행위는 'Good Deeds'다. 이렇게 파악할 수 없는 고객 니즈의 95%가 고객의 행동 자체에 숨어있다고 할 수 있겠다. 고객 자신도 모르는 니즈를 고객이 표현하는 말에서 찾기보다는 그들의 실제 행동 습관에서 찾는 편이 더 올바를 수 있다. 즉 고객 니즈를 파악하기 위해서는 고객 디즈를 관찰하고, 그 디즈 속에서 고객의 소비 행태와 정서를 내포하고 있는 전체 맥락을 이해하는 것이 중요하다.

이제 책을 마무리할 때가 됐다. 디지털 비즈니스 생태계에 적응하기 위해서는 디지털 비즈니스 프로세스 전문가, 즉 마켓메이븐이 되어야 한다. 특히 고객 경험을 이해하기 위해 고객의 디즈를 파악하고, 분석할 수 있는 직무 역량이 필요하다. 과거와 같이 노동 집약적인 프로그래밍만을 잘하는 직원보다는 디지털 비즈니스 생태계에 대한 이해와 그 생태계에 맞는 프로세스를 만들고 적용시킬 수 있는 직무 역량이 절실히 요구되고 있다. 이를 위해 'ee's Sphere' 개념을 소개한다. 이 개념은 우리 모두가 항상 어떤 조직이든지 간에 속해있기 때문에 우리는 'employee(고용인)'이다. 사람을 뜻하는 어미 'ee'는 '행위를 당하는 사람' 또는 '특정한 상태·상황과 관련된 사람'을 뜻한다. 그래서 'ee'들의 직무 역량을 향상시켜 수동적 자세에서 능동적 자세로 거듭나기를 바라는 마음으로 만든 개념이다. 즉, 디지털 비즈니스 생태계에서 '목적을 갖고 행동하는 사람' 또는 '목표하는 특정한 상태와 상황을 만드는 사람'인 마켓메이븐이 되기를 바란다.

지금부터는 박성현 선수의 골프 영상을 시청 중에 문득 떠오른 생각을 정리한 것으로 실제로 컨설팅할 때 자주 사용하고 있는 개념이다.

Teed **up for** What

많은 골프 연습을 하고 필드에 나가서 처음 하는 것이 티샷이다. 특히 처음 티샷이 그날 경기에 많은 영향을 미친다. 티샷을 하기 위해서는 볼을 놓을 위치를 살펴야 한다. 겉으로 보이는 바닥은 평평한 풀 밭 (Weeds)으로 보이지만, 골프장마다 티그라운드의 특징이 다 다르기 때문에 목표를 설정한 후 올바른 위치에 티를 꽂아야 한다. 이때 골프장 특성을 잘 알고 있는 캐디의 조언을 구할 필요가 있다. 티를 꽂으며 훈

런한 결과가 나오기(Needs)를 마음속으로 빈다.

이때, 티 위에 볼을 올려놓는 골퍼의 전후 행동(Deeds)을 살펴보면 그 골퍼의 실력을 어렴풋이 판단할 수 있다. 캐디의 조언을 경청하는지, 목표 방향을 정하고 티를 꽂은 후 다시 한 번 목표를 조준하고 어드레스를 취한 후 행하는 루틴이 있는지 등의 행동을 관찰하면 대략 짐작할 수 있다. 골퍼를 고객으로 전환하면 상품을 구매하기 전의 이러한 행동을 관찰하면 고객의 구매 여부를 예상할 수 있다. 이 예상 적중률을 높일 필요가 있다. 그림에서 화살표가 가리키고 있는 부분이 있을 것이다. 이 부분이 골퍼의 디즈와 니즈를 매핑시켜 주는 곳으로 스윙을 하기 전에 다시 한 번 훈련했었던 과정을 되새겨보아야 할 부분이다. 골퍼가 스윙을 하고 나면 어떠한 경우에도 되돌릴 수 없다.

그렇기 때문에 스윙하기 전에 주변 환경을 관찰하고, 목표를 생각하고 환경에 맞게 사고를 전환하여, 자신의 실력을 고려한 상태에서, 종합적으로 판단하여 자신 있게 확신을 가지고 공략을 해야 한다.

이 과정이 고객의 정서나 구매 맥락을 파악(Heed)하는 부분이다. 히드의 사전적 의미는 "남의 충고에 귀를 기울이다."라는 뜻이다. 즉 올바른 목표를 달성하기 위해서는 고객의 행동과 정서를 주의 깊게 관찰

하여 맥락을 파악해야 한다.

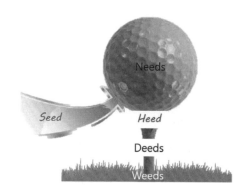

골프의 시작은 연습이다. 골프를 하면서 느끼는 것이 연습량에 따라 골프 실력이 향상된다는 것이다. 골프를 즐기기 위해서는 충분한 연습을 하는 것이 꼭 필요하다. 농사를 짓기 위해 씨를 뿌리는 것(Seeds)과 같다.

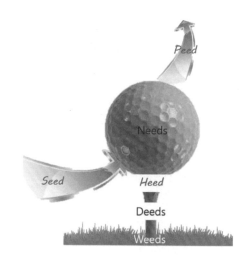

여기까지 생각을 하다가 약간의 장난기가 생겨서 '~eed' 형태의 단어 찾아보다 발견한 단어가 피드(Peed)다. 보통 이 단어는 '오줌(pee)'을 뜻하는 것으로 사용되는데, 이 단어의 사용 예문 중에 'peed a machine to increase output.' 이라는 문장을 네이버 사전을 통해 발견했다. 그 뜻은 '생산량을 증가시키기 위해 기계를 빨리 돌리다.'이다. 그렇다면 'peed a lot of practice to improve one's ability.'라는 문장도 가능하지 않을까? '많은 연습을 통해 실력을 향상시키다.'라는 뜻으로 말이다. 그런데 이 문장을 캐나다에 살고 있는 후배에게 물어보고, 또 다른 후배를 통해 미국에서 온 유학생에게 보여주었더니, 영어권에서는 이런 문장을 안 쓴다고 한다. 하물며 네이버 사전에 있는 예문도 사용 안 한다고 한다. 케임브리지 사전에는 예문으로 "Its effect is to modify the definition of "flat" by removing the peed for a flat to be a self-contained property."라는 문장이 있다. 번역기를 사용하면 "그것의 효과는 평면이 평면을 독립적인 특성으로 제거함으로써 '평면'의 정의를 수정하는 것이다."라고 나온다. 이 문장도 이해하지 못하겠다고 한다. 아무튼, 우리의 목적은 영어 문장을 만드는 것이 아니니 독자들의 판단에 맡기겠다.

조금 더 욕심을 내서 찾은 단어가 보상이라는 뜻을 가진 미드
(Meed)다. 결론적으로 티샷을 하는 최종 목표는 홀 근처에 볼을 보내기
위한 것 아닌가? 홀 가까이 갈수록 보다 만족할 것이다. 즉 연습한 것
에 대한 보상을 받는 것이다.

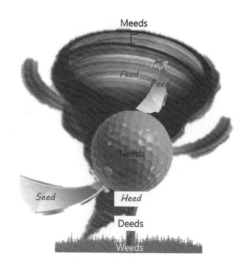

골프를 잘 치기 위한 이런 과정에 대해 연속적으로 정보를 제공받으면(Feed) 좋은 결과가 나올 것은 자명한 사실이다.

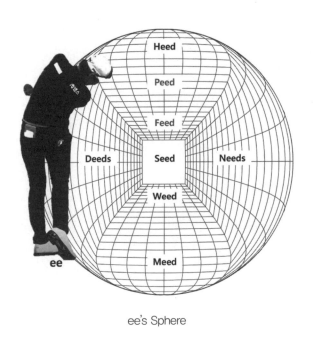

ee's Sphere

우리 모두는 어떤 조직에 속해있는 고용인(employee)이거나 실력을 쌓기 위한 연습생(trainee), 즉 '~ee'이기 때문에 'ee's Sphere' 개념을 만들었다. 서비스 모델을 개발할 때 고객의 디즈를 관찰하고 파악할 때 ee's Sphere 개념을 사용하면 많은 도움이 될 것이다.

2008년 가을쯤에 개봉한 영화 『신기전』은 1448년 최무선의 아들 해산이 발명한 신무기의 명칭으로, 요즘 명칭으로 하면 '다연장 로켓 활' 정도일 것이다. 신기전은 1474년 간행된 무기서 『국조오례서례 병기도설』에 설계도가 기록되어 있어, 현존하는 최고의 다연장 무기의 설계도로 1983년 세계우주항공학회(IAF)로부터 가장 오래된 로켓 설계도로 공인받기도 했다.

신기전과 개틀링 건(출처: Wikipedia)

그로부터 413년이 지난 1861년 미국 남북전쟁으로 많은 군인들이 죽어가는 모습을 안타깝게 여긴 발명가 리차드 J. 개틀링은 전쟁을 빨리 끝낼 수 있는 방법을 연구하다가 새로운 개념의 무기를 고안하고,

1862년 특허를 받는다. '개틀링 건'이라고 불린 이 무기는 신기전과 같
이 적은 노력으로 많은 화력을 나타낼 수 있는 새로운 개념의 기관총
이다.

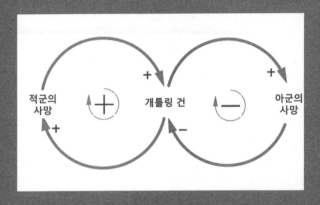

Causual Loop Diagram

　이 발명가는 이 무기를 통해 전투에 참여하는 아군의 수가 줄어들
것이고, 자연스럽게 사망하는 아군의 수도 줄일 수 있을 것으로 생각
했다고 한다. 하지만, 이 무기는 향후 많은 수정과 보완을 거듭해 대
량 살상 무기로 발전하여 지상은 물론이고 모든 비행기와 함정에 탑재
되어 있는 무기가 되었다. 분당 수천 발을 발사할 수 있는 발칸포가 그
것이다. 당초 발명가의 순수한(?) 생각으로 발명된 이 발명품은 새로운
용도와 기술이 융합되고, 적군도 이 무기에 대항하기 위해 더 성능 좋
은 무기를 개발하면서 오히려 사망자를 더 늘렸다. 이렇듯 모든 발명
품과 기술은 처음 발명할 때의 의도와 용도로 사용되는 것은 극히 드
물다. 또한, 아무리 좋은 기술이라고 해도 모두 사용되는 것은 아니다.

이것을 진작 알았으면 얼마나 좋았을까 하는 생각을 자주 한다. 그래서 나와 같은 고민을 하는 여러분에게 도움이 될까 싶어 이 책을 마무리하면서 디지털 비즈니스 프로세스 전문가 마켓메이븐이 반드시 갖춰야 할 자질 3가지를 여러분에게 전달해주려고 한다.

첫 번째, 시장의 요구와 상관없는 멋진 신개념과 신기술에 관한 이야기다.

거의 모든 사람의 손안에 하나씩 있는 스마트폰에는 영상통화가 가능한 기능이 기본으로 설치되어 있다. 이 기능을 활용하여 언어장애자들도 통화를 할 수 있게 됐고, 먼 거리에 떨어져 있어 이동에 문제가 있는 사람들에게 원격 교육, 치료가 가능하게 됐다. 또한, 주위의 친한 사람들과의 평상시 통화에서도 서로 얼굴을 보면서 통화할 수 있어 매우 유용할 것으로 생각됐다. 하지만, 이 기능을 이용하여 통화하는 모습을 보기는 쉽지 않다. 요금이 비싼 탓도 있겠지만, 그것보다는 사람들의 감성에 맞지 않기 때문일 가능성이 더 크다. 상대방과 통화를 할 때 서로 영상을 보면서 통화를 할 때 생기는 많은 불편함을 느끼는 사람의 감성에 맞지 않는 것이다. 이런 감성 때문에 직접 통화보다도 문자를 주고받음으로써 소통하는 경우가 더 많아졌다. 논리적으로는 개발 당시의 의도와 기술 자체의 용도는 매우 훌륭하지만, 실제 적용 여부는 별개의 문제다. 즉, 우리에게 필요한 기술은 최고의 신기술이 아니라 우리 생활에 필요한 용도에 적용할 수 있는 기술이다. 따라서 IT

를 넘어 DT로 가기 위해서는 우리가 익히 알고 있다고 착각하면서 거의 지켜지지 않았던 용어들에 대해 다시 한 번 명확하게 정의하고, 실행할 수 있는 프로세스를 갖추어야 한다.

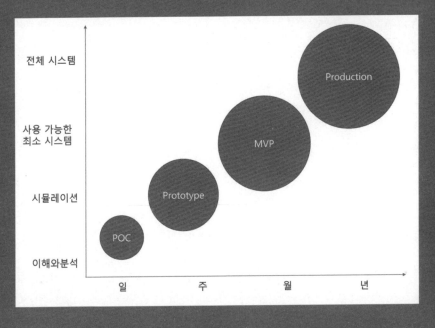

POC, Prototype, MVP, Production

POC(Proof of Concept)는 몇 년 전까지(아직 디지털 세상이 활짝 열리기 전) IT 세상에서 단순 개념 증명 정도로 해석하면서 신기술이 적용된 신제품을 직접 보면서 의도한 대로 작동하는지를 파악하기 위한 사전 검증 개념으로 사용되었다. 그마저도 IT 비즈니스 특성상 유행적인 요소로만 여겨진 것이 사실이다. 대부분 구매력이 큰 대형 고객사 중심으로 업체 선정을 위해 해당 제품의 성능과 기능을 미리 제시하도록 하여 선정하는 과정을 POC로 여겼다. 일부에서는 시스템 구매를 위해 행해지는 성능 테스트인 BMT(Benchmarking test)와 혼동하여 쓰이기도 했다. 심지어 일부 대형 업체에서는 자사의 신제품을 전시하고 시스템을 구현하여 테스트하는 과정을 POC로 지칭하기도 했다. POC는 완성된 제품이나 서비스의 형태와는 무관하게 초기 단계 또는 기획 단계에서 적용하려는 방법이나 개념이 의도한 대로 가능한지 며칠 정도의 시간을 갖고 테스트하는 작은 프로젝트다. 프로젝트라는 표현을 쓰기도 부끄러울 정도로 짧은 시간 안에 행해지는 일종의 테스트로 향후 발생할 수도 있는 리스크와 실패의 가능성을 사전에 알기 위함이다. 국내에서는 실제로 시스템 개발 전에 기술적인 측면을 검증할 목적으로 많이 사용한다. 주의할 점은 완성 단계의 제품 모습과 무관하게 행해져야 한다. 최근에서는 투자와 관련된 스타트업의 검증을 위해 핵심 기술에 해당하는 부분만 POC를 행하고, 그 결과를 투자자에게 제시하는 경우도 많이 있다.

POC와 혼재해서 많이 사용하는 개념인 프로토타입(Prototype)은 많은 사람들이 비교적 개념과 용도를 제대로 알고 있다. POC가 특정 개념이나 기술만을 테스트하는 것과 다르게 전체 제품이나 서비스를 대상으로 한다는 점이 차이가 있다. 이 테스트는 디자인부터 기능까지 전체를 아우르면서, 시제품(Draft)의 상태로 진행된다. 완성품에 대한 사전 테스트가 주목적으로 사용 고객의 입장에서 테스트가 진행된다.

이때 발생하는 피드백과 추가 요구 사항에 따라 이 테스트가 반복되기도 한다.

MVP(Minimum Viable Product)의 특징은 명칭에서 잘 나타난다. 최소한의 viable(실현 가능한, 생존 가능한) 조건을 테스트한다. 화려한 기술 구현과 기능을 보는 것이 아니라 핵심 기능만을 테스트한다. 명칭 그대로 실현 가능한 부분만을 대상으로 한다. 디지털 비즈니스에서 MVP는 아무리 강조해도 지나치지 않은데, 그 이유는 대부분 화려한 디지털 기술에 현혹되어 고객은 사용하지 않거나 관심도 없는 기술과 기능을 개발자 중심 사고로 구현하기 때문이다. MVP는 의도한 제품이나 서비스가 시장의 핵심 요구를 충족하는지를 검증하는 테스트다. 이를 통해 스폰서를 얻고, 투자자를 확보하게 된다. 디지털 비즈니스에서는 멋진 기술을 적용하기보다 시장이 필요로 하는 것을 발견하는 것이 더 중요하다. 특히 필요한 기술은 이미 세상에 나와 있기 때문에 필요에 따라 찾아 쓰면 된다. 하지만 시장에서 필요로 하는 것을 찾기 위해서는 많은 노력이 필요하다는 점을 잊지 말아야 한다. 특히 디지털 트랜스포메이션을 기획하고 있는 조직에서는 수많은 MVP가 실행될 것이고, 이것을 디지털 트랜스포메이션의 성공을 가늠할 하나의 지표로 사용할 수도 있다.

두 번째, 데이터와 알고리즘의 관계에 관한 이야기다.

AI의 도움까지 받을 수 있는 지금의 의학 기술은 이전과 비교할 수 없을 정도로 엄청난 발전을 이뤘다. 기존의 질병(수많은 데이터를 확보한 경우)에 대해서는 획기적인 진단과 치료가 가능해졌다. 하지만, 경험하지 못한 질병 또는 전염병에 대해서는 원시적인 수준이다. 몇 년 전 사스, 메르스 등 많은 전염병이 퍼졌을 때도 그랬다. 이 책을 탈고하기 위해 마지막 마무리하는 2020년 3월 1일 현재 국내 코로나19 확진자 수는 4,212명이다. 아직도 해결될 실마리가 보이지 않는다.

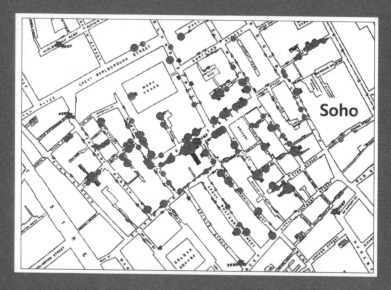

1854년 영국 런던시 소호 지역의 콜레라 발생 현황

영국 런던의 중심으로 런던 최대의 쇼핑가이자 환락가인 지역을 소호(Soho)라고 한다. 서울과 비교하면 강남이나 홍대 부근 지역이라고 할 수 있다. 각종 맛집, 클럽, 카페, 극장 등이 밀집해 있고 밤늦게까지 젊은 사람들로 항상 붐빈다. 런던을 여행한 사람이라면 반드시 들르는 곳이다. 하지만, 지금부터 166년 전인 1854년 소호 지역의 여름은 끔찍했다. 이 지역을 중심으로 콜레라가 유행했기 때문이다. 요즘 세상에서 콜레라는 대처가 가능한 질병이지만, 그 당시에는 지금의 코로나19보다 더 무서운 전염병이었다. 당시 사람들은 콜레라에 대한 데이터가 없었기 때문에 막연하게 공기를 통해 전파된다고 생각했다. 이때 의사 존 스노우는 급수 펌프를 통해 공급되는 오염된 템스강이 원인일 수도 있다는 생각을 하고, 급수 펌프를 식수로 사용하는 집집마다 방문해서 환자의 사망 날짜와 장소 등의 데이터를 수집하여, 지도에 표시했다. 정밀한 조사를 위해 그 지역에서 인맥이 풍부한 지방관리자인 헨리 화이트헤드의 도움을 받아 펌프에서 물을 마셨거나 마시지 않았던 사람들의 행적을 추적할 수 있었다. 이렇게 조사를 통해 데이터가 축적되자 지금의 브로드윅 스트리트에 해당하는 브로드 스트리트의 급수 펌프를 중심으로 사망자가 발생했다는 것을 알 수 있었다. 이에 비해 급수 시설 대신에 우물을 사용하는 빈민가의 사람이나 맥주 양조장에서 맥주를 먹을 수 있었던 작업자 중에는 사망자가 한 명도 없다는 사실도 발견했다. 당시의 템즈강은 심각할 정도로 오염이 되어 있었기 때문에 이 물을 식수로 사용하는 사람들이 집단으로 콜레라에 감염된 것이다. 이런 조사 데이터와 도시 지도(급수 펌프가 그려진 지도)를 활용한 그의 알고리즘이 콜레라의 원인을 찾을 수 있었다. 이렇게 데이터에 근거한 존 스노우의 주장으로 급수 펌프는 폐쇄되었고, 콜레라의 확산도 막을 수 있었다. 그 업적을 기려 지금도 그 당시의 급수 펌프를 보존하고 있으며, 존 스노우는 '역학의 아버지'로 불린다. 역학(疫學, epidemiologic) 조사는 어떤 건강 장해에 대한 인과 관계를 역학적으로 해석하기 위해서 행하는 조사다. 이 조사는 자연과학의 실험과 같이 각종 요인을 통제할 수 없기 때문에 조사 시작부터 직접적으로 인과관계에 도달할 수 없다. 단지 상관관계만을 추정할 수 있을 뿐이고, 이것을 계속 축적하거나 이미 확립된 이론과 비교하여 인과관계를 해명하는 것이다. 따라서 데이터의 수집과 분석 및 결과를 표현하는 알고리즘이 중요하다.

디지털 세상에서는 역학 조사의 역할을 빅데이터와 알고리즘 기반의 AI가 대신하고 있다. 2013년 유행했던 플루의 발생 사실을 누구보다 빨리 예측한 구글이 대표적이다. 그러나 사람들이 질병과 상관없이 플루와 관련된 검색어를 검색하기 시작하자 데이터의 신뢰성에 문제가 생겨 예측 능력이 현저히 떨어졌고, 결국 서비스를 중지했다. 또 다른 사례도 있다.

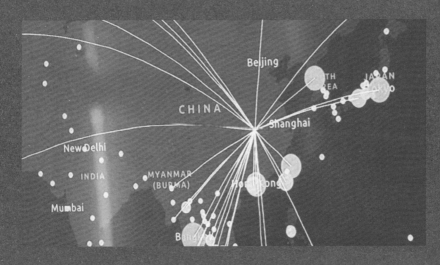

중국 우한시 외곽 직항 항공 노선(출처: BlueDot)

2003년 홍콩에서 캐나다 토론토로 확산된 사스는 캐나다에 44명의 사망자와 함께 엄청난 경제적 손실을 안겼다. 사스가 유행하기 전 현장을 찾았던 감염병 전문가 캄란 칸은 10년 뒤 알고리즘을 기반으로 하는 AI를 활용하는 디지털 헬스회사 블루닷(BlueDot)을 창업한다. 존 스노우와 같이 병을 추적하는 알고리즘을 찾기 위해서다. 기존에는 전염병이 발생하면 발생 국가의 공식 발표와 다양한 현지 모니터링 방법을 사용하여 위험성을 판단하는 것이 국제기구의 판단 기준이었다. 하지만 블루닷은 데이터와 알고리즘을 활용하여 건강 모니터링 플랫폼을 통해 수집한 데이터를 분석하는 질병의 사전 발생 경고 시스템이다. 그리고 이러한 사실을 단지 발표만 하는 것이 아니라 집단 감염이 발생할 수도 있는 위험한 지역을 고객에게 사전에 통보해 준다. 자체 알고리즘을 통해 전염병 추적을 해온 블루닷은 2019년 12월 31일 세계보

건기구(WHO)와 미국 질병통제예방센터(CDC)보다 1주일 이상 빠르게 코로나19 발병 사실과 확산 경로까지 파악한 것으로 알려졌다. 2013년 구글의 플루 관련 빅데이터 시스템보다 한 걸음 나아간 결과라고 볼 수 있다. 하지만 코로나19의 확산을 막지는 못했다. 그렇다면 콜레라, 플루, 코로나19 사태에서 우리가 배울 수 있는 것은 무엇일까?

존 스노우보다 뛰어난 AI들은 사람이 결코 찾을 수 없는 많은 경우의 수를 찾아낼 수 있다. 잘 짜인 알고리즘은 그 많은 경우의 수에서 가장 최적하다고 판단되는 것을 선택할 수도 있다. 그 결과는 경이로웠다. 우리는 이미 알파고에서 이것을 눈으로 확인했다. 그러나 우리가 사는 세상은 바둑이 아니다. 한순간의 선택에 따라 엄청난 결과를 야기할 수도 있는 세상에 살고 있다. 즉, 누구도 함부로 선택된 결과가 정답이라고 확신할 수 없다. AI가 골라준 많은 경우의 수 또는 최적하다고 선정해 준 경우라도 최종 판단은 사람이 한다. 그리고 판단에 따른 책임을 지는 것도 사람이다. 많은 AI들은 전염병이 발생할 수도 있다는 몇 가지 경우의 수를 말하고 있고, 이것이 시간이 지나고 보니 그중 하나가 맞았을 뿐이다. 확실하게 전염병이 생긴다고 자신 있게 예측하기에는 데이터가 턱없이 부족하기 때문이다. 그저 지난 데이터를 수집하고 이리저리 분석해보니 전염병이 발생하는 경우도 있었던 것이다. 앞에서 강조했던 확인 편향일 뿐이다. 더군다나 전염병 확산을 막기 위한 미래의 대책은 없었다. 설령 대책이 있다 해도 기존에 축적된 데이터와 현재 세상을 유지하기 위해 확립된 기준을 극복하는 것은 웬만한 노력으로는 불가능하다. 중국 우한시 의사 리원량이 폐렴 환자 진료 중 코로나 발병 사실을 경고했으나, 정부 당국으로부터 무시당한 것도 비단 중국만의 문제가 아니다. 리원량과 존 스노우의 방식에는 커다란 차이가 있다. 리원량은 목표 달성에 실패했고, 존 스노우는 성공한 것이다. 우리는 이것을 사회의 문제로 돌리는 경우가 많은데, 존 스노우에게서 배울 점은 자신의 주장을 이해당사자에게 이해시켜, 목표한 대로 시민의 생명을 구했다는 것이다. 그는 이해당사자들과 관련된 복잡한 생태계에 자신의 주장을 관철시키기 위해 기존의 방법과 다른 데이터와 알고리즘을 활용했다. 디지털 비즈니스에서도 비즈니스를 혁신시키기 위한 기존의 방법을 찾을 것이 아니라, 기존 비즈니스를 무력화시킬 수 있는 데이터 기반의 알고리즘을 통해 디지털 디스럽션 (Disruption) 을 해야 한다.

세 번째, 맥거핀 효과(Macguffin effect)에 현혹되면 안 된다.

맥거핀은 실제 아무것도 아니지만, 모를 때는 의미를 부여하게 되는 것을 일컫는다. 이 용어를 처음 사용한 사람은 전설적인 영화감독 알프레드 히치콕이다. 그는 1939년 뉴욕의 한 대학 강의에서 맥거핀에 관한 설명을 했다.

It might be a Scottish name, taken from a story about two men on a train. One man says, 'What's that package up there in the baggage rack?' And the other answers, 'Oh, that's a MacGuffin'. The first one asks, 'What's a MacGuffin?' 'Well,' the other man says, 'it's an apparatus for trapping lions in the Scottish Highlands.' The first man says, 'But there are no lions in the Scottish Highlands,' and the other one answers, 'Well then, that's no MacGuffin!' So you see that a MacGuffin is actually nothing at all.

그것은 기차에 타고 있는 두 남자에 관한 이야기에서 따온 스코틀랜드의 이름일 수도 있어요. 한 남자가 말하길, '저 위에 있는 짐받이에 있는 소포는 뭐죠?' 그러자 '오, 맥거핀이군요.'라고 대답합니다. 첫 번째 사람은 '맥거핀이 뭐죠?'라고 묻습니다. 다른 사람이 답하길 '글쎄요, 이것은 스코틀랜드 고원의 사자를 가두기 위한 기구입니다.'라고 말합니다. 첫 번째 남자는 '하지만 스코틀랜드 고원에는 사자가 없잖아요.'라고 말하자, 다른 한 사람은 '그럼, 맥거핀이 아니군요!'라고 대답합니다. 맥거핀은 사실 아무것도 아닙니다.

알프레도 히치콕의 맥거핀에 관한 강의 내용

알프레드 히치콕 말대로 정말 아무것도 아닌 것이 맥거핀이다. 알프레도 히치콕은 유명한 『사이코(psyco)』라는 영화에서 이 맥거핀 효과를 사용한다. 영화 초반부에 여주인공이 돈을 훔쳐 달아날 때, 돈다발을 신문지로 싸는데, 영화에서 이 장면을 클로즈업한다. 마치 앞으로 전개될 내용에서 중요한 모티브가 될 것임을 암시한다. 하지만 영화가 끝날 때까지 돈다발은 보여주지도 언급되지도 않는다. 하물며 차 트렁크에 실린 채 차와 함께 물속으로 사라진다. 마치 영화에서 중요한 증거로 사용될 것처럼 관객을 속이고 긴장을 고조시키지만 그게 돈다발과 관련된 전부다. 영화 『기생충』을 보면서 영화 초반부에 친구로부터 받는 '수석'이 나오는데, 나는 이 장면에서 '아, 맥거핀이다.'라고 생각을 했었다. 영화 종반부에 이 돌을 사용해 또 다른 기생충을 죽이기 전까지 말이다.

우리 주변에도 맥거핀들이 많이 있다. 가장 흔한 것이 인터넷 뉴스가 아닐까 한다. 자극적인 단어를 사용한 뉴스의 제목들은 당장 시선을 끌 수는 있겠지만, 몇 번의 시행착오를 겪은 사용자들은 그러한 단어가 등장하면 아예 외면해버린다. 현명한 사용자들은 나름의 기준을 갖고 대처해 나가기 때문이다. 그리고 이런 기준이 한 번 생기면 다시 되돌리기 어렵다. 이런 상황에서 아직도 자극적인 단어를 사용하는 사람들은 사용자의 수준을 못 쫓아오고 있는 것이며, 스스로 무덤을 파고 있는 것과 다를 바 없다. 특히 디지털 세상에서는 더욱 그렇다.

영화 얘기를 몇 편 더 해보겠다. 영화 『건축학 개론』에서는 순수한 20대 초반의 남녀 주인공이 등장한다. 그 당시 젊은 남녀가 모두 그러했듯이 영화에서도 두 주인공은 사랑을 속삭이며, "첫눈이 올 때 만나자."라는 약속을 한다. 시간이 흘러 정말 첫눈이 오자 여주인공은 약속된 장소에 나타나지만, 남주인공은 끝내 오지 않는다. 남주인공이 나타나지 않은 이유는 여러 가지 해석이 있을 수 있다. 영화 얘기는 여기까지다. 나는 이 영화를 봤을 때, 젊은 시절을 떠올리면서, 궁금했었던 질문이 생각났다. 정말 궁금한 질문이었다. "첫눈의 정의는 누가 내리는 것일까?". 지역적으로 차이가 있을 수 있고, 내리는 눈의 양에 대한 느낌이 다를 수도 있기 때문이다. 혹시 여러분들은 첫눈의 기준을 알고 있는가? 인터넷을 활용해 첫눈의 기준을 찾아보니 의외로 단순했다. 기상청에 따르면 '첫눈의 기준은 과학적인 적설량이나 눈이 내린 시간이 아니라 대기에 있는 눈송이의 확인 유무'라고 한다. 그렇다면 첫눈 여부는 지역마다 다를 수 있다. 서울을 예로 들면, 서울의 첫눈은 '종로구 송월동 기상관측소의 관측자가 실제로 목격하고 폐쇄 회로(CCTV)를 통해 확인되었을 때'를 첫눈으로 인정한다고 한다. 갑자기 첫눈 오는 날의 낭만이 사라지는 느낌이다. 우리 마음속의 첫눈은 눈이 소복이 쌓여 온 세상이 하얗게 되는 것인데 말이다.

다음 영화는 『set it up』이다. 한국 제목은 '상사에 대처하는 로맨틱한 자세'라는데, 낭만적인 영화 제목을 왜 이렇게 지었을까 궁금하다. 맥거핀이 넘쳐나는 세상에서 말이다. 이 영화는 젊은 남녀 비서의 이야기를 다루고 있다. 대사 중에 너무나 멋진 문장이 나와서 여러분에게 소개하려고 한다. "그래서 좋아하고, 그런데도 사랑한다". 우리는 보통 어떤 맥거핀일 수도 있는 것에 현혹되어 그것을 좋아하고, 열광하게 된다. 새로운 디지털 신기술이 쏟아지는 이때 더욱 그렇다. 하지만 성공한 기업이나 스타트업들의 공통점을 보면 맥거핀 같은 단순 신기술에 현혹되지 않고, 신기술이 문제가 있을 수 있음에도 그 기술을 활용한다. 즉, 좋아 보여서 시행하는 것이 아니라, 잘못된 것이 있음에도 그것을 극복하여 시행한다. 이를 통해 기존 비즈니스를 무력화시키는 디지털 디스럽션을 이룬다. 현존하는 유니콘 클럽에 가입된 스타트업들이 대부분 그렇다.

다음에 소개하는 영화는 『커런트 워(The Current War)』로 전기의 개발과 사용에 관한 영화다. 전기는 에디슨이 발명했지만, 실생활에 적용하기 위해에는 부족한 에디슨의 직류와 적용이 가능한 테슬라의 교류 대결에서 사업적 수완이 뛰어난 웨스팅 하우스의 결합을 둘러싼 '전기 비즈니스'에 대한 것을 보여준다. 지금의 디지털 비즈니스와 비슷하게 새로운 산업이 나타날 때는 기술이 중요한 것이 아니라 시장에 빨리 진입하는 것이 중요하다는 것을 알려준다. 무엇보다 특허권이 중요하다. 여기서 특허는 특허청에 신청하는 의미보다 비즈니스적으로 가치가 있는 내용을 포함해야 한다. 포함될 내용으로는 시장성·독창성·필요성이다. 먼저 시장성은 사회에서 필요로 하고 있지만 존재하지 않는 기술이나 서비스를 의미한다. 비즈니스적으로 가장 중요한 항목으로 이미 이런 기술이나 서비스를 원하는 수요층이 형성되어 있지만, 아직 개발되지 않았기 때문에 사용할 수 없는 상태다. 시장성은 이미 시장에 유사한 기술과 서비스가 있지만 불만족한 상태로 적용되고 있는 상황을 해결할 수 있는 것을 의미하기도 한다. 독창성은 시장성이 있는 제품이나 서비스를 비즈니스적인 관점에서 구현할 수 있는 역량을 나타낸다. 아무리 뛰어난 기술도 비즈니스적인 관점에서 이익이 없으면 아무 소용이 없다. 많은 초창기 스타트업은 기술 개발에만 관심을 두는 경우가 많다. 실제로 멋진 기술을 구사하는 것보다 비즈니스적으로 뛰어난 것이 필요하다. 디지털 비즈니스 생태계에서도 특히 중요하다. 필요성은 아직 사회의 요구는 없지만, 새로운 제품이나 서비스가 새로운 요구를

만들어 낼 수 있는 것을 의미한다. 스타트업 컨설팅 때 가장 많이 요구
받는 항목이 바로 이것이다. 대부분 멋진 아이디어를 요구하는 경우가
많은데, 멋진 아이디어보다는 콘셉트가 더 필요하다. 콘셉트는 기존의
것과 차별화시켜 경쟁력을 갖추는 것을 의미한다. 차별화 전략은 정말
다양하기 때문에 각 기업의 특성에 맞는 것을 찾아내야 한다. 이전까지
는 기술의 발견이나 개발이 중요했지만, 모든 것의 공유가 가능한 디지
털 세상에서는 기술의 적용이 더 중요해졌다. 디지털 비즈니스를 하는
것은 신기술을 적용하려고 하는 것이 아니라, 승자가 되려고 한다는
점을 잊지 말아야 한다. 비즈니스에서 모든 것의 기준은 ROI이기 때문
이다. 이제 클라우드가 대세가 되고 있기 때문에 초창기 사업의 목적
과 형태는 제각기 다르게 시작했겠지만, 디지털 비즈니스에서는 같아
질 것이다. 결국, 일등만 살아남는 세상이 된다.

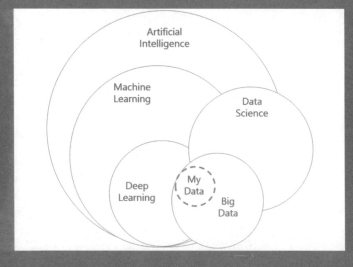

마이데이터의 위치

　따라서 같은 것들 사이에서 차별화 요소를 찾아내야 하기 때문에 일반적인 빅데이터가 아니라 마이데이터(MyData)가 중요하다. 마이데이터는 시사상식사전에 따르면 개인이나 기업이 자신의 정보를 적극적으로 관리·통제하는 것은 물론 이러한 정보를 신용이나 자산관리 등에 능동적으로 활용하는 일련의 과정을 말한다. 마이데이터는 데이터 산업 선진국에서 시행되고 있는 서비스로, 데이터 활용체계를 기관 중심에서 정보주체 중심으로 전환하는 것이다. 즉, 개인으로 보면 자신의 정보를 스스로 통제·관리하여 해당 정보들이 본인의 의사에 맞춰 활용될 수 있도록 개인의 정보 주권을 보장하는 것이 목적이다.

　2019년 추석 때 온라인 쇼핑몰 G마켓은 추석 선물을 많이 사는 8월 21일부터 9월 3일까지 5,380명으로 대상으로 설문조사를 했다. 부모에게 선물을 하는 자녀 입장에서는 건강식품이 52%로 압도적이었다. 하지만, 선물을 받는 부모 입장에서 건강식품은 15%에 불과했다. 받고 싶은 선물 1위는 패션·의류·잡화였으나, 이것을 선물하겠다는 자녀는 6%였다. 선물을 주고받는 사람의 생각이 크게 다른 조사 결과가 나왔다. 그런데 이번 설문조사 문항은 11개로 구분해서 조사가 진행됐는데, '현금을 받고(주고) 싶다'는 문항은 빠져있다. 실제로 부모들이 가장 원하는 선물은 현금이 아닐까? 물론 조사업체가 쇼핑몰이기 때문에 문항에 현금을 넣을 수는 없었을 것이다. 이렇듯 일반적인 정보보다 맞춤형 데이터가 필요하다. 디지털 비즈니스는 경쟁하면 할수록 각 기업의 특징이 사라지고 오히려 더 동일하게 변해 간다. 하버드 석좌

교수 문영미는 저서 『디퍼런트』에서 극단적인 진화의 단계에 이르면 동일함이 차별화를 압도적으로 지배하게 되는 이 과정을 '이종적 동종(hetergeneous homogeneity)'으로 표현했다. 이런 세상에서는 끊임없이 나만의 특이점을 만들어 가는 기업만이 살아남을 것이다.

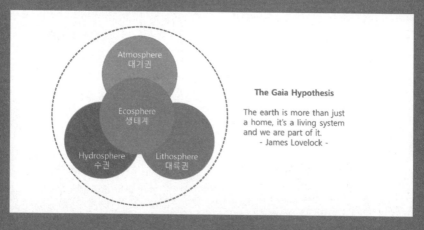

가이아(Gaia) 이론

고대 그리스신화에 등장하는 대지의 여신 가이아는 지구를 은유적으로 나타내는 말로, 제임스 러브록이 저서 『지구상의 생명을 보는 새로운 관점』에서 가이아 이론을 주장했다. 그는 지구와 지구에 살고 있는 생물, 대기권, 대양, 토양까지 포함하여 신성하고 지성적이며, 능동적으로 살아가는 지구를 가이아로 표현했다. 이 이론은 지구가 기체에 둘러싸인 암석덩이로 단순하게 생명체를 지탱해주는 것이 아니라 생물과 무생물이 상호작용하면서 스스로 진화해 나가는 하나의 생명체이자 유기체임을 강조한다. 가이아 이론은 하나의 가설일 뿐이지만, 이미 우리는 이렇게 살고 있는 듯하다. 날마다 인간에 의한 대기 오염과 지구 온난화에 따른 이상 기후 발생에 관련된 뉴스가 끊임없이 나오고 있다. 지구상의 모든 것이 연결되어 있기 때문일 것이다. 코로나19로 중국 경제 활동이 감소하자 이산화탄소와 미세먼지 배출이 줄어 국내 대기의 질이 좋아졌다고 한다. 혹시 가이아 이론처럼 지구라는 생명체가 능동적으로 통제하고 있는 것은 아닐까? 가이아 이론처럼 디지털 비즈니스에서도 거대한 흐름이 디지털 세상을 움직이고 있다. 문제는 이 거대한 흐름이 무엇을 하고 있는지 명확하게 보이지 않는다는 것이다. 약 20여 년 전쯤 IT 세상에서는 이러한 흐름을 알고 있다고 생각했었다. 그 때문에 몇몇 개념이나 기술이 경각심을 일으켰고, 우리는 거기에 크게 현혹됐었다. 하지만 우리가 예상했던 비즈니스적인 성과는 발생하지 않았던 사실을 잘 알고 있다. 디지털 세상에서는 알려진 것보다 숨겨져 있는 것이 훨씬 많다. 디지털 비즈니스 프로세스 전문가 마켓메이븐이 되기 위해서는 이런 생태계를 이해하고, 활용하는 방법을 찾아야 한다.

IT를 넘어 DT로

펴 낸 날 2020년 3월 31일

지 은 이 권상국
펴 낸 이 이기성
편집팀장 이윤숙
기획편집 정은지, 한솔, 윤가영
표지디자인 정은지
책임마케팅 강보현, 류상만
펴 낸 곳 도서출판 생각나눔
출판등록 제 2018-000288호
주   소 서울 잔다리로7안길 22, 태성빌딩 3층
전   화 02-325-5100
팩   스 02-325-5101
홈페이지 www.생각나눔.kr
이 메 일 bookmain@think-book.com

• 책값은 표지 뒷면에 표기되어 있습니다.
  ISBN 979-11-7048-057-0 (93500)
• 이 도서의 국립중앙도서관 출판 시 도서목록(CIP)은 서지정보유통지원시스템 홈페이지
  (http://seoji.nl.go.kr)와 국가자료공동목록시스템(http://www.nl.go.kr/kolisnet)에서
  이용하실 수 있습니다(CIP제어번호: CIP2020011888).